高等学校数字媒体专业系列教材

"十三五"江苏省高等学校重点教材

（编号：2020-1-072）

游戏策划与开发方法

第2版

张 辉 朱立才 主 编
董 健 唐仕喜 副主编

清华大学出版社

北 京

内 容 简 介

本书详细讲解游戏策划与开发方法,全书共 11 章,主要内容包括游戏类型、策划职位的素质要求与职责分工、游戏心理分析与引导、游戏世界观与背景、游戏元素设计、游戏数值设计、游戏任务情节与关卡设计、游戏策划文档规范、游戏开发方法以及游戏测试、运营与推广等,旨在帮助读者全面了解游戏设计的原理与规范,掌握基本的游戏策划与开发方法。

本书采用循序渐进的学习体系,理论知识及实践内容立足于教学实际,案例来源于行业前沿和商业实际应用。教材结构基于“工学结合”的教学理念,突出 OBE 工程教育的成果导向、问题导向和需求导向特色。教材内容做到“素质、能力、知识”合一和“学、思、做、创”合一。各章知识点均有效融入思政内容,整体以从易到难、从浅到深的形式呈现。

本书是“十三五”江苏省高等学校重点教材(编号:2020-1-072),兼具教学用书和技术手册的特点,适合作为高等学校计算机类专业相关课程或其他相关专业的教材,也可作为游戏开发从业人员的参考用书。

本书封面贴有清华大学出版社防伪标签,无标签者不得销售。

版权所有,侵权必究。举报:010-62782989,beiqinquan@tup.tsinghua.edu.cn。

图书在版编目(CIP)数据

游戏策划与开发方法/张辉,朱立才主编. —2 版. —北京:清华大学出版社,2022.6(2025.1 重印)
高等学校数字媒体专业系列教材
ISBN 978-7-302-60635-2

Ⅰ.①游… Ⅱ.①张… ②朱… Ⅲ.①游戏程序-程序设计-高等学校-教材 Ⅳ.①TP317.6

中国版本图书馆 CIP 数据核字(2022)第 064545 号

责任编辑:郭 赛
封面设计:杨玉兰
责任校对:胡伟民
责任印制:杨 艳

出版发行:清华大学出版社
    网   址:https://www.tup.com.cn,https://www.wqxuetang.com
    地   址:北京清华大学学研大厦 A 座   邮 编:100084
    社 总 机:010-83470000   邮 购:010-62786544
    投稿与读者服务:010-62776969,c-service@tup.tsinghua.edu.cn
    质量反馈:010-62772015,zhiliang@tup.tsinghua.edu.cn
    课件下载:https://www.tup.com.cn,010-83470236
印 装 者:三河市龙大印装有限公司
经 销:全国新华书店
开 本:185mm×260mm   印 张:20.5   字 数:515 千字
版 次:2016 年 12 月第 1 版 2022 年 7 月第 2 版   印 次:2025 年 1 月第 6 次印刷
定 价:59.00 元

产品编号:092522-01

前言

党的二十大报告提出"实施科教兴国战略,强化现代化建设人才支撑"。深入实施人才强国战略,培养造就大批德才兼备的高素质人才,是国家和民族长远发展的大计。为贯彻落实党的二十大精神,筑牢政治思想之魂,编者在牢牢把握这个原则的基础上编写了本书。

电子游戏可以通过一定的软硬件技术实现人与计算机程序的互动,其本质是一种虚拟现实技术,在这个虚拟的过程中,玩家可以得到精神上的满足。随着游戏复杂度的不断提高与软件产业的逐渐规范化,游戏策划与开发工作的主要内容也逐渐表现出了学科性。本书将全面介绍游戏策划与开发中的原理、规范和方法,全书共11章,内容概括如下:

第1章讲解常见游戏类型在表现形式、设计要求、呈现视角、内容设计等方面的设计规范。

第2章讲解游戏策划的任务、策划职位的素质要求与职责分工、优秀游戏团队的组成及游戏创意的来源。

第3章讲解游戏玩家的类型、玩家的心理需求、游戏设计的情感元素与奖励机制、游戏心理学原理。

第4章讲解游戏世界观的构成、层次、架构、规则、作用、元素以及游戏故事背景的设计。

第5章讲解游戏场景、道具、角色、音效、界面、原型等游戏元素的设计原则与交互设计方法。

第6章讲解游戏数值策划的作用、工作流程与内容,以及数值建模、数值案例的分析方法。

第 7 章讲解游戏任务情节结构、设计与执行方式，以及关卡设计的要素、原则与设计方法。

第 8 章讲解游戏设计文档的功能、类型、风格以及结构设计。

第 9 章讲解游戏开发的理念、流程、常用算法、设计模式以及人工智能、游戏引擎等知识。

第 10 章讲解游戏测试的特性、流程、种类与内容。

第 11 章讲解游戏运营的工作内容以及游戏的营销推广模式。

本书注重与学生的互动，师生一体，共同实现"网状"知识运用模型；注重创新思维的引导和演示操作的有机结合，让学生在"思"与"学""做"与"用"的过程中掌握课程知识和实践应用技能。在每个学习任务的教学实施过程中，按照基于行动导向的"资讯、决策、计划、实施、检查、评价"六步法，以"任务描述→任务资讯→任务分析(决策、计划)→任务实施→任务检查→任务评价与总结→拓展训练"的过程实施教学。

本书采用理论与实践相结合的原则，运用案例驱动法、启发式教学法及引导式教学法。在课堂教学中，把方法教学思想渗透于教学的每个环节，注重培养学生的学习策略、合作学习精神和自主学习意识。课堂教学活动以学生为主，通过问答、小组讨论等方式体现以学生为中心、生生互动、师生互动的教学原则，使学生的综合应用能力得到培养和提高。

本书注重知识讲解的深入浅出和游戏案例的合理性、时效性、实用性和科学性，从行业发展现状及实际需求出发，着重培养学生的复杂问题求解能力、团队协作能力、自主学习能力，以及求真务实、严谨科学的工匠精神，强化人文、艺术、创新、工程意识和职业素养。

本书也是盐城师范学院教育教学改革课题"高校智慧教学空间建设研究与实践"(项目编号：2021YCTCJGY030)、中国高校产学研创新基金-新一代信息技术创新项目"大数据视角下高校数据治理体系及方法论研究"(项目编号：2020ITA02010)的成果。

由于作者水平有限，书中难免有不足之处，恳请广大读者和同行批评指正。

张　辉

2023 年 8 月

目 录

第 1 章　常见游戏类型 ……………………………………………… 1

　1.1　动作类游戏 ………………………………………………… 1

　　1.1.1　表现形式 ……………………………………………… 1

　　1.1.2　设计要求 ……………………………………………… 2

　　1.1.3　呈现视角 ……………………………………………… 2

　　1.1.4　内容设计 ……………………………………………… 2

　　1.1.5　设计中需要思考的问题 ……………………………… 2

　1.2　策略类游戏 ………………………………………………… 3

　　1.2.1　表现形式 ……………………………………………… 4

　　1.2.2　设计要求 ……………………………………………… 5

　　1.2.3　呈现视角 ……………………………………………… 5

　　1.2.4　内容设计 ……………………………………………… 6

　　1.2.5　设计中需要思考的问题 ……………………………… 6

　1.3　角色扮演类游戏 …………………………………………… 6

　　1.3.1　表现形式 ……………………………………………… 7

　　1.3.2　设计要求 ……………………………………………… 8

　　1.3.3　呈现视角 ……………………………………………… 8

　　1.3.4　内容设计 ……………………………………………… 8

　　1.3.5　设计中需要思考的问题 ……………………………… 9

　1.4　模拟经营类游戏 …………………………………………… 9

　　1.4.1　表现形式 ……………………………………………… 9

　　1.4.2　设计要求 ……………………………………………… 9

　　1.4.3　呈现视角 ……………………………………………… 9

　　1.4.4　内容设计 ……………………………………………… 10

　　1.4.5　设计中需要思考的问题 ……………………………… 10

　1.5　冒险类游戏 ………………………………………………… 11

　　1.5.1　表现形式 ……………………………………………… 11

　　1.5.2　设计要求 ……………………………………………… 11

　　1.5.3　呈现视角 ……………………………………………… 11

　　1.5.4　内容设计 ……………………………………………… 12

1.5.5 设计中需要思考的问题 ·· 12

1.6 益智类游戏·· 13

1.6.1 表现形式 ·· 13

1.6.2 设计要求 ·· 13

1.6.3 呈现视角 ·· 13

1.6.4 内容设计 ·· 14

1.6.5 设计中需要思考的问题 ·· 14

1.7 体育类游戏·· 14

1.7.1 表现形式 ·· 15

1.7.2 设计要求 ·· 15

1.7.3 呈现视角 ·· 15

1.7.4 内容设计 ·· 15

1.7.5 设计中需要思考的问题 ·· 16

1.8 射击类游戏·· 16

1.8.1 表现形式 ·· 16

1.8.2 设计要求 ·· 17

1.8.3 呈现视角 ·· 17

1.8.4 内容设计 ·· 18

1.8.5 设计中需要思考的问题 ·· 18

1.9 竞速类游戏·· 18

1.9.1 表现形式 ·· 19

1.9.2 设计要求 ·· 19

1.9.3 呈现视角 ·· 19

1.9.4 内容设计 ·· 19

1.9.5 设计中需要思考的问题 ·· 20

1.10 解谜类游戏 ·· 20

1.10.1 表现形式 ·· 20

1.10.2 设计要求 ·· 20

1.10.3 呈现视角 ·· 21

1.10.4 内容设计 ·· 21

1.10.5 设计中需要思考的问题 ·· 21

1.11 本章小结 ·· 21

1.12 思考与练习 ·· 22

第2章 游戏策划概述 ·· 23

2.1 什么是游戏策划 ·· 23

2.2 游戏策划的任务 ·· 23

2.3 游戏策划的素质要求 ·· 24

2.3.1 想象推理能力 ·· 24

2.3.2 知识运用能力 …………………………………………… 24
2.3.3 市场调研能力 …………………………………………… 25
2.3.4 工程营销能力 …………………………………………… 25
2.3.5 艺术审美能力 …………………………………………… 25
2.3.6 部门协调能力 …………………………………………… 25
2.3.7 发散思维能力 …………………………………………… 25
2.3.8 软件应用能力 …………………………………………… 26
2.3.9 游戏分析能力 …………………………………………… 26
2.3.10 文案表述能力 …………………………………………… 26
2.4 游戏策划职责与分工 …………………………………………… 26
2.4.1 游戏策划职责 …………………………………………… 26
2.4.2 游戏策划分工 …………………………………………… 27
2.4.3 交叉职位分工 …………………………………………… 28
2.5 优秀游戏团队组成 …………………………………………… 29
2.5.1 游戏制作人 …………………………………………… 30
2.5.2 创意总监 …………………………………………… 30
2.5.3 软件开发工程师 …………………………………………… 30
2.5.4 美术设计师 …………………………………………… 30
2.5.5 质量保证工程师 …………………………………………… 33
2.5.6 运营推广团队 …………………………………………… 33
2.6 游戏创意的来源 …………………………………………… 35
2.6.1 收集创意 …………………………………………… 35
2.6.2 加工创意 …………………………………………… 36
2.6.3 维持创意 …………………………………………… 37
2.7 本章小结 …………………………………………… 37
2.8 思考与练习 …………………………………………… 38

第3章 玩家的游戏心理 …………………………………………… 39
3.1 游戏玩家的类型 …………………………………………… 39
3.2 游戏玩家心理需求 …………………………………………… 40
3.2.1 生理需求 …………………………………………… 40
3.2.2 安全需求 …………………………………………… 40
3.2.3 社交需求 …………………………………………… 41
3.2.4 体验需求 …………………………………………… 42
3.2.5 尊重需求 …………………………………………… 44
3.2.6 自我实现需求 …………………………………………… 44
3.3 游戏玩家心理引导 …………………………………………… 45
3.3.1 设置认知失调 …………………………………………… 45
3.3.2 利用归因错误 …………………………………………… 46

3.3.3　突破固有印象 ··· 47

3.3.4　迎合心理满足 ··· 47

3.3.5　自我服务偏见 ··· 48

3.4　游戏设计的情感元素 ··· 48

3.4.1　游戏设计本质 ··· 49

3.4.2　游戏情感划分 ··· 52

3.5　游戏中的奖励机制 ··· 53

3.5.1　奖励激发效能分析 ··· 53

3.5.2　奖励需求层次及用法 ··· 55

3.5.3　奖励的心理学原理 ··· 55

3.5.4　游戏外部奖励设定 ··· 56

3.5.5　奖励类型和增强方法 ··· 57

3.5.6　风险与奖励平衡机制 ··· 59

3.6　游戏心理学效应 ··· 60

3.6.1　狄德罗配套效应 ··· 60

3.6.2　鲶鱼效应 ··· 60

3.6.3　棘轮效应 ··· 61

3.6.4　恐怖谷效应 ··· 61

3.6.5　晕轮效应 ··· 61

3.6.6　罗森塔尔效应 ··· 62

3.6.7　登门槛效应 ··· 62

3.6.8　鸟笼效应 ··· 63

3.6.9　紫格尼克记忆效应 ··· 63

3.6.10　禀赋效应 ·· 64

3.7　本章小结 ··· 65

3.8　思考与练习 ··· 65

第4章　游戏世界观与背景 ··· 66

4.1　什么是游戏世界观 ··· 66

4.2　游戏世界观的构成 ··· 66

4.2.1　世界形成背景 ··· 67

4.2.2　世界元素构成 ··· 67

4.2.3　完善世界 ··· 68

4.3　游戏世界观的层次 ··· 68

4.3.1　表象层次 ··· 68

4.3.2　规则层次 ··· 69

4.3.3　思想层次 ··· 71

4.4　游戏世界架构 ··· 74

4.4.1　架构类型 ··· 74

4.4.2 架构题材 ……………………………………………………… 75

4.5 游戏世界规则 ……………………………………………………… 80

    4.5.1 规则位置 …………………………………………………… 80

    4.5.2 规则建立 …………………………………………………… 81

    4.5.3 世界相关规则 ……………………………………………… 82

4.6 世界观的作用 ……………………………………………………… 82

    4.6.1 世界观特点 ………………………………………………… 82

    4.6.2 世界观作用 ………………………………………………… 83

    4.6.3 世界观构建 ………………………………………………… 84

    4.6.4 世界观案例 ………………………………………………… 85

4.7 游戏世界元素 ……………………………………………………… 87

    4.7.1 自然元素 …………………………………………………… 87

    4.7.2 人文元素 …………………………………………………… 88

4.8 游戏故事背景 ……………………………………………………… 90

    4.8.1 故事背景的设计 …………………………………………… 90

    4.8.2 故事背景与情节的关系 …………………………………… 92

4.9 本章小结 …………………………………………………………… 93

4.10 思考与练习 ………………………………………………………… 93

第5章 游戏元素设计 …………………………………………………… 94

5.1 游戏元素的含义 …………………………………………………… 94

    5.1.1 游戏元素的编写 …………………………………………… 95

    5.1.2 游戏元素的设计要素 ……………………………………… 95

    5.1.3 游戏元素属性的设计原则 ………………………………… 97

5.2 游戏场景设计 ……………………………………………………… 97

    5.2.1 设计准备工作 ……………………………………………… 98

    5.2.2 世界地图设计 ……………………………………………… 99

    5.2.3 片区地图设计 ……………………………………………… 102

5.3 道具的设计方法 …………………………………………………… 103

    5.3.1 道具的分类 ………………………………………………… 103

    5.3.2 道具设计内容 ……………………………………………… 104

    5.3.3 场景设计文档 ……………………………………………… 105

    5.3.4 道具产出和设定 …………………………………………… 106

    5.3.5 道具平衡性 ………………………………………………… 108

    5.3.6 道具相关规则 ……………………………………………… 109

    5.3.7 道具获取方式 ……………………………………………… 109

5.4 游戏角色设计 ……………………………………………………… 110

    5.4.1 主角设计 …………………………………………………… 110

    5.4.2 NPC 设定 …………………………………………………… 114

5.4.3 角色相关规则 ······················ 116

5.4.4 角色的职业设计 ····················· 118

5.5 游戏音效设计 ··························· 119

5.5.1 游戏音效的作用 ···················· 119

5.5.2 游戏音效的强化 ···················· 121

5.5.3 游戏音效的执行 ···················· 121

5.6 游戏界面设计 ··························· 123

5.6.1 界面设计的内容 ···················· 123

5.6.2 界面设计的作用 ···················· 124

5.6.3 界面设计的原则 ···················· 124

5.6.4 界面设计的方法 ···················· 128

5.6.5 界面设计的效能 ···················· 130

5.6.6 界面设计文档 ····················· 131

5.7 游戏原型设计 ··························· 132

5.7.1 游戏原型的特点 ···················· 132

5.7.2 游戏原型的分类 ···················· 132

5.7.3 游戏原型与游戏设计 ·················· 134

5.8 游戏交互设计 ··························· 134

5.8.1 游戏交互设计原则 ··················· 135

5.8.2 游戏体验设计 ····················· 136

5.9 本章小结 ····························· 140

5.10 思考与练习 ···························· 140

第6章 游戏数值设计 ······························ 141

6.1 数值策划的作用 ·························· 141

6.2 数值策划的工作流程 ······················· 142

6.3 数值策划的内容 ·························· 142

6.3.1 角色属性 ······················· 142

6.3.2 技能系统 ······················· 143

6.3.3 道具系统 ······················· 143

6.4 游戏数值建模 ··························· 144

6.4.1 宏观设定 ······················· 144

6.4.2 社会体系 ······················· 144

6.4.3 经济体系 ······················· 145

6.4.4 养成体系 ······················· 146

6.4.5 战斗体系 ······················· 148

6.5 数值案例分析 ··························· 149

6.5.1 经验值系统分析 ···················· 149

6.5.2 经验值公式设计 ···················· 156

6.6　本章小结 ··· 158

6.7　思考与练习 ··· 159

第7章　游戏任务情节与关卡 ······································· 160

7.1　游戏任务情节结构 ··· 160

7.1.1　直线型结构 ··· 161

7.1.2　多分支结构 ··· 161

7.1.3　无结局结构 ··· 161

7.2　游戏任务情节设计 ··· 162

7.2.1　任务情节框架化 ······································· 162

7.2.2　任务情节障碍化 ······································· 162

7.2.3　任务情节预示化 ······································· 163

7.2.4　任务情节个性化 ······································· 163

7.2.5　任务情节共鸣化 ······································· 163

7.2.6　任务情节戏剧化 ······································· 164

7.3　游戏任务情节执行方式 ··· 165

7.3.1　移动型任务 ··· 165

7.3.2　重复任务 ··· 166

7.3.3　解谜型任务 ··· 166

7.3.4　挑战型任务 ··· 167

7.3.5　叙事型任务 ··· 168

7.3.6　收集型任务 ··· 168

7.3.7　狩猎型任务 ··· 168

7.4　什么是关卡 ··· 169

7.5　关卡设计类型 ··· 169

7.6　关卡设计要素 ··· 170

7.7　关卡设计的原则 ··· 171

7.7.1　明确目标导向 ·· 171

7.7.2　注意关卡步调 ·· 171

7.7.3　逐步展开内容 ·· 172

7.7.4　控制任务难度 ·· 172

7.7.5　善用任务提示 ·· 172

7.7.6　满足玩家期待 ·· 173

7.7.7　时间就是质量 ·· 173

7.8　关卡构图设计 ··· 173

7.8.1　构图种类 ··· 174

7.8.2　构图层次 ··· 174

7.8.3　观察参数 ··· 176

7.8.4　视觉平衡 ··· 179

7.8.5 视觉中心 ……………………………………………… 179
7.8.6 空间元素 ……………………………………………… 182
7.9 关卡系统设计 ………………………………………………… 186
7.9.1 游戏性 ………………………………………………… 186
7.9.2 挑战类型 ……………………………………………… 186
7.9.3 设计挑战 ……………………………………………… 187
7.9.4 节奏与流程 …………………………………………… 187
7.10 关卡结构分析 ………………………………………………… 189
7.10.1 典型竞赛关卡结构分析 ……………………………… 189
7.10.2 塔防游戏关卡结构分析 ……………………………… 190
7.11 本章小结 ……………………………………………………… 193
7.12 思考与练习 …………………………………………………… 194

第8章 游戏设计文档 ……………………………………………… 195
8.1 设计文档功能 ………………………………………………… 195
8.2 设计文档关键词 ……………………………………………… 196
8.3 常用文档类型 ………………………………………………… 197
8.3.1 提案式文档 …………………………………………… 198
8.3.2 概念设计文档 ………………………………………… 198
8.3.3 游戏设计文档 ………………………………………… 199
8.3.4 市场评估与测试计划 ………………………………… 199
8.4 游戏设计文档模板 …………………………………………… 200
8.4.1 标题页 ………………………………………………… 200
8.4.2 文档结构 ……………………………………………… 201
8.5 文档的格式和风格 …………………………………………… 204
8.6 本章小结 ……………………………………………………… 204
8.7 思考与练习 …………………………………………………… 204

第9章 游戏开发方法 ……………………………………………… 205
9.1 游戏程序开发理念 …………………………………………… 205
9.2 游戏项目开发流程 …………………………………………… 206
9.2.1 筹备阶段 ……………………………………………… 207
9.2.2 原型阶段 ……………………………………………… 208
9.2.3 发布阶段 ……………………………………………… 209
9.2.4 迭代阶段 ……………………………………………… 210
9.3 游戏编辑工具 ………………………………………………… 211
9.3.1 地图编辑器 …………………………………………… 211
9.3.2 触发事件编辑器 ……………………………………… 213
9.3.3 声音编辑器 …………………………………………… 214

9.3.4 物体编辑器 ……………………………………………………………… 216
9.3.5 战役编辑器 ……………………………………………………………… 216
9.4 游戏开发算法 ……………………………………………………………… 217
9.4.1 游戏常用算法 …………………………………………………………… 217
9.4.2 游戏算法设计 …………………………………………………………… 221
9.5 游戏开发设计模式 ………………………………………………………… 243
9.5.1 观察者模式 ……………………………………………………………… 243
9.5.2 单件模式 ………………………………………………………………… 244
9.5.3 迭代器模式 ……………………………………………………………… 245
9.5.4 访问者模式 ……………………………………………………………… 245
9.5.5 外观模式 ………………………………………………………………… 246
9.5.6 抽象工厂模式 …………………………………………………………… 247
9.6 游戏开发版本与里程碑 …………………………………………………… 248
9.6.1 里程碑计划制定 ………………………………………………………… 249
9.6.2 里程碑与版本问题 ……………………………………………………… 250
9.7 游戏中的人工智能 ………………………………………………………… 251
9.7.1 游戏 AI 的基本元素 …………………………………………………… 251
9.7.2 游戏 AI 的设计目的 …………………………………………………… 253
9.7.3 游戏 AI 设计与实施 …………………………………………………… 255
9.8 游戏场景开发方法 ………………………………………………………… 261
9.8.1 游戏场景系统 …………………………………………………………… 261
9.8.2 游戏场景设置 …………………………………………………………… 261
9.8.3 游戏场景的转换 ………………………………………………………… 264
9.9 游戏系统集成开发方法 …………………………………………………… 264
9.9.1 游戏界面设计 …………………………………………………………… 264
9.9.2 游戏子系统整合 ………………………………………………………… 265
9.9.3 游戏子功能整合 ………………………………………………………… 267
9.9.4 游戏服务获取对象 ……………………………………………………… 268
9.9.5 游戏的主循环 …………………………………………………………… 269
9.9.6 游戏关卡 ………………………………………………………………… 271
9.10 游戏角色开发方法 ………………………………………………………… 274
9.10.1 游戏角色的架构 ……………………………………………………… 274
9.10.2 游戏角色与武器关系 ………………………………………………… 276
9.10.3 游戏角色类型属性计算 ……………………………………………… 278
9.10.4 游戏 AI 角色 ………………………………………………………… 280
9.10.5 游戏角色管理 ………………………………………………………… 282
9.10.6 游戏角色产生 ………………………………………………………… 283
9.10.7 游戏角色组装 ………………………………………………………… 284
9.10.8 游戏角色属性管理 …………………………………………………… 286

9.10.9 角色信息查询 ·· 288

9.11 游戏引擎技术介绍 ·· 290

9.11.1 游戏引擎功能 ·· 290

9.11.2 著名游戏引擎 ·· 291

9.12 本章小结 ·· 296

9.13 思考与练习 ·· 296

第10章 游戏测试 ·· 298

10.1 游戏测试概述 ·· 298

10.1.1 游戏测试的特性 ·· 299

10.1.2 游戏测试的流程 ·· 299

10.2 游戏测试种类与内容 ·· 300

10.2.1 游戏测试的种类 ·· 300

10.2.2 游戏测试的内容 ·· 302

10.3 本章小结 ·· 303

10.4 思考与练习 ·· 304

第11章 游戏运营与推广 ·· 305

11.1 游戏运营工作内容 ·· 305

11.1.1 游戏接入 ·· 306

11.1.2 新游首服 ·· 306

11.1.3 日常开服 ·· 307

11.1.4 运营事故 ·· 307

11.1.5 合服管理 ·· 307

11.1.6 沟通管理 ·· 307

11.2 游戏营销推广 ·· 308

11.2.1 常规游戏产品推广 ·· 308

11.2.2 市场导向产品推广 ·· 311

11.2.3 游戏大作推广 ·· 311

11.2.4 特定游戏推广 ·· 311

11.3 本章小结 ·· 311

11.4 思考与练习 ·· 312

参考文献 ·· 313

第1章　常见游戏类型

学习目标

1. 素质目标：培养自主学习能力、逻辑思维能力、解决复杂问题的实践能力、严谨务实的学习态度和积极的创新意识。

2. 能力目标：能够运用互联网和图书资料等进行文献收集与整理；能够独立分析经典游戏的视角和内容设计方法。

3. 知识目标：掌握目前常见的游戏类型及其表现形式、设计要求、呈现视角和内容设计方法；熟悉不同类型的游戏在设计中需要思考的关键问题。

本章导读

游戏类型是一种对游戏的分类方法，是游戏设计师在游戏特色的设定上的一种选择。本章将重点介绍常见的 10 种游戏类型的表现形式、设计要求、呈现视角、内容设计以及设计中需要思考的问题。

1.1　动作类游戏

动作类游戏（Action Game，ACT）是一种宽泛的游戏类型，包含格斗游戏（Fighting Game，FTG）。另外，具有关卡设计的横版过关游戏也可称为动作游戏。动作类游戏的画面通常是玩家分为两个或多个阵营相互作战，或使用格斗技巧击败对手以获取胜利。这类游戏通常会有精巧的角色与技能设定，以达到公平竞争的目的。

1.1.1　表现形式

动作类游戏主要依靠玩家的反应能力和手眼配合能力，游戏的剧情不是这类游戏的重点，它偏重游戏的火爆场面，快速、激烈的游戏节奏，良好的操作感和强烈的震撼感。玩家控制游戏人物用各种武器消灭敌人以过关的游戏不追求故事情节，例如《超级玛丽》（图 1-1）、《星之卡比》《波斯王子》等。动作类游戏大多来源于早期的街机游戏，例如《魂斗罗》（图 1-2）、《三国志》等。基本的动作类游戏可以细分为平台动作类游戏（platform action game）和卷轴动作类游戏（side-scrolling action game），多数卷轴动作类游戏都是横版的，而大多数着重射击的卷轴动作类游戏是竖版的。动作类游戏的设计主旨是面向普通玩家，以纯粹的娱乐休闲为目的。一般有少部分简单的解谜成分，操作简单，易于上手，紧张刺激，属于大众化游戏，也是较受欢迎的游戏类型。

图1-1 《超级玛丽》

图1-2 《魂斗罗》

1.1.2 设计要求

（1）这类游戏都是实时的，对图形的表现效果要求很高。既不能为追求过高的图形效果而丧失速度感和实时性，也不能简单地追求效果。解决办法是让玩家可以根据硬件的性能对游戏画面进行设置。

（2）对音乐音效的要求很高，需要配有配合游戏节奏的音乐。

（3）游戏控制方便灵活。

（4）注意调节游戏的轻重缓急，考虑玩家的兴奋点。

1.1.3 呈现视角

动作类游戏最经典的游戏画面就是横向滚屏，这种游戏视角可以让玩家能够较早地看到前面可能会遇到的障碍和挑战，以适应游戏的节奏变化；也可以采用纵向滚屏或第三人称的尾随视角。

1.1.4 内容设计

动作类游戏一般不会以复杂的故事背景吸引玩家，只会在简单的故事背景中向玩家介绍闯关的动机和玩家要追求的终极目标，然后用层出不穷的关卡牵引玩家的注意力，而不是对剧情念念不忘。因此，要考虑关卡难易度的把握。增加难度的方式有多种，除了重新设计高难度的通关条件外，也可以对游戏进行小范围的调整以实现难易度的改变，例如，给玩家更短的时间，将游戏中的奖励放在更危险的地方等。另外，还可以根据关卡的不同制定不同的游戏规则，也可以设计出不同的场景，这样不容易让玩家产生对游戏的疲劳感。

1.1.5 设计中需要思考的问题

设计一款动作类游戏，需要重点思考以下问题。

（1）玩家操控的角色是采用什么方式向敌人攻击的？

（2）游戏要采用什么样的表现形式，是2D方式还是3D方式？

（3）游戏中的元素采用什么样的渲染方式，是2D方式还是3D方式？

（4）如果设计的游戏是2D的表现形式，那么是将所有的游戏元素都一次性地展示在玩家的屏幕上还是采用滚屏方式？如果采用滚屏方式，那么屏幕的滚动方向是向上还是向下或向左还是向右？

（5）如果游戏地图设计得很大，那么玩家是否需要小地图？

（6）游戏给玩家带来了哪些形式的战斗？是操作技巧上的挑战，速度上的挑战，瞄准、精确驾驶上的反应挑战，还是相互配合的挑战？

（7）游戏中的敌人采用哪种方式出现？是在固定的位置上出现还是根据游戏的进行随机出现？

（8）游戏主角的生命如何设计？是采用生命数量还是血值、魔法值、耐力值等方式，还是将多种方式组合到一起的合成模式？玩家是否可以进行生命或能量值上的增加？如果玩家可以增加生命或能量值的上限，将如何获得？

（9）游戏是否需要设计一些道具？如果要设计道具，道具的外形是什么样子的？玩家获得道具后是否需要进行声音提示？道具的作用是什么？道具的作用时间长度是多少？道具都在哪些地方出现？道具如何出现？道具出现的概率是多少？如果游戏情节很多，是采用线性还是非线性的设计？

（10）游戏中的玩家是否需要对某些物品进行收集？如果有，需要收集物品的数量是多少？需要玩家收集多少次？是收齐数量和品种后就可以完成还是需要合成新品种？是在玩家收集的不同阶段均能得到相应的奖励还是只有完成所有的收集后才能得到相应的奖励？

（11）游戏通过哪些数值表现对玩家的肯定，或者虽然玩家达到了最终的结果，那么是否可以通过游戏中的数值进行完成质量上的比较（例如时间、金币数量、吃到的道具数量等）？

（12）游戏是否设有关卡？在设计关卡时，关卡之间用什么方式进行区分（例如通过场景滚屏的方向、敌人的外形变化、画面速度以及游戏音乐的效果等）？关卡过关的要求是什么？

（13）游戏是否需要设计多种游戏模式？

（14）游戏是否需要设计一个学习模式？

1.2 策略类游戏

策略类游戏（Strategy Game，SLG）现已衍生出很多不同的形式，例如回合制策略游戏和即时策略游戏。在策略类游戏中，玩家通常没有具体的角色，或者说控制不止一个角色。玩家扮演的角色是统筹各个方面的"总管"，这在一定程度上增加了游戏的复杂性。有些即时策略游戏包含任务系统，这些连续的任务也不是短时间能够完成的。按照策略类游戏的原则，取胜条件在于征服，即完全消灭游戏中的敌人或者被敌人消灭以宣告游戏结束。

即时策略游戏原本属于策略类游戏的一个分支，但现已发展成一个单独的类型，知名度甚至超过了策略类游戏，代表作有《星际争霸》（图 1-3）、《魔兽争霸》系列、《帝国时代》系列等。后来，从其上又衍生出即时战术游戏，多数是以控制一个小队完成任务的方式突出战术的作用，例如《盟军敢死队》（图 1-4）。这类游戏给玩家提供了一个动脑思考问题和处理复杂事情的环境，允许玩家自由控制、管理和使用游戏中的人或事物。通过这种自由的手段，加之玩家开动脑筋想出的对抗敌人的方法，最终达到游戏要求的目标。

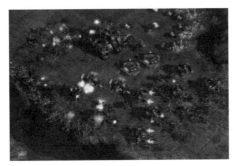
图 1-3 《星际争霸》

图 1-4 《盟军敢死队》

1.2.1 表现形式

策略类游戏强调逻辑思维和管理，注重资源和时间的分配，玩家需要通过快速行动和扮演相应角色来取得领先的地位。战术的组织和执行非常重要，让玩家自主控制策略的运用并下达命令。强调战术的组织和配合，玩家运用策略与电脑或其他玩家较量，以取得各种形式的胜利，可分为回合制和即时制两种。回合制策略游戏有《三国志》系列、《樱花大战》（图 1-5）系列；即时制策略游戏有《命令与征服》（图 1-6）系列、《帝国》系列、《沙丘》等。也有人将带有策略性质的模拟经营类游戏（如《模拟人生》《模拟城市》《过山车大亨》（图 1-7）、《主题公园》）和养成类游戏（TCG，如《世界足球经理》《凌波丽育成计划》（图 1-8））也归到策略类游戏之类。

图 1-5 《樱花大战》

图 1-6 《命令与征服》

图1-7　《过山车大亨》

图1-8　《凌波丽育成计划》

1.2.2　设计要求

策略类游戏设计要求如下。

（1）策略类游戏分为回合制和即时制。

（2）回合制用第 N 回合的方式让玩家推动游戏进行，每次做出的决定都属于本回合，不要求玩家有很快的反应能力，给予玩家足够的考虑时间。

（3）即时制强调时间因素的重要性，要求玩家必须在规定时间内做出决定，所有玩家都在平等的环境下竞技。

（4）即时性限制了逻辑思维能力强但反应慢的玩家施展自己的智慧，要求有很强的平衡性，不能出现过于强大或弱小的单位（势力、装备等），每个单位都要有用途。

1.2.3　呈现视角

策略类游戏通常采用 2.5D 俯视视角，不仅使玩家的视野开阔，也比较容易操作游戏中的不同对象。例如《帝国时代》（图1-9）和《三国志》（图1-10）采用的就是斜45°俯视视角。

图1-9　《帝国时代》

图1-10　《三国志》

注意

策略类游戏中的地图都非常大，这样能够使开展游戏的多方阵营在初期保持平衡。在这种情况下，缩略地图对于玩家是一个非常有用的工具。利用缩略地图，玩家可以迅速切换镜头和了解游戏局势。

1.2.4 内容设计

策略类游戏的题材形式并不多，一般都与战争有关，只是选择的故事背景不同，有历史题材的，也有魔幻题材的。一个成功的策略类游戏，其引人入胜的背景故事起着至关重要的作用，有些策略类游戏甚至是从电影或文学作品改编而来的。策略类游戏中一般会有多种阵营，例如《盛世文明》(图1-11)、《战争之人》(图1-12)，不同阵营之间的游戏角色和发展路线也不一样。应让不同阵营在游戏的进行中保持平衡，否则会降低游戏的可玩性。

图1-11 《盛世文明》

图1-12 《战争之人》

1.2.5 设计中需要思考的问题

设计一款策略类游戏，需要重点思考以下问题。

（1）游戏的形式是采用即时制还是回合制？

（2）游戏采用什么样的视角？

（3）游戏的故事背景采用什么形式，是过去、未来还是现在？

（4）游戏的主题是征服、探索还是交流？

（5）如果游戏中需要战争部队，那么不同的种族或国家都具有哪些特征和限制？不同的种族和国家之间如何进行平衡？

注 意

当游戏以剧情强制发展时，需要采用回合制，以便让玩家对整个游戏世界有一个了解。

1.3 角色扮演类游戏

角色扮演类游戏(Role Playing Game，RPG)有单人模式的，也有网络模式的，一般要求玩家投入较多的注意力和较长的关注时间。游戏主线比较明朗，往往会把玩家控制的角色定义为"英雄"的形象。整个游戏都会围绕这个角色展开，以串接故事情节并影响游戏的发展方向,其取胜条件是由剧情决定的。对于玩家,游戏主线在于控制自己的角色进行各种探险、战斗,并以此提升自己的属性,也可以通过复杂的任务系统让玩家体会游戏剧情的发展,例如网络游戏《梦幻海贼王》(图1-13)与单机回合制游戏《神雕侠侣》(图1-14)。

图1-13 《梦幻海贼王》

图1-14 《神雕侠侣》

 注 意

任务系统在角色扮演类游戏中比较常见,优秀的任务系统对游戏剧情起着推动作用。

1.3.1 表现形式

角色扮演类游戏依赖角色的成长和发展(通常包括玩家的统计数据)、对话和战略格斗,强调的是剧情发展和个人体验,由玩家扮演游戏中的一个或多个角色,有完整的故事情节。此类游戏一般可分为日式和美式两种,主要区别在于文化背景和战斗方式,多采用回合制或半即时制战斗,例如《最终幻想》(图1-15)、《仙剑》(图1-16);也可以根据战斗方式进行分类,分为动作角色扮演游戏(Action Role Playing Game,ARPG,战斗方式为即时动作,例如《猎龙战记》(图1-17))和战略角色扮演游戏(Strategy Role-Playing Game,SRPG,战斗方式如同下棋,即常说的战棋类游戏,例如《轩辕伏魔录》(图1-18))。

图1-15 《最终幻想》

图1-16 《仙剑》

图1-17 《猎龙战记》

图1-18 《轩辕伏魔录》

1.3.2　设计要求

（1）角色要有华丽的动作设计。
（2）带有更多的策略成分。
（3）剧情是贯穿整个游戏的主线，玩家应总是被剧情吸引着完成一个个任务。
（4）角色的成长需要个性化发展，使玩家专心发展一种能力将会起到较好的效果。
（5）场景设计要能够体现出游戏要表达的故事背景。
（6）音效和音乐背景需要与体现游戏故事背景的画面风格相融合。
（7）具有精彩的游戏关卡，从侧面体现玩家可控角色的性格及其丰满的内在品质。

1.3.3　呈现视角

角色扮演类游戏基本上不会以2D的视角呈现，通常都采用2.5D或3D视角，而对于2.5D，又分为斜45°俯视和正90°俯视。例如《仙剑奇侠传》的视角是斜45°俯视（图1-19），《仙侣情缘》的视角是正90°俯视（图1-20）。不管是斜45°还是正90°，都是采用图元技术加上多个图层叠加实现的，所以这类游戏中的地图设计是一个非常重要的环节。出于剧情和玩家需要，还必须为游戏创建不同用途的面板界面，例如角色属性面板、物品及装备面板、技能面板、战斗系统面板等。

图1-19　《仙剑奇侠传》

图1-20　《仙侣情缘》

1.3.4　内容设计

角色扮演类游戏带给玩家的体验在很大程度上取决于故事情节，所以在游戏设计初期必须选好题材，这是决定游戏成败的关键要素之一。通常，游戏的题材背景会选择一个不同于普通人生活的世界，例如武侠文学、西方魔幻文学、科幻小说或电影等。确定了题材，还要有丰满的剧情，一般来说，角色扮演的游戏方式主要包括探险、接受任务以及战斗，合理分配这三种游戏方式才能使游戏的可玩性达到最高。对于一般玩家，角色扮演类游戏很少能够在短时间内通关，所以必须为游戏增加存储功能。游戏中可以采用到达指定地方才可以存储的模式，也可以做成菜单选项让玩家随时存储。

玩家控制的角色在游戏中不断成长可以体现游戏的趣味性,同时这也是游戏情节发展的主线。所以在设计游戏时需要根据故事情节让主角不断成长,这种成长包括个人属性(技能、血量、等级、法力等)的提升以及游戏剧情的逐步铺开,主角的成长方向也是吸引玩家坚持玩到最后的原因之一。

1.3.5　设计中需要思考的问题

设计一款角色扮演类游戏,需要重点思考以下问题。

(1)让玩家扮演什么样的人？是着重于游戏的故事情节还是人物的养成发展和工作(战斗)？如果是按照游戏的故事情节推进,那么如何在情节发展中构思关卡和任务？

(2)以故事情节为主的游戏最常用的方法就是由多个小任务组成一个大任务,这些任务排列的顺序和内容会不会影响游戏的制作难度和游戏的感觉？

(3)采用的什么样的游戏背景？

1.4　模拟经营类游戏

模拟经营类游戏(Simulation Game,SIM)是一种宽泛的游戏类型,它试图复制各种现实的生活形式。仿真度不同的模拟游戏有不同的功能,仿真度较高的游戏可以用于专业知识的训练,较低的可以作为娱乐手段。

1.4.1　表现形式

模拟经营类游戏旨在让玩家控制或制造有生命或无生命的物体,模仿现实生活中的各种生活状态、各种生物(人、动物、植物等)的生活,注重真实的操作过程和感受,其目标是让玩家能够充分体验游戏中角色的动作及其对事物的反应。

1.4.2　设计要求

(1)注意对现实模拟的程度和游戏可玩性之间的取舍,过于真实会降低游戏的可玩性,但太简单又会降低真实度。

(2)要有激烈的节奏和绚丽多彩的画面。

1.4.3　呈现视角

模拟经营类游戏的显示元素比较单一,主要是被养的对象和生活场景。为了提高玩家的视觉体验,应该对游戏的画面做好规划,一般采用 2D 视角,例如《美少女梦工厂》

（图1-21）。游戏中通常还需要设计管理面板等界面，例如《口袋妖怪》（图1-22）。

图1-21 《美少女梦工厂》

图1-22 《口袋妖怪》

1.4.4 内容设计

模拟经营类游戏显示的主要内容就是宠物，玩家基本上不会出现在游戏中。宠物的造型设计非常重要，往往不是现实生活中的宠物，可以设计成奇怪的生物或科幻的产物，有些养成游戏中被养的对象还可能是人类。宠物除了设计外在形象，还需要设计其各种属性，如宠物具有的技能和成长路线等。

养成类游戏的培养方式设计也很重要，否则玩家就会发现其宠物过于迟钝或是太聪明，无法从中体会到成就感。另外，游戏中的人工智能也是需要重点考虑的设计内容，宠物如何在玩家不干涉的情况下自动衰减自身的属性，例如饥饿、心情和响应主人（玩家）的问候等，都需要通过开发相应的人工智能算法实现。

1.4.5 设计中需要思考的问题

设计一款模拟经营类游戏，需要重点思考以下问题。

（1）模拟哪个时代的生活？

（2）模拟某种交通工具、运动还是虚拟的娱乐项目？

（3）如果是现有的娱乐运动，那么是为具有特殊技能的专业人员设计，还是为进行短暂娱乐的玩家设计？

（4）如果是模拟交通类游戏，如何处理这种交通工具的损伤？这种损伤是否可视？损伤是全部的还是局部的？

（5）游戏的取胜条件是什么？

（6）采用什么样的视角？玩家可以记录游戏甚至重放吗？

（7）需要多少个控制键？如何把许多控制映射到玩家可用的输入设备上？

（8）如果游戏中附加了额外的操作方式，玩家如何方便地进行协同控制？

（9）在游戏的竞争模式中，要让对手有什么样的智能水平？是否根据要模拟的娱乐活动进行专业模式和业余模式的分析？

1.5 冒险类游戏

冒险类游戏(Adventure Game,AVG)由玩家控制游戏人物进行虚拟冒险,集中于探索未知,解开谜题等情节化和探索性的互动,强调故事线索的发掘,主要考验玩家的观察力和分析能力。

1.5.1 表现形式

冒险类游戏是让玩家在旅行中探险并解决其中的难题,通常有一个线性发展的故事情节作为主线,通过与角色的互动和物品的使用完成一项主要任务。

与角色扮演类游戏不同的是,冒险类游戏的特色是故事情节往往以完成一个任务或解开某些谜题的形式出现,而且在游戏过程中刻意强调谜题的重要性,使之成为一种专门考验玩家大脑的"活动"。冒险类游戏也可细分为带有动作元素的冒险游戏和带有解谜元素的冒险游戏。前者在游戏中融入了战斗模式,例如《生化危机》系列、《古墓丽影》系列(图 1-23)、《恐龙危机》等;后者纯粹依靠解谜推动剧情的发展,难度系数较大,例如《神秘岛》(图 1-24)系列。

图 1-23 《古墓丽影》

图 1-24 《神秘岛》

1.5.2 设计要求

(1) 要有一个明确的主线任务,让玩家有一个目标,使玩家在游戏中不会感到迷茫。

(2) 提供尽量多的让玩家选择执行的支线任务,使玩家感受到游戏世界内容的丰富。

(3) 场景的设计上要复杂多变,让玩家在游戏中不能轻易地找到目标或完成任务。

1.5.3 呈现视角

冒险类游戏的视角通常与角色扮演类游戏相似,不过也有很多以第一人称视角呈现,以增强玩家身临其境的感觉。为了更好地讲述一个冒险故事,除了文字,还要尽量提

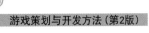
高画面的空间感。另外,在游戏中提供缩略地图便于玩家进行路线选择。

1.5.4　内容设计

冒险类游戏如果没有跌宕起伏的故事内容,基本就失去了可玩性;如果只是枯燥地讲故事,也会使游戏变成一种负担。游戏中展示的是场景而不是故事,所以在将故事改编成游戏或为游戏增加故事情节时,要注意规划故事结构,把各种剧情插入不同的场景。场景和场景之间要相互关联,最后形成相互串联的游戏场景。

为了适应冒险类游戏漫长的故事情节,通常要将故事切成若干关卡。这些关卡的连接方式有多种,例如单线索方式是将所有关卡连成一条主线,循序渐进地向玩家铺开。而多线索方式则是在进入新关卡之前让玩家选择,或者根据玩家现在的游戏状态进入相应的关卡。为了增加游戏的趣味性,在游戏中可以加入对话,对象则是 NPC（Non-Player-Controlled Character,非玩家控制角色）,既可以使玩家体会游戏的互动性,也可以为玩家提供重要的游戏线索,所以在设计冒险游戏时应合理地设计对话。

注　意

冒险类游戏很难让玩过一次的玩家再经历一次冒险,这也体现了故事情节对于冒险游戏的重要性,一旦熟悉了故事情节,就很难再给玩家带来刺激和惊奇了。

1.5.5　设计中需要思考的问题

设计一款冒险类游戏,需要重点思考以下问题。

（1）游戏角色如何分类? 主角的性别是什么? 主角的长相、声音、品质、资历、强项、弱点、兴趣和语言习惯如何设计? 主角有什么样的种族、社交、宗教、政治和教育背景?

（2）游戏讲述一个什么样的故事? 主角的最终目标是什么? 故事的高潮是怎样的? 为了达到故事的高潮,有哪些事物是必须搜集、学习和完成的?

（3）故事是在哪里发生的? 游戏中是一个什么样的世界? 故事进程中,玩家是否可以自由地四处活动,还是用单线索的方式避免回到已经去过的地方?

（4）游戏中还有什么其他角色? 都有什么作用? 外观和行动如何? 怎样响应角色?

（5）如何实现交谈? 交谈中会出现哪些句子? 玩家可以选择不同的说话态度吗?

（6）游戏中有哪些种类的谜题? 玩家会遇到哪些困难? 应该采取什么样的行动克服这些困难?

（7）这是一款纯冒险类游戏还是动作冒险类游戏? 如果是动作冒险类游戏,怎样设计动作元素?

（8）使用哪种图形技术显示游戏世界(2D还是3D)?

（9）背景设置中,玩家应该有怎样的视角(静态背景、第一人称、第三人称)?

（10）使用什么样的交互界面控制机制?

（11）玩家如何确认活动物品? 如何操作? 每样物品都有哪些可用的属性?

（12）是否有物品栏? 如果有,该如何显示和使用? 玩家如何捡起和放下物品? 物品

能否组合或联合使用？又如何处理？

　　（13）玩家需要地图吗？如果需要，地图是静态的还是动态的（自动维护）？

　　（14）游戏需要日志帮助玩家记忆吗？

1.6　益智类游戏

　　益智类游戏（Educational Games，EG）是一种深受普通玩家欢迎的游戏类型。很多玩家把益智游戏称作休闲游戏，但实际上，多数益智游戏玩起来并不轻松。休闲游戏中的很大一部分并不属于"益智"的范畴，有些养成类游戏一般也会被划分为休闲游戏。

1.6.1　表现形式

　　益智类游戏会更多地依靠智力解决问题，例如纸牌类游戏、棋类游戏等。这类游戏的取胜条件一般很简单，通常都有限时功能，或者把消耗的时间作为计算积分时考量的因素，例如《吃豆子》（图 1-25）、《推箱子》《拼图》《走迷宫》等。也有取胜条件虽然简单，但却很难在短时间内取得胜利的游戏，例如《大富翁》系列（图 1-26）。不同益智类游戏的内容设计不同，但基本都是以关卡作为提升难度的手段，关卡可以是有限的，也可以是由程序自动生成的。

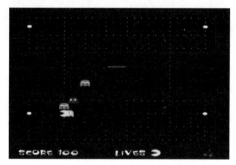

图 1-25　《吃豆子》

图 1-26　《大富翁》

1.6.2　设计要求

　　（1）要有准确的任务要求和目标。

　　（2）游戏任务的设计可以是单一的，也可以是多样的，让玩家可以根据自己的能力选择任务。

　　（3）游戏背景的设计要根据任务的难易改变，使玩家容易投入游戏。

1.6.3　呈现视角

　　一般，益智类游戏的视角可以看到整个游戏场景，基本不需要滚屏，多是平面游戏。

近年来,很多平面游戏的界面都被改造成 3D 效果,例如 3D 版《推箱子》(图 1-27)。当然也有例外,例如《掘金者》(图 1-28),每一关的场景都需要滚屏,这也和游戏节奏的快慢有关。

图 1-27　《推箱子》

图 1-28　《掘金者》

1.6.4　内容设计

益智类游戏的最大魅力在于对智力的挑战,所以玩家往往对游戏的剧情不是非常感兴趣。难度等级必须是可调节的,不设关卡的益智类游戏通常会在游戏开始时提示玩家选择一个难度等级。游戏规则设计需要把握好三个方面:一是入门难易程度,游戏开始时不能让玩家感觉太简单,也不能让玩家太沮丧;二是趣味性,益智类游戏吸引玩家的地方不仅是对智力的挑战,还必须生动有趣,要尽量营造一种轻松的环境;三是耐玩度,怎样让玩家愿意再玩一次也是设计阶段需要多加考虑的问题。

1.6.5　设计中需要思考的问题

设计一款益智类游戏,需要重点思考以下问题。

(1) 游戏的特点是什么? 有什么文化背景?

(2) 玩家在游戏中采取什么样的操作方式才能保证游戏的流畅进行?

(3) 游戏是否只有一个主角? 是否需要其他伙伴或者反面角色?

(4) 游戏是否需要设计一些道具? 如何针对游戏特点设计道具? 玩家如何才能得到有助于自己的道具?

(5) 游戏的继续是根据故事情节的发展还是关卡的描述?

(6) 是否需要功能操作界面? 如果需要,根据游戏特点要设计哪些选项?

1.7　体育类游戏

体育类游戏(Sport Game,SG)是一种让玩家参与或组织体育运动项目的游戏形式,内容多以受欢迎的体育运动会或体育赛事为主题,例如篮球、网球、高尔夫球、足球、美式橄榄球、拳击、赛车等。

1.7.1　表现形式

体育类游戏是面向体育爱好者的一类游戏,主要是模仿现实中的体育竞技运动,取胜方式是赢得比赛或根据剧情赢得一系列的比赛,例如《NBA 职业篮球》(图 1-29),玩家主要的操控对象是一个或多个运动员。也有的体育类游戏融合了模拟经营类游戏的元素,使得游戏的乐趣不在于取得竞技上的胜利,玩家扮演的角色也不是运动员,而是教练或经理之类的管理人员,例如《冠军足球经理》(图 1-30)。

图 1-29　《NBA 职业篮球》

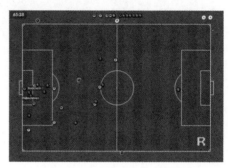
图 1-30　《冠军足球经理》

1.7.2　设计要求

(1) 要能完全体现体育竞技的真实感受。
(2) 需要很快的反应速度以及战略战术上的安排。
(3) 玩家可以和对手横向比较,也可以纵向升级。
(4) 确保玩家能够有完整的运动体验。

1.7.3　呈现视角

体育类游戏的视角取决于竞技项目,如果是一对一的比赛,如网球或摔跤等,可以采用第一人称视角,也可以采用其他视角。对于团队竞技项目,例如篮球、足球等,一般不会只采用第一人称这一种视角,因为玩家需要实时掌握场上的局面。对于一些竞速性质或带有跑道的项目,例如滑雪、游泳等,一般采用背后视角的设计。还有一些会采用闯关类动作游戏的滚屏式设计。

注意
体育类游戏可以提供多种视角的切换功能,以增强用户的体验和可操作性。

1.7.4　内容设计

体育类游戏的题材比较广泛,不同的体育项目有不同的背景和规则。为了适合大众，同类的体育游戏经常会设计成不同的游戏风格，游戏规则也会相应修改。例如《朵拉高尔夫》(图1-31)适合儿童，而《公园高尔夫》(图1-32)则适合成人。

图1-31 《朵拉高尔夫》　　　　　　　　图1-32 《公园高尔夫》

体育类游戏一般分为过关制和晋级制。过关制在游戏中设置关卡，玩家需要根据游戏规则避开游戏中的障碍，在此过程中，玩家需要收集一些金币或者能量，为下一关做准备。晋级制根据游戏规则，要求玩家在游戏过程中累积经验值，在经验值达到一定的高度时，玩家就可以晋级，获得更多的游戏操作权限。

1.7.5　设计中需要思考的问题

设计一款体育类游戏，需要重点思考以下问题。

（1）选择哪类体育项目作为游戏主题？这个体育项目受欢迎的程度如何？

（2）体育项目的规则是什么？有哪几种比赛模式？如果要模仿一个真实的体育项目，是否需要体现所有规则？

（3）游戏是否需要提供两人以上的玩家同时进行合作或对抗的模式？

（4）需要采用哪几种游戏视角？如果为玩家提供了多种视角，那么游戏默认的视角是哪种？

1.8　射击类游戏

射击类游戏(Shooting Game，STG)要控制的角色和物体基本处于运动状态。一般来说，没有纯粹的射击类游戏，所以不论是用枪械、飞机或其他武器，只要是进行射击动作的游戏都可以称为射击类游戏。射击类游戏因其具有暴力特性，在设计时应考虑舆论的影响。

1.8.1　表现形式

射击类游戏主要依靠玩家的反应能力和手眼配合能力，游戏的剧情只起到渲染气氛的作用，让玩家对相应的画面产生一定的联想。游戏一般分为两种形式，一是以非现实的想象空间为内容，例如《星球大战》(图1-33)、《自由空间》等；另一种是以现实世界为基础进行真实模拟,例如《王牌空战》(图 1-34)、《苏-27》等。此外,还有一些模拟其他情境的游戏也可归为 STG,例如模拟坦克的《坦克世界》(图 1-35)、模拟潜艇的《猎杀潜航》等。

图 1-33　《星球大战》

图 1-34　《王牌空战》

图 1-35　《坦克世界》

1.8.2　设计要求

(1) 此类游戏都是实时的,要兼顾图形效果和运行速度,使玩家可以根据硬件性能对游戏画面进行设置,提供必要的选项配置和调控菜单。

(2) 要有适合游戏节奏的音乐和音效。

(3) 要有方便灵活的操控模式。

(4) 要有火爆的场面和快速、激烈的节奏,以突出游戏的可玩性。

1.8.3　呈现视角

游戏的界面背景一般根据相对运动原理采用卷轴式的自动滚屏,即使用一幅比游戏屏幕长的图片首尾相接作为游戏界面背景,在游戏的运行过程中不断循环滚动以达到背景变换的效果。另外,也可以用树木、建筑等图元素材拼接成游戏背景。采用图元技术可以方便地搭建出 2D、斜 45°角 2.5D、正 90°角 2.5D 的游戏场景。早期的飞行射击类游戏大多采用 2D 视角,例如著名的《雷电》系列(图 1-36),或者采用 2.5D 视角,例如《空甲联盟》

图 1-36　《雷电》

（图 1-37），现在大多采用融合多边形渲染技术的 3D 视角，例如《雷神之锤》（图 1-38）。

图 1-37 《空甲联盟》 　　　　图 1-38 《雷神之锤》

1.8.4 内容设计

　　射击类游戏的发展节奏较快，考验的是玩家的快速反应。虽然有着炫目的爆炸和震撼的声音效果，但单一的玩法不会吸引玩家长期关注。因此，设计合理的关卡剧情是非常重要的，例如增加一段背景故事，塑造一个游戏主角，在游戏中适当出现人物的对话等。也可以把相互独立的关卡用背景故事串联起来，而针对相对简单的游戏规则，除了限制玩家的生命数目之外，还可以在游戏过程中不断出现一些增加生命数、补血量、提升控制角色的伤害输出以及设置积分机制等的奖励措施。

1.8.5 设计中需要思考的问题

　　设计一款射击类游戏，需要重点思考以下问题。
　　（1）采用哪种视觉角度？
　　（2）怎样设计使玩家身临其境的音效？
　　（3）如何操作才能让玩家获得游戏的胜利？
　　（4）游戏是否需要故事背景？不同的故事背景该如何设计？
　　（5）每一个关卡的特点是什么？是游戏难易程度的体现还是特殊道具的使用？
　　（6）是单人模式还是多人模式？其角色以什么样的身份进入游戏？

1.9 竞速类游戏

　　竞速类游戏（Racing Game，RAC）是模拟驾驶交通工具进行比赛，通过高速移动时带来的视觉和听觉上的体验，以及冲破各种障碍到达终点、获得好名次的成就感吸引玩家的。

1.9.1　表现形式

竞速类游戏通常分为以下三种模式。

（1）附带打斗模式。在游戏进行中允许玩家和其他选手进行简单的战斗，使游戏更加紧张刺激，例如《暴力摩托》（图 1-39）。

（2）职业联赛模式。玩家每赢得一场比赛，其等级就会提升，可以参加更高级的比赛以获取更高的等级，例如《赛车联盟》（图 1-40）。

（3）任务驱动模式。由任务系统控制游戏流程，因为任务之间有前后关系，一般情况下玩家不能任意选择比赛。

图 1-39　《暴力摩托》

图 1-40　《赛车联盟》

1.9.2　设计要求

（1）简化游戏目的，丰富奖励形式和操控体验，让玩家有一种优越感。

（2）在视觉上让玩家感受速度的变化，在听觉上让玩家觉得有真实感。

（3）设计的障碍要适合游戏环境，让玩家感受到游戏的刺激。

1.9.3　呈现视角

目前，大部分竞速类游戏都采用第一人称视角，这样容易给玩家带来身临其境的感觉。游戏画面一般分为主画面、模拟特定交通工具的操纵界面、任务列表和小地图四个部分。

1.9.4　内容设计

可以自由选择交通工具决定了整个游戏的发展方向，目前以赛车为题材的竞速类游戏较多。游戏中不应该只有一种交通工具，多种交通工具的加入会使游戏更具可玩性。

（1）水上交通工具。这类交通工具有机动艇、帆船、摩托艇等。在赛道的设计中可以添加一些有趣的障碍，如漩涡、台风甚至水怪等。

（2）空中交通工具。主要是飞机和飞船，在近地的空中赛道的设计中可以添加飞鸟、云层等元素，太空场景可添加小行星群、陨石等。另外，交通工具的驾驶方式要重点设计，如果方式比较复杂，可以将操作方式简化后展示给玩家。

（3）此类游戏在大部分时间都让玩家处于高度紧张的状态，在游戏中适当穿插转场动画和剧情会增强游戏的氛围，特别是对于任务驱动模式的竞速类游戏。

1.9.5　设计中需要思考的问题

设计一款竞速类游戏，需要重点思考以下问题：

（1）应该选择什么样的交通工具？

（2）如果交通工具有特殊的性能，应该怎么设计它的属性？

（3）怎样才能达到视听结合？采用什么样的平台（设计软件、游戏引擎、系统架构等）？

（4）游戏进行中，周围的画面不断变化，怎样实现画面的流畅切换？

（5）如何设计游戏的障碍才不会让玩家觉得太容易或者太难？

1.10　解谜类游戏

解谜类游戏是通过对游戏中出现的信息或情节进行分析和处理，发掘线索以解决各种谜题的益智健脑游戏，主要考验玩家的脑、眼、手等的协调性，是考验玩家智商的休闲游戏。

1.10.1　表现形式

以谜题构成的游戏，游戏的过程就是以玩家发现并解开一个个谜题推动剧情的发展的。依据一定的逻辑或数学、物理、化学甚至自己设定的原理，经过一定的思考和推理完成一定的任务，考验玩家对理科知识和逻辑推理能力的综合运用。与益智类游戏相比，解谜类游戏更加注重情节和人物塑造，内置谜题的形式比小型的益智游戏更加灵活多样，画面表现也更加精致。

1.10.2　设计要求

（1）保证游戏的逻辑性，尤其是网络形式的解谜类游戏更要保证玩家之间的公平性。

（2）要让玩家了解游戏的规则。

（3）游戏关卡要有一定的规律可循，含有清晰的规则和目标。

（4）找到难易平衡点，形成有趣的挑战。

1.10.3 呈现视角

解谜类游戏多以第一人称视角呈现,以增强玩家的主体感觉。而大部分物理益智解谜游戏模拟了真实的重力空间,设计了各种道具和场景。现在,解谜类游戏更多地采用3D环境下的多角度视角和第一人称视角相结合的形式。

1.10.4 内容设计

解谜类游戏一般采用通过设定的线索一步步地解开谜底的模式,情节一般较为曲折,画面精美。目前最受欢迎的是一类小型页面游戏,其页面元素少,通过对少量信息进行分析推理得出谜底,例如《机械迷城》(图 1-41)、《时空幻境》(图 1-42)。

图 1-41 《机械迷城》

图 1-42 《时空幻境》

1.10.5 设计中需要思考的问题

设计一款解谜类游戏,需要重点思考以下问题。
(1)在游戏中要不要添加圈套以增加难度?
(2)是否有适合新手的难度等级?
(3)是否允许以意料之外的方法解决谜题?
(4)是否给玩家适当的提示(帮助手册、即时提示等)?
(5)设置多少种解决方案?

1.11 本章小结

目前的游戏行业根据不同的玩家群体特点划分出了不同的游戏类型。每个玩家群体都有一个与之对应的游戏类型。但随着游戏行业的发展,游戏内容更加丰富,游戏开发技术更加完善,不同种类游戏的玩法和内容都有重叠和交叉,游戏分类也在逐渐改变,各种游戏的类别又有合并的趋势。本章针对当今游戏市场的现状对目前流行的游戏类型进行了介绍,主要讲解了十种游戏类型在表现形式、呈现视角与内容设计上采用的方

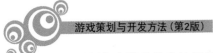

法和设计时需要考虑的问题。

1.12　思考与练习

（1）简述各种游戏类型的分类及特点。

（2）根据自己的了解，阐述单机游戏和网络游戏之间的区别。

（3）说说你的游戏经历，并简要评价你玩过的几款游戏。

（4）举出 3 款不同类型的网络游戏，简要说明它们有哪些吸引玩家的设计。

第2章　游戏策划概述

学习目标

1. 素质目标：培养自主学习能力、语言表达与沟通能力、良好的职业素养和创新意识，树立正确的艺术观和创作观。

2. 能力目标：能够运用思维导图等工具绘制游戏策划的组织结构；能够独立协调组建团队并划分各自职位的职责与分工。

3. 知识目标：了解游戏策划的任务、意义和创意来源；掌握游戏策划人员的素质要求和职位职责与分工；掌握优秀游戏团队的组成结构。

本章导读

本章内容是游戏策划行业的入门知识，重点讲解游戏策划的工作内容和特点，以及游戏设计人员的素质、职责与具体分工；同时介绍游戏策划对于游戏的意义，游戏设计师的工作任务以及游戏创意的来源等。

2.1　什么是游戏策划

游戏策划是游戏开发公司中的一种工作职位，是电子游戏开发团队中负责设计策划的人员，是游戏开发的核心之一，其主要工作是编写游戏背景故事、制定游戏规则、设计游戏交互环节、计算游戏公式以及规划整个游戏世界的一切细节。

2.2　游戏策划的任务

策划的关键就是"创造、传达、执行"，是用各种方式将创意、想法、思路、方法等传达给相关人员，并通过各种途径及手段执行和实现想法、创意，贯彻思路、方法等。开始一个游戏的策划，就是开始一个游戏的制作过程。首先，策划人员必须时刻记住的事情是正在制作的是一个有成本的商品，会面临各种风险。而降低成本和避免风险的最有效的方法就是充分利用时间，所以策划人员需要制定一个明确的时间表。

对于游戏开发来说，仅有好的创意是远远不够的，还需要将创意转变为规范详细的策划案，使开发人员更好地理解游戏的创意和理念。游戏策划根据自己的创作理念，结合市场调研得来的数据，参考其他开发人员的意见和建议，在开发条件允许的基础上，将游戏创意以及游戏内容和规则细化完整，形成策划文档。另外，还需要考虑游戏内容的系统性和表达的清晰性：在游戏的策划和设计过程中，完整全面地对游戏的构成要素进行设计，就是内容的系统性；而一个游戏策划把自己对游戏的构思和设计清晰明确地表达出来，使每个参与游戏开发的工作人员都能清楚准确地理解该游戏的规则内容和制作要求，就是表达的清晰性。

2.3 游戏策划的素质要求

游戏策划是把一个纯粹的想象变成一个丰富世界的过程，要想成为一名好的游戏策划者，不但要喜欢玩游戏，对游戏有兴趣，而且在玩游戏时还要有深度和广度。所谓深度，就是需要专心地玩好几个游戏，仔细研究游戏规则是如何制定的，游戏运行中采用的是哪种策略等。所谓广度，就是要玩很多不同类型的游戏，例如角色扮演类游戏、实时策略类游戏、冒险类游戏、益智类游戏、模拟射击类游戏，甚至可以去童话世界探险，以便从中体会一些游戏设计方面的经验。

2.3.1 想象推理能力

游戏首先是在策划师的头脑里诞生的，即想象、创造一个幻想的世界，所以想象力对策划来说是非常重要的。这里说的想象力，并不是要颠覆一切，创造出一些全新的东西，而是要选择改造的方向和力度，给原来就有的事物换上全新的面貌。玩家总是期盼一些新的、与众不同的游戏体验，优秀的策划师要善于从熟悉的事物中寻找改进的方法，要对周围的世界充满好奇，试着用学到的知识影响和改变那些已经了解的规则，尝试创造一个全新的游戏运行模式或游戏环境。例如，可以将现有的概念结合在一起以形成一个新的模型，或将一个游戏的样式和另一个游戏中的元素融合起来等。想象力的进阶是推理，在想象之后，还要准确地推理出这样的创意会产生什么样的结果，再把这些创意连接起来。

2.3.2 知识运用能力

游戏策划人员需要有丰富的文化修养，了解中外历史知识可以使游戏设计的内容更让人信服，例如攻城器、城堡、骑士、弓弩及捕兽器等各类游戏元素都需要符合游戏所处的时代。研究心理学和社会学能让设计师更好地理解玩家的心理需求，还可以更好地解决玩家和游戏之间或玩家之间的交互关系。了解一些天文学、遗传学、数学、统计学等的知识可以让设计出来的游戏充满想象力。

当游戏策划者有一个好的构思之后，首先要撰写创意说明书，说明游戏的特点、大体构架、风格等；接着撰写立项报告，说明基本的运营方案和利益分析等，争取更多的投资；然后是制定策划文档，包括如何宣传、游戏的特点、针对的用户群等，构思出一系列画面，并用文字详细地表达出来。游戏策划人员必须熟悉镜头拉近与反转、特写选择、画面切

换等一些影视知识。如何完整、清晰地表达出自己的构思是做好策划工作的关键。

2.3.3　市场调研能力

喜欢游戏的玩家可能会被其中的剧情打动，也可能会被其中精美的画面吸引。很多喜欢游戏的玩家从事游戏开发事业时很容易忘记游戏也是一个商品。策划人员必须保证作品具有一定的利润，否则就是不合格的策划。由于游戏产品的时效性问题（制作周期长，销售周期短），策划人员在决定一个方案前一定要进行深入的调查研究，并对得到的信息资料进行分析和判断，以确保产品有足够的市场。

2.3.4　工程营销能力

游戏的开发并不是设定几个数字、加入几个道具、编写一段故事这么简单。在最开始的立项报告书中甚至可以完全不提这些游戏元素，但是市场调研、方案确定、模型制作、阶段测试、上线发布、售后服务几个大的步骤，以及广告宣传、信息反馈、资源获取、技术升级这些体系却不可省去。科学合理、顺畅高效地调配各部门之间的关系，获得更好的销售渠道，都是游戏策划人员必须反复思考的问题。所以，一个优秀的游戏策划人员还要懂一些营销方面的知识。

2.3.5　艺术审美能力

游戏需要出色的音视觉体验和全方位的沉浸式情境塑造，这就要求策划人员具有一定的审美能力及艺术判断力，包括构图原则、美术配色、设计风格和视觉心理等。必须清楚游戏构思是否可行，能够清楚地告诉美工人员需要达到的效果，还要考虑美工人员制作出来的图和设计理念是否一致，音效的类型和节奏是否符合游戏需求，游戏模型优化以及特效运用是否到位等一系列问题。

2.3.6　部门协调能力

一款游戏的制作主要涉及策划、美术、音乐、程序几大部门，到后期还有测试、营销等部门的参与。这些部门的工作性质各不相同，相互之间既有统一性，又有矛盾性。例如，美工有时认为游戏中角色的跳跃动作是程序无法实现的，所以才付出大量的时间制作跳跃的分组图；程序员说之所以花费大量的时间，是因为美工做不出这个闪动的效果，才导致要用代码实现快速滑过的动态结构。这时，就需要策划者具有较强的协调能力，让各部门既能服从整体规划，又有一定的灵活性，以充分发挥团队的力量。

2.3.7　发散思维能力

游戏是人造的娱乐空间，是一个由虚拟规则统治的虚拟世界。一款优秀的游戏会有许多玩家,相当于一个人或者制作团队的几个人在和大批的玩家斗智。如何想到玩家想不到的,如何给玩家更多的惊喜是必须考虑的。所以游戏策划人员一定要有发散型思维,这是以各方面知识的积累为基础的。当然,在创建游戏世界时,丰富的想象力也不能脱离现实生活。因此在创建游戏世界的过程中,还要立足于现实的逻辑,多站在玩家的角度考虑问题,不能让游戏世界中的规则与现实生活完全相悖。

2.3.8　软件应用能力

作为一名优秀的游戏策划师,虽然不用像软件工程师那样编写程序,但要了解游戏的运营机理,例如系统引擎、寻路算法、骨骼匹配、动作捕捉等软硬件知识。如果具有软件应用能力与较好的编程基础,对策划工作无疑是很好的补充。游戏最终要在游戏平台上运行,而游戏运行平台都是基于计算机技术建立的,因此还需要了解计算机的工作特点。除此之外,还必须了解游戏目标平台的运行环境,充分了解目标平台的局限性。

2.3.9　游戏分析能力

国内的游戏产业经常会借鉴一些国外游戏作品的成功经验。作为策划人员,游戏就是工作的一部分,但策划人员的玩法和普通的玩家有所不同。普通玩家玩游戏可以随心所欲,但策划人员不能如此,即使游戏设计得不好,也要坚持玩下去,因为要弄清楚它到底哪里不好,以作为前车之鉴;如果游戏设计得好,那么就更要多玩几次,在玩的同时还要查找、验证、思考、探索以及发现那些普通玩家并不在意的地方,例如哪些地方好,怎么个好法,为什么好,能不能更好,游戏的结构是什么样的,游戏中的数据又是如何设定的等问题。

2.3.10　文案表述能力

游戏的最初策划书以及在制作过程中用到的文字、表格等都需要策划人员以文案的方式表述出来。另外,在游戏制作过程中,需要策划人员直接用语言向团队的其他成员阐述制作构思,例如与程序员讨论系统功能,与美术人员讨论游戏中的表现细节,在宣传工作中向记者和玩家介绍产品等。这就要求策划人员具有一定的文案功底和语言表达能力。

2.4　游戏策划职责与分工

2.4.1　游戏策划职责

游戏策划的主要职责如下。

(1) 以创建者和维护者的身份参与到游戏的世界中,将设计思路传递给程序员和

美工。

（2）设计游戏世界中的角色,并赋予其性格和灵魂。

（3）在游戏世界中添加各种有趣的故事和事件,丰富整个游戏世界的内容。

（4）调节游戏中的变量和数值,使游戏世界平衡稳定。

（5）制作丰富多彩的游戏技能和战斗系统。

（6）设计最新的游戏玩法和系统,带给玩家前所未有的体验。

2.4.2 游戏策划分工

游戏最早是从个人制作开始的,从项目立项到程序制作,再到美术元素绘制都是一个人完成的。后来又出现了小组制,从理论上来说,一个策划、一个美工、一个程序员就可以制作一个游戏,这种结构逐步形成了后来的三角形格局。

现在的游戏项目中,美术设计和软件开发已经有了详细的分工。美术设计方面出现了原画设计师、三维建模师、动作调整师、贴图绘制师、场景制作师等专门职位。软件开发也先后出现了底层构建、界面构建、客户端构建、服务器构建、数据库构建等专门职位。在游戏公司,游戏策划的职责根据工作室团队规模、游戏内容以及游戏大小、工作室文化等方面的不同而有很大的区别。

1. 游戏主策划

游戏主策划是游戏项目的整体策划者,又称游戏策划主管。主要负责设计游戏的整体概念以及日常工作中的管理和协调,指导策划组成员进行游戏设计工作。

2. 目标策划

目标策划和关卡设计师有时是可以内部互换的,但在开放世界的游戏或者大型多人在线游戏中,一个目标策划通常会在已经存在的领域,或者多个目标存在的领域进行玩法设计。任务策划更关心玩家在任务中的行为,并确保玩家理解游戏中的剧情元素。

3. 任务策划

任务策划和目标策划的职责非常类似(有时可以互换),任务策划倾向于支线故事玩法,通常在角色扮演类游戏或大型多人在线游戏团队中设置这一职位。

4. 游戏系统策划

游戏系统策划是对各种系统设计职位的统称,又称游戏规则设计师,负责游戏的一些系统规则的编写。游戏系统策划和软件开发工程师的工作结合紧密,关注游戏的整体体验,需要提供界面及界面操作、逻辑判断流程图、各种提示信息等。

1）战斗系统策划

战斗系统策划负责游戏中的敌人、武器、难度平衡以及所有兵种的战斗技能设计,关注玩家在多种战斗场景中的实时体验。在竞技类、格斗类游戏项目中要关注动画帧率以及角色分类等设计细节,确保游戏之间的平衡性。

2）经济系统策划

经济系统策划负责虚拟经济系统的设计、成长以及平衡,主要包括玩家如何获得以及消耗游戏货币。任何需要资源和售卖系统的游戏都需要一个相关的策划处理经济系统。

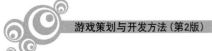

3）多人系统策划

多人系统策划负责制定竞争性的玩法模式以及设计，根据团队规模或游戏类型的不同，还会承担多人模式关卡设计师的职责。

5. 游戏数值策划

游戏数值策划负责游戏平衡性方面的规则和系统的设计，又称游戏平衡性设计师。除了剧情方面以外的内容（伤害值、生命值等）都需要数值策划负责，甚至包括战斗的公式设计等。

6. 游戏关卡策划

游戏关卡策划负责游戏场景的设计以及任务流程、关卡难度的设计，又称游戏关卡设计师。游戏关卡策划是游戏世界的主要创造者之一，与关卡美术师紧密合作以实现美术效果，与玩法程序设计师携手制作可能需要的功能，与作家以及创意总监协调确保该关卡适合整体游戏需要。

游戏关卡策划中有一种多人模式关卡策划，这类策划的职责和基础关卡设计师的有些职能是共通的，只不过要专门负责多人玩法的独特需求和挑战，主要关注的是竞争或者合作玩法的关卡设计，以及特殊模式中的一些元素的放置。

7. 游戏剧情策划

游戏剧情策划又称游戏文案策划，负责游戏中的文字内容的设计，包括但不限于世界观架构、主线、支线任务设计、职业物品说明、局部文字润色等。游戏的剧情策划不只是设计游戏剧情，还要与关卡策划者配合好设计游戏关卡的工作。

剧情策划最关心的是游戏玩法因素，或者说是可以让玩家和游戏故事进行互动的玩法，不管是线性剧情还是多选的分支故事。虽然剧情策划会参与一些关卡的设计工作，但最关注的还是游戏剧情相关的设计以及玩法植入。剧情策划的角色在以故事为主的游戏制作公司中比较常见，也有很多工作室会另外聘请作家。

剧情策划中有作家这一分支，其专注于整体游戏的剧情，通常是根据创意总监的想法或者个体策划的需要设置。有时作家属于策划团队，负责写文本、描述、名字以及整个游戏中的对话，并且还会和团队（通常是外部）一起把游戏进行多语言本地化。剧情策划可以接管写作的任务，在一些规模较小的游戏公司中，一般没有专职作家，这个职位通常被策划所替代。

8. 游戏脚本策划

游戏脚本策划负责游戏中脚本程序的编写，包括但不限于各种技能脚本和怪物 AI（智能）算法等。游戏脚本策划类似于程序员，但又不同于程序员，因为游戏脚本策划会负责游戏概念上的一些设计工作，通常是游戏设计的执行者。

2.4.3 交叉职位分工

交叉职位包括策划和其他职能，这些职位可能存在于策划部门，也可能在其他部门。

1. 货币化策划

综合策划业务方面的职能，一个货币化设计师考虑的是如何处理玩法或者非玩法元素，如果玩家可以使用真实货币购买装备或积分等，还需要考虑定价等问题。这类职位

存在于手游及社交游戏公司、免费游戏工作室以及游戏中采用了微交易或者可下载内容
（DownLoadable Content，DLC）的大型发行商。

大型工作室的费用管理或者控制成本是出品人、上层管理者以及业务相关人员的职
责。由于货币化设计师和游戏产品收入的关系比较紧密，所以通常都拥有商务或者营销
背景。

2. 技术策划

技术策划是连接工程与设计部门的桥梁，通常由软件工程师或者玩法程序员担任。
通过从策划那里得到的数据与程序部门进行沟通，以便更好地实现策划需要的功能。这
个职位可以是全职的编程以及新功能研发，还可以是使用脚本语言实现的玩法，然后交
给游戏策划进行调整。

3. 交互界面策划

交互界面策划负责玩家在屏幕上看到的健康指示器、物体文本、教程、按钮、地图以
及打造界面图形元素，通常属于用户界面（User Interface，UI）团队，而不是策划团队。不
过交互界面设计师还有很多交叉职责，所以有时也被称为策划。

4. 策划支持

策划支持负责很多琐碎的任务，以节约其他策划人员的时间，属于比较低级的策划
职位。这个职位在一些工作室中存在，还有可能是由助理策划或者初级策划负责相关工
作，主要取决于公司的定位。

5. 图形策划

图形策划负责界面按钮、论坛图标、网页设计、标志以及图形因素等，一般由二维美
术设计师兼任。

6. 用户体验策划

用户体验策划一般不会直接参与游戏研发，工作是以多种形式（演示实例或更大的
数据量）把游戏带给潜在玩家进行测试。主要关注玩家能否理解游戏，是否会参与游戏
玩法以及游戏的哪些地方出现了问题等，然后把信息传达给团队的其他成员。这类测试
并不是为了解决游戏程序错误，而是为了测试游戏设计是否有问题或者具有误导性。

7. 音频策划

音频策划负责选择、处理和制作游戏世界中的背景音乐与系列音效。

8. 硬件策划

硬件策划只在和硬件业务有关的游戏公司中存在，有时也被称为玩具策划或产品
策划。

2.5 优秀游戏团队组成

游戏开发团队中的每个成员都应有清楚的工作描述和相应的关注点，还要有职位所
需的特定技能。一个优秀的策划团队应该是一个充满快乐、激情和活力的团体。团队成
员应该互相肯定与尊重，不迷信权威，客观理性地处理问题和看待问题。要有一个好的
管理机制，在不断产生创意的同时又能做好创意的收集和积累。

2.5.1　游戏制作人

游戏制作人要掌控游戏发展的大方向,是游戏团队中的项目领导者,是研发团队与公司之间的窗口,负责游戏从制作到发行的所有流程,其工作范围包含监督开发工作、掌控游戏进度、决定重要事项、控制游戏预算等。在产品的初始阶段,游戏策划需要与游戏制作人共同讨论开发文档的细节,使其清楚游戏的设计情况,制订出现实的进度计划和预算。

2.5.2　创意总监

创意总监负责制定游戏的目标,直接向公司所有者、投资商和发行商负责,是研发团队内部的发言人,可以来自任何部门,甚至是公司创始人。

2.5.3　软件开发工程师

软件开发工程师包括所有从事技术研发的人员,例如游戏工具开发工程师、游戏引擎工程师、游戏图形工程师、网络开发工程师、数据库工程师等。

2.5.4　美术设计师

游戏美术包含地图、人物、界面、动画、肖像、图标、道具等相关因素。由于游戏是交互性很强的项目,美术设计师要体现策划人员和软件开发工程师要表达的各种要素。因此,配合、协作是做好游戏美术设计的首要因素。

1. 美术总监

美术总监负责项目内所有美术技术工作的内容审核,包括美术团队工作计划、工作分配、进度控制以及项目整体美术风格的把握。与工程师建立及时有效的沟通,搭建项目美术资源的管理平台,确保公司全部产品的外观和风格的一致性。

2. 原画师

原画师是美术工作中专业性最强的工作人员,根据策划的文案设计出整部游戏的美术方案,包括概念类原画设计和制作类原画设计,为后期的游戏美术(模型、特效等)制作提供标准和依据。概念类原画设计主要包括风格、气氛、主要角色和场景的设定等。制作类原画设计的工作内容更具体,包括游戏中所有道具、角色、怪物、场景以及游戏界面等内容的设计。原画是为游戏研发服务的,要保持游戏整体的统一性,以保证模型师及其他美术环节的顺利实施。游戏中的人物角色与场景原画设计效果如图 2-1 和图 2-2 所示。

3. 建模师

建模师的工作内容主要包括建立人物、NPC、怪物、道具等游戏元素的数字模型。与原画人员相比,人物建模人员更侧重于实现过程,而不是创造过程。要将策划者的要求转换为具体的效果表现,相关建模软件的使用是建模师的基本能力。三维游戏中的人物

图 2-1 人物角色原画效果

图 2-2 游戏场景原画效果

角色与建筑模型如图 2-3 和图 2-4 所示。

图 2-3 三维人物角色模型

图 2-4 三维游戏建筑模型

4. 贴图人员

游戏中的模型一般要求在保证视觉效果的前提下尽量以低精度制作,这时贴图就成为最终视觉效果的决定因素,行业内甚至有"三分建模、七分贴图"的说法。贴图人员的工作通常是和建模人员交叉进行的,很多情况下,建模和贴图由同一人完成。贴图师同样要具备对色彩体系的理解能力、必备的电脑工具使用能力和对艺术风格的领悟能力。不同类型的游戏开发对工作环节的要求差别较大,例如制作 2D 游戏时可能没有 3D 建模的工作,因此贴图的制作方法和表现形式也有所不同。游戏中的人物角色与建筑贴图效果如图 2-5 和图 2-6 所示。

图 2-5 人物角色贴图效果

图 2-6 游戏建筑贴图效果

5. 动作制作人员

动作制作人员主要完成游戏角色的动作设计工作。游戏中的角色都是以一种动态的形式展现在玩家的眼前的,这种表现形式有着更强的视觉表现能力,对玩家也有更强的吸引力。随着软件新技术的不断涌现和硬件功能的日益完善,游戏中角色的动作变得更细腻和自然。例如,现在某些游戏在制作中引入了"动态捕捉"技术。细致的效果逐渐向以假乱真的方向发展,在提高开发效率的同时也降低了工作量。对于动作制作人员,要求其至少具备对动作美感的鉴赏能力、对设计工具的高级应用能力和对不同角色动作的创造能力。游戏中的2D、3D人物角色动作设计如图2-7和图2-8所示。

图2-7　人物角色2D动作

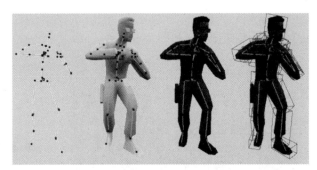

图2-8　人物角色3D动作

6. 场景制作人员

场景制作包括游戏世界地图的制作、建筑物的建模以及游戏世界整体感觉的确立。对于一款游戏来说,虽然在场景制作过程中,策划组会在游戏世界地形、建筑、风景、色调等方面为场景制作人员制定一个具体的规则。程序组也会为场景制作人员专门制作地图编辑器,但场景制作往往是工作量最大的工作内容。由于网络游戏的群体特性,因此在游戏场景的制作方面,制作人员会在系统允许的情况下尽量将场景制作得更庞大,以便让大量玩家同时身处游戏之中而不会觉得拥挤。游戏中的场景设计效果如图2-9所示。

场景制作的难点在于构建的游戏世界场景是玩家在游戏中生活和战斗的基础。如果场景变化过于单调或平淡,那么玩家很容易对游戏本身产生厌倦。因此,一名合格的游戏场景制作人员必须能够承受由于工作量而带来的工作压力,同时具有对游戏世界场景的创造能力、通过有限的设计元素达到更多场景风格变化的能力、对设计工具的使用能力等。

7. 特效和界面制作人员

界面制作和特效制作本来是两个截然不同的工作,但其工作特性类似。在2D游戏时代,游戏界面是游戏与玩家的最基本的人机交互平台,游戏界面效果直接影响游戏在玩家眼中的第一印象。在3D网络游戏时代,游戏界面的功能被逐渐削弱,因为这个时代的游戏画面通常可以做360°旋转,界面无法再定格在某一角度上。尽管如此,游戏界面仍然是游戏设计中不可或缺且非常重要的部分。武侠类游戏中的界面效果如图2-10所示。

特效制作是一款游戏体现自己特色的最佳途径,特效的质量直接影响游戏玩家对游

图 2-9 游戏场景设计效果

戏画面的认可程度。不论是界面制作还是特效制作,都要求制作者对游戏表现效果有足够的把握能力和创造能力。在大多数情况下,特效在很多时候是由 2D 效果生成的。因此,一款游戏的特效制作人员必须具备对游戏表现效果的创造能力、电脑工具的使用能力以及足够的效果评论鉴赏能力。动作类游戏中的技能效果如图 2-11 所示。

图 2-10 武侠类游戏的界面效果　　　　　图 2-11 动作类游戏的技能效果

2.5.5 质量保证工程师

质量保证(Quality Assurance,QA)是游戏开发中的重要组成部分,质量保证工程师根据游戏设计说明书和游戏技术说明书编制项目的测试计划,执行测试计划,记录产品中非预期的地方,分类、优选和记录测试中发现的所有问题,在游戏发布前对修改的问题重新进行测试,从技术和美学两个方面保证游戏产品的功能。

2.5.6 运营推广团队

现在各大游戏公司,特别是网络游戏公司,为获得市场竞争优势,越来越倾向于原创开发和自主运营。因此在很多的情况下,策划人员和市场运营人员之间要进行很多工作上的交流与合作。以网络游戏运营团队为例,一般包含下列部门。

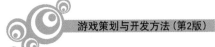

1. 市场部

市场部主要负责游戏运营的宣传与推广，具体内容大致分为宣传推广、产品销售、商务拓展。

（1）宣传推广：即通常所说的推广部，职责是配合产品的运营做好宣传工作。

- 根据产品推广策略规划产品广告的宣传方案。
- 撰写广告创意设计单。
- 联络广告媒体，辅助广告采购。
- 协调待宣传事项，制作广告排期表。
- 按照排期表进行广告投放。
- 对投放的广告进行监督修正。
- 撰写每月的广告总结。

（2）产品销售：又称销售部，在职务上隶属于市场部。

- 调研游戏市场销售状况，与电子商务总监和总经销商共同制定总体销售策略。
- 负责实体渠道体系、线上销售渠道体系以及各种虚拟点销售管理的监督管控。
- 负责推进公司商品化进程，规划、开发公司年度商品。
- 负责公司商品的质量监控。
- 定期报告产品销售状况。
- 负责公司线下推广计划的执行和监控。

（3）商务拓展：又称商务部，主要负责市场开拓以及其他合作伙伴的业务沟通。

- 与总监共同制定各地的合作策略及形式。
- 协助推广人员和企划人员，对各地合作伙伴、厂商的市场推广进行配合。
- 监控工作以及相关游戏产品形象的深度开发。

2. 技术部

技术部主要负责为运营工作提供技术保障。

- 服务器组的系统平台搭建。
- 服务器组的日常运行维护工作。
- 自动系统更新，手动升级包下载及服务器的维护工作。
- 玩家数据处理相关工作，包括转服（转换角色到另外的服务器）、监控人物装备流向等。
- 协助其他部门进行反外挂插件与黑客的工作，协助客服部门进行网站、论坛维护等相关工作。
- 随时响应突发事件，例如处理复制装备事件，对重大 Bug 进行紧急维护等。

3. 客服部

客服部承担的是承上启下的职责：负责把玩家的意见、建议、游戏中发生的问题等及时反映给公司及其他相关部门。

4. 企划部

企划部在运营团队中的职责是配合产品的运营情况做出相应的活动方案。

- 根据产品推广策略规划线上线下活动。
- 规划、指导、承接线上活动的执行。

- 规划、指导、监督销售部渠道的活动执行。
- 规划、指导网络媒体伙伴的线上活动计划。
- 配合公关部执行活动的公关工作。
- 配合广告企划部执行活动的广告传播工作。

5. 国际业务部

涉及跨国合作的运营公司会设立此部门,主要在语言沟通方面为双方的合作创造便利条件。另外,与国外厂商的合作事项也需要国际业务部的参与。

2.6　游戏创意的来源

游戏的创意是激发创造性思维的火花,并主动将其发展为一个可行结构。一些最为平凡的事情中可能就隐藏了游戏创意,书籍、电影、电视和其他娱乐媒体都是游戏创意灵感的重要来源,例如改编自漫画和电影的《绿巨人》(图 2-12)、改编自小说的《一线生机》(图 2-13)。

图 2-12　《绿巨人》

图 2-13　《一线生机》

在游戏策划阶段,引用已有的创作蓝本对于设计者来说有利有弊。一方面,站在游戏的立场上时,经常会为是否要保持借用的那个世界的完整性、真实性而烦恼;另一方面,从外部引入已经注册过的资源可以节省时间,不用构想有关文化、地理、历史、宗教等游戏必需的背景资料。一般来讲,在凭借创意进行游戏的初始设计时,创建游戏的故事情节可能会比较容易,但制定一套指导和约束游戏运行的基本规则体系却非常困难,这时就要考虑是否需要参考一套已经存在的规则体系,例如规则相似度很高的《红色警戒》(图 2-14)与《星际争霸》(图 2-15)。

2.6.1　收集创意

创意随处可见,但又无迹可寻。大部分的想法是短暂的,它将在没有完全成型之前消失,除非及时收集,并以适当的形式保存下来。也可以在头脑中发动一场思维风暴,以加快灵感的产生速度。产生真正有创意的想法是一项艰巨的工作,试着将自身变成一个灵感的源泉,而且需要全身心地投入,如果坚持不断地进行大脑训练,就会逐渐积累很多灵感。一个好的解决方案是为这些灵感创建一个系统,用来存储、分类和处理这些灵

图 2-14 《红色警戒》

图 2-15 《星际争霸》

感。系统的完善通常要经过多次反复,记录这些想法可以完成两件事:一是强化记忆中的想法,以便今后的使用;二是给出一个放弃那些不好的想法的机会。如果某些想法具有一些潜能,就要保留下来。这个系统的魅力就在于强有力的创造性,现在看起来毫无价值的想法,也许在多年以后会价值无穷。在这个系统中加入更多的想法,它将变得更有用。

2.6.2 加工创意

仅仅拥有创意是不够的,必须让其发挥作用,否则游戏就可能只存在于原型阶段,无法真正成为产品。大部分设计师一直主动忽略自己的判断和分析本能,这是因为前期主要是要求大量地收集创意。如果对新的创意是否适宜而顾虑太多,就根本无法产生新创意。工艺技能需要判断力,只有能够判断自己的思想能否协调起来才会创造一款优秀的游戏。良好的判断能力来自经验,能够预见到大部分的缺陷并立即纠正,比在以后才发现这些问题好得多,也可以为后续工作节省大量的时间与精力。

共鸣含有协作的意思,使总体大于部分的简单之和是一种有效加工创意的方法。能够使故事和主题内容对游戏玩家产生更加深刻的影响,适用于游戏设计以及其他的创造性工作。例如,在《魔兽争霸》中,兽人族的英雄是在人类和精灵族的联盟取得对兽人部落的胜利之后而成长起来的年轻一代的兽人。由于在战争中的失败,那些兽人被迫背井离乡,成为限制在保留地上的一个备受欺凌的种族。兽人族英雄的追求是重获尊严,赢回战败中失去的荣誉。在兽人族的环境甚至部落服饰方面,游戏设计师似乎都在重现与美国印第安人的比照。可以质疑盗用真实人类文化描绘非人类物种的做法是否适当,但是不可否认《魔兽争霸》中的共鸣是有效的。随着游戏的进行,游戏设计师还会发现,如果游戏有足够的影响力,玩家还会创建自己的共鸣。包括《魔兽争霸》《反恐精英》在内的许多著名游戏都有关于它们的小说、漫画等,而这些都是由玩家自发创作的。

假设现在要设计一款关于吸血鬼的游戏,需要把它设计在一个宇宙空间环境中,例如一艘宇宙探险飞船上。对于这样一款游戏,一种最常见的方案是让宇宙探险飞船访问一颗未知、神秘的星体,并在它上面发现了一堆木箱;在将木箱运回基地的途中,一只木箱被打开了,一个带斗篷的人物出现了。但这样的题材太普通了,在很多影视作品中都出现过,玩家会觉得很乏味。如果只是打算运用怀旧方式,就没必要移植到太空场景。

"合成"并不是不同内容的简单堆砌,需要考虑如何将两个概念融合成一款游戏,带给玩家新的游戏体验。吸血鬼确实睡在棺材里,但是那不一定就意味着一定要有一个棺材或木箱。例如,在实际间的宇宙航行中,飞船的机组人员在漫长的旅途中的大部分时候处于"冬眠"状态,那幽暗的冬眠箱就可以利用。这样,吸血鬼可以成为机组中的一名成员,此时它能够从同船的船员身上吸食冻结的血液。可以看出,这样一款冒险游戏借鉴了电影《异形》的想法,但却不完全一致。面对大量的创意,游戏设计师应当不断考查合成起来的想法,自问每种想法能给其他想法做出什么贡献。这样,设计师才能在最后形成的游戏中充分利用这些想法。

2.6.3 维持创意

制作电子游戏时,应利用可引导游戏世界构建的软件程序,但不要让软件决定制作思路,应采取创造性的制作手法。目前的电子游戏设计软件预设了设计方向,很容易让设计师陷入一种既定思路,从而脱离原有的创意理念。由于按照预设思路制作游戏相当简单,因此应努力克服这种束缚。以下是维持创意的几点建议。

(1)保持纸上设计的习惯。随身携带一个笔记本或速写本,用于记录创意。通常,空白纸张不会限制想象空间。同时,体验游戏时也应携带笔记本。这不是用于摘抄创意,而是分析体验过程中发生的事情,并记下在此过程中突发的原创理念。

(2)考虑氛围与基调。游戏最重要的部分是整体氛围和整体基调。例如,可以通过倾听音乐获取不同氛围的灵感。

(3)合理提供奖励。通常,一百个小奖励优于一个大奖励。不断探寻下一个小奖励能够激励玩家继续前进,即让玩家预先拥有一个目标。

(4)避免线性结构。游戏的设计要考虑单个玩家的喜好。不同玩家体验游戏的方式各不相同,有些玩家喜欢战斗与探索,有些喜欢遵循任务要求,有些则喜欢与NPC互动。在游戏中添加这些元素可以为玩家提供大量的趣味选项。

(5)开阔视野。主动关注不大感兴趣的美术书籍,浏览自己鲜少关注的领域与主题。借此既可以获取全新创意,又能为现存素材添加新维度。任何有关心理学、社会学或动物学的主题都是增加游戏深度的不错来源。

(6)敢于尝试。有时出色的创意与印象深刻的场景均来自微小错误,要善于从错误中总结并获取经验。

(7)关注反馈。确保自己获得那些试玩游戏的好友与玩家的反馈并做好记录,及时了解游戏状况。

2.7 本章小结

游戏策划是电子游戏开发团队中负责设计策划的人员,是游戏开发公司中重要的职位之一,是游戏开发的核心成员,其主要工作是编写游戏背景故事,制定游戏规则,设计游戏交互环节,计算游戏公式以及整个游戏世界的一切细节等。本章重点介绍了游戏策

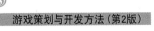

划的工作及其在团队中的位置、与团队其他开发人员的配合等问题。

2.8　思考与练习

(1) 游戏的本质是什么？

(2) 简单描述你对游戏策划工作的理解。

(3) 游戏设计的任务是什么？

(4) 游戏策划如何与整个团队协调工作？

(5) 在你喜欢的文学、影视作品中，哪一个是你最想实现为游戏的？为什么？

(6) 简述游戏创意的收集方法。

(7) 根据现有的资源情况收集信息，构建一个游戏创意脚本。

(8) 简述游戏团队中各个成员的工作职责。

第 3 章 玩家的游戏心理

学习目标

1. 素质目标：培养跨学科知识运用能力、观察思考能力、分析问题和解决问题的能力以及积极健康的心理状态，树立良好的社会责任感。

2. 能力目标：能够根据游戏项目类型设计奖励机制与使用方法；能够在游戏策划方案中融入游戏玩家心理的引导策略。

3. 知识目标：熟悉游戏玩家的类型和心理需求；掌握游戏设计的情感元素和经典游戏心理学效应的延伸应用。

本章导读

游戏必须得到玩家的认可才能有市场，只有正确地把握了玩家的心理，才能设计出一款玩家喜欢的游戏。本章在分析游戏玩家的心理需求的基础上讲解玩家心理引导，情感元素与游戏中奖励机制的效能、设定、用法与心理学原理等。

3.1 游戏玩家的类型

典型的游戏设计的本能和直觉与大众的观点和情感在很多时候是一致的，如果只有极少数的玩家为成功地通过游戏的所有关卡而自豪，那么这款游戏的设计者已经完全抛弃了玩家，当然最终也会被玩家所抛弃。

游戏玩家一般可以分为以下 6 种基本类型。

（1）成就型。为掌控心理所驱动，渴望挑战，希望学习新的事物以完善自己。

（2）社交型。为关联性所驱动，希望与其他人进行互动并建立社交联系。

（3）博爱型。为意志目标所驱动，希望以某种方式报答他人或者丰富他人的生活。

（4）自由型。为独立自主所驱动，喜欢创造和探索。

（5）比赛型。为激励、奖励所驱动，愿意做系统为玩家设定好的一切，例如乐于收集奖励物品。

（6）破坏型。驱动因素比较复杂，但在一般情况下希望直接或间接地破坏游戏系统生态，从而获得成就感。

目前出现了一些新的玩家类型，但都是在基本玩家类型的基础上扩充而来的。例如，社交型＋奖励策略＝网络型，自由型＋奖励策略＝开拓型，成就型＋奖励策略＝消费型，博爱型＋奖励策略＝索取型。

3.2　游戏玩家心理需求

游戏行业的各种服务不断完善并朝着多元化发展，符合玩家心理的游戏才能拥有较高的玩家忠诚度，才能有好的市场表现。所以只有正确地把握了玩家的心理，才能设计出玩家喜欢的游戏，这是游戏设计最基本的依据。

玩家是一个复杂的群体，每个玩家的兴趣爱好、审美观、世界观都不相同，彻底地分析玩家究竟有哪些喜好是非常困难的。但是从游戏的角度看，玩家存在一些共同的基本心理，在游戏中，很多行为表现明显地反映了他们的心理需求。分析玩家的目的有两个：一是在市场分析的时候划分玩家的类型，为游戏的定位提供依据；二是分析玩家的心理、喜好、特点，为游戏设计提供依据。前者是基于宏观上的分析，后者则要分析不同类型玩家的需求共性，从而指导游戏设计。

3.2.1　生理需求

游戏是一种娱乐，就是要让玩家真正地感受感官的愉悦，从而体会到紧张刺激、酣畅淋漓的感觉。例如，在赛车游戏中的极高速度下风驰电掣的感受（图 3-1），在格斗游戏中用连环招和必杀技击败敌手的兴奋（图 3-2）。

图 3-1　《极品飞车》　　　　　　　　　图 3-2　《格斗之王》

如果游戏仅有爽快感这一种乐趣，就会缺乏游戏性，会让玩家感觉越玩越枯燥。在游戏中，音乐和美术要首先确定适合的风格，并尽可能地让玩家产生愉悦感。就美术而言，轻度游戏的色彩相对明快，造型可爱；而卡牌、策划类的中度游戏中的人物角色更注重细节，辨识度高，场景多样并生活化；对于冒险或角色扮演的重度游戏而言，游戏色彩不会过于明艳，人物角色及场景画面的设计更为写实复杂。美术团队往往需要一个核心的成员统筹整个风格，其他成员参照其风格进行创作即可。若从音乐来说，不同场景、不同按钮都必须使用种类各异的音效或音乐。要想真正满足玩家的需求，在音乐的设计上必须循序渐进，不断优化和调试。

3.2.2　安全需求

用引导、奖励、交易提高和寻求安全感是人类的本能。尤其是重度游戏玩家，往往希望能够在游戏中获得现实生活中得不到的感觉。让一个新玩家在游戏内找到安全感,就会让他获取对游戏的信任和依赖。

首先要让新手引导真正起到作用,将游戏的玩法、规则、操作以及需要注意的事项陈述清楚,让玩家相信这是一款自己能操作并能得到快乐的"安全"游戏。同时,新手一般不希望自己轻易失败,因此,游戏要做到在缺乏技巧或者道具的情况下保证新手也能安全过关。在游戏中设置帮助选项、新手奖励、每日奖励或者完成简单的任务后能获得的奖励,从而增加玩家玩游戏的时间。另外,在RPG游戏中,完善的宗派、组队以及师徒规则等能让新手更容易上手,找到归属感,获得安全感。游戏中的奖励界面如图3-3和图3-4所示。

图3-3 游戏活动奖励界面

图3-4 游戏中的金币奖励

游戏其实和现实生活是一样的,安全感往往建立在一定的物质基础上,所以游戏必须有一个简便的交易系统,让新手能方便地购买延长生命或者提高能力的道具。

3.2.3 社交需求

游戏需要交流,要给玩家如现实一般的感受。网络游戏为玩家提供了最快捷简便的交流方式。网络游戏不仅为玩家提供交流的主题,还提供交流的空间和渠道。不同的玩家可以不仅通过共同体验全新的世界获得全新的精神体验,还能获得交友的社会体验。

交流并非单指网络游戏中的玩家聊天,而是指广义上的就某一主题而进行的交谈或交换。在电子游戏中,一个只要努力就可以做出贡献的简单环境更容易培养出配合的行为并达到默契的程度,更能突出和强化交流的重要性,例如网络游戏《攻城战》(图3-5)、《DOTA》(图3-6)等。

图3-5 《攻城战》

图3-6 《DOTA》

对于游戏设计师，每个玩家都是陌生人，每个玩家都有不同的家庭背景、教育程度、人生观和生活目标。游戏可以让玩家在虚拟世界实现其在真实生活中不能实现的第二生活或第二职业，实现在真实生活中不能完全实现的社交、尊重、自我价值，缓解和释放现实生活中的压力，暂时逃避现实社会的规则等。由此可见，一款优秀的网络游戏要能给玩家带来全新的体验、智力的锻炼和人际的交流。

从社交需求而言，游戏需要满足玩家对友谊、爱情以及其他隶属关系的需求。尤其是国内玩家比外国玩家更加注重社交的体验，有时甚至超过游戏的感官体验或基础体验。可以在游戏中内置社交平台，让玩家感受与现实生活同样的可以交流的空间，促进玩家之间的交流互动；也可以根据需要建立该游戏的网络讨论板块，通过社交软件、微信、微博和贴吧等方式满足玩家的社交需求；还可以定期组织线上或者线下的具备游戏话题性的活动，让玩家在游戏内外都能与其他玩家互动。

3.2.4 体验需求

游戏可带给玩家一种体验，可以让玩家在虚拟世界中经历一个完整的故事。游戏最重要的就是能带给人完全不同于现实的，甚至现实中永远都不可能实现的各种体验。这些体验种类很多，有视觉体验、音乐体验、情感体验等。

体现成就感的游戏一般分为以下四种类型。

第一类是《传奇》（图 3-7）、《奇迹》（图 3-8）等策略类、角色扮演类网络游戏。玩家的最大乐趣除了攻城战等双方对战之外，就是穿着一身显眼的极品装备，拿着一件整个服务器里都屈指可数的超级武器到处走动，以引来许多目光和赞叹，从而获得极大的成就感。

图 3-7 《传奇》

图 3-8 《奇迹》

第二类是《推箱子》（图 3-9）、《福尔摩斯探案》（图 3-10）等典型的益智类、冒险推理类游戏。这类游戏并不强调操作，玩家必须通过观察和思考破解游戏中的一个个谜题以进入下一关，在此过程中玩家会成就感十足。

第三类是《雷电》（图 3-11）、《1945》《斑鸠》《反恐精英》等非常强调操作性的射击类、竞速类游戏，玩家需要做出精妙的操作。此外，很多格斗游戏也以强调精妙的操作为主，那种借助娴熟技巧打败所有对手、取得第一名的成就感是非常强的。例如《街霸》《铁拳》《拳皇》（图 3-12）都是以爽快感和成就感吸引玩家的，其中充满了炫酷的招式、酣畅淋漓的战斗、获得胜利的喜悦。这类游戏并不着重营造融入感,画面除了达到基本的美观外,并无更加细致的修饰,这是因为在激烈的战斗中,几乎没有人会十分在意游戏内容及环境的细节。

图3-9 《推箱子》

图3-10 《福尔摩斯探案》

图3-11 《雷电》

图3-12 《拳皇》

第四类是《模拟人生》(图3-13)、《模拟城市》《中华客栈》(图3-14)、《美少女梦工厂》等模拟养成类游戏。玩家经过长时间的锻炼,属性数值得以提高,甚至借助职业转换在能力上获得了质的飞跃,或者花了十几甚至几十小时建造起城市、游乐场、医院等,看着里面人山人海、车辆川流不息的一派繁荣景象,自会有一种由衷的满足感。事实上,成就感正是当前模拟经营类游戏的灵魂所在。

图3-13 《模拟人生》

图3-14 《中华客栈》

游戏玩家在以上这四类游戏的进行过程中,在心理上都经历了一个"压抑—释放"的过程。压抑得越深,释放的力量就越强,玩家获得的满足感和成就感也就越大。

3.2.5　尊重需求

在游戏的世界中，尊重需求往往是玩家玩游戏的第一需求。很多玩家都希望在游戏中寻找现实社会中找不到的荣耀感和优越感，希望受人仰慕、尊敬。

为了满足玩家被尊重的需求，游戏应该从两个方面进行策划。首先是比较获得的优越感和荣耀感，游戏需设置起码的等级及排行榜。若游戏内建有好友系统，则必须建立好友排行榜，定期将好友排行榜变更的内容发给玩家的好友圈，让玩家看到比较的结果，才能使玩家产生优越感。公告栏可设立一个公开板块，并允许玩家爆料。其次，在游戏中应多给玩家互相帮助的机会，适当给玩家赠送装备、金币等，尤其是对十分看重荣耀感的一些资深玩家。

3.2.6　自我实现需求

游戏是一种对脑力的全面锻炼，可以让玩家自主地达到自我实现。例如奇幻休闲游戏《星石传说》（图 3-15）以消宝石的方式进行战斗，平常状态则是奇幻的冒险方式，是将角色扮演式的游戏体验与益智休闲游戏相结合的典范。其中设置一些谜题或者难点，玩家需要思考和运动以应对挑战，这是所有游戏的普遍原理，并非仅仅限定在电子游戏中。

图 3-15　《星石传说》

在电子游戏中，竞争的规则越公平，玩家也就越愿意在其中进行比赛。竞争的目的就是为了进行比较，有了比较就有了炫耀的机会。炫耀是人类的一种潜在追求，每个人都会有意或者无意地炫耀自己擅长的事情，回避自己的不足。例如在游戏《星际争霸》（图 3-16）、《三国之全面战争》（图 3-17）中摆出的强大的炫耀式兵阵。

能让玩家感受到自我实现，也就意味着这款游戏已经不只存在于虚拟世界，而是已经成为玩家现实生活的一部分。每个玩家在游戏中需要的自我实现可能都不一样，有人希望在游戏获得快乐，有人希望用游戏消磨时间，有人借以转移对现实生活的不满，也有人在游戏中结交朋友。要让不同的玩家在游戏中能够实现自我，游戏就要尽量让玩家的所有需求都能得到满足，或者有不断更上一层楼的感觉。只有游戏中各个部分都能给予玩家较好的体验，才算是多元化的选择，从而让每个玩家能自主地达成自我实现这一需求。

图3-16　《星际争霸》中的神族兵营

图3-17　《三国之全面战争》中的魏国兵阵

3.3　游戏玩家心理引导

游戏策划有不同的方法论,除了尽可能地满足玩家的六大需求之外,在策划中还需要不断地根据当前游戏行业的弱势创新及改变,从而引导和开发玩家的需求。

3.3.1　设置认知失调

游戏业的服务对象就是玩家,认知失调会让玩家对体验差的游戏做出"好玩"的评价。费斯廷格的"认知失调理论"指出:当人们陷入一种很荒谬的情况时,就会想出一个理由使这种情况变得合理。

例如,耶鲁大学《心理学导论》网络公开课中的一个论证实验是这样的:给两组人一个很无聊的任务,其中一组拿到的报酬是20美元,另一组拿到的报酬是1美元,低得惊人。完成后老师问这两组人"你们喜欢这个任务吗",答案非常出乎意料,拿1美元的组喜欢这个任务的比率远高于拿20美元的组。他们是这样回答的:20美元组——"很无聊,我是为了20美元才做的"。1美元组——"(潜意识活动:我可不是吃力不讨好的家伙,我当然不是为了这1美元)其实这份工作没那么无聊,挺有趣的,我学到了很多"。

更为常见的"认知失调"也经常出现在实际工作中。例如,你做着一份没有出头之日的工作,你的才智比你的上司高一大截,工作时间长,薪水不高,没有人尊重你的贡献,但你还是选择在这里工作。这当中一定是有原因的,比如自己喜欢这份工作。

以上两个例子从"认知失调理论"的角度很好地解释了有些游戏为什么在玩家体验差的情况下还火爆了起来,例如曾被称为卡牌之王的《我叫MT》(图3-18)和欧美ARPG大作《永恒战士3》(图3-19)。

这两款从玩法到类型完全不匹配的产品之所以被同时拿出来讨论,是因为在产品上线运营之初都出现了各种登录不成功、网络连接失败、频繁停机维护等情况。尤其是《永恒战士3》,每当挑战副本失败后就一定会掉线,必须关掉后进行多次重新连接才能挤进游戏。但是从数据来看,这两个游戏在这个时期的留存率都很高。

图3-18　《我叫MT》

图3-19　《永恒战士3》

在以上两个认知失调的例子中，玩家会试着猜测自己的潜意识活动，玩家潜意识中做出好玩的评价，并在很长一段时间里几乎投入所有的业余时间。《永恒战士3》是一款打击感非常强、技能效果非常棒的游戏，《我叫MT》更是一款制作精良的产品。但如果不是认知失调理论造成"好玩"的错觉，如果不是"自我跟随现象"造成"好玩"的印象并被玩家自身不断强化，那么这两款游戏也许达不到现在的高度。

认知失调的前提条件如下。

（1）游戏产品必须给玩家一个完美的第一印象。如果第一印象很差，玩家就会果断放弃，不再会有继续尝试的可能。

（2）经典条件反射是认知失调的临界点。当玩家在游戏中由于长时间的等待而感到焦虑时，任何办法都无法挽回。

（3）在网络问题和获得游戏奖励之间建立条件反射，成功弱化网络问题与焦虑痛苦感的联系。

3.3.2　利用归因错误

人常把自己的过失归结为环境因素，而把别人的过失归结为能力问题。

1. 让游戏在一开始时很简单

除了《flappy bird》（图3-20）这种自虐型的游戏之外，基本上所有游戏都秉承着"先易后难"这一设计思路，这几乎成为游戏界的定律。

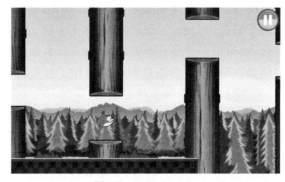

图3-20　《flappy bird》

这种先易后难是为了避免基本归因错误,因为在游戏的最初体验阶段(可能是10分钟到2小时,因人和游戏类型而异),如果玩家失败,玩家会把原因归结于游戏的设计,而且玩家不会给游戏设计者面对面解释和辩论的机会,会用直接离开表达自己的观点。

2. 让玩家爱上游戏

游戏设计的最大愿望就是让用户爱上这款游戏。例如一个对调查员魅力的评分中,在跑步机上挥汗的一组被试者给出的评分明显高于坐在桌前等待的一组被试者,即使大家都知道自己心跳加快、呼吸急促是因为跑步。被告知即将进行电击试验的一组被试者的评分明显高于什么都没有告知的一组,即使他们知道自己的紧张是因为即将被电击。

基本归因错误的利器就是制造紧张气氛,激发玩家的热情,所以首先要清楚玩家遇上一款自己喜爱的游戏是什么感觉,然后想办法刻意地制造这种感觉。

3. 让玩家觉得自己是天才

在儿童游戏设计理念中,他们对摇骰子有着比成人更高的兴趣,并且常错误地认为能够摇到想要的数字是他们的能力。随着年龄的成长及认知能力的增强,这种观点会逐渐消失,但当面对押注式游戏时,成人也会不自觉地在押对时认为是自己的判断能力(或者直觉)在起作用。

所以,现在的游戏设计,尤其是网游设计中融入了大量的赌博要素,大多是摇骰子、抽卡等随机的玩法,对于玩家来说缺少足够的参与度。这样的玩法在获得好的结果时虽然会让玩家很兴奋,但也只能归因于运气,缺少更多的心理满足感。

4. 适当利用基本归因错误

人类大脑的处理能力有限,很多功能都是在潜意识中执行的,但写入潜意识的能力很多都是人类在原始时期形成的,和现在的生活环境有矛盾和冲突。作为游戏设计者,就要适当利用这些矛盾和冲突增加用户在游戏中的乐趣和消费欲望。

3.3.3 突破固有印象

游戏早期留住玩家的关键是精美的画面、舒适的操控、高质量的音效,其中尤以画面精美为最。玩家对新事物的判断标准往往是把画面精美的游戏归到好游戏这一类,这种通过相似归纳进行快速认知的方法在心理学上称为刻板印象。玩家认定一件事情后,会注意与其预期相符合的结果,忽略相违背的结果,这在心理学上称为确认偏向。当刻板印象把游戏归纳为一个好游戏后,在继续玩的过程中,潜意识会对这一印象进行校验和修正,但这个修正会受到确认偏向的强烈影响。

在游戏后期,画面的重要性会逐渐弱化,这在心理学上称为变化盲视理论。变化盲视是指当关注某一事物时,视野内其他事物的变化很难引起注意。例如在角色扮演类游戏中,经过一段时间后,玩家在战斗过程中的关注点已经转移到如何躲避怪物攻击、如何走位以引开怪物等方面。特别是和一群怪物艰苦缠斗时,关注的是怪物的移动和攻击,这个时候根本不会关注游戏场景的变化,甚至怪物服饰的变化也会被完全忽略。

3.3.4 迎合心理满足

玩家在初始阶段会通过不断尝试了解游戏并和其他游戏进行比较,这个阶段玩家的心理活动非常丰富，会特别关注游戏设计的细节。因为玩家大部分都是玩过其他游戏的，给予玩家的功能大部分都是和其他游戏相似的，这个时候，功能的细节将关系玩家最终是否成为这款游戏的玩家。

玩家为什么要玩游戏？简单地说就是满足了某种心理需要，而心理需要大多是持续或多发的。当玩家在游戏中满足了需要 A，过段时间需要 A 再次"发作"的时候，就会随着"自我羊群效应"再次进入游戏满足需要 A。如果玩家多次回到游戏都不能再次满足需要 A，就产生了中期流失。"自我羊群效应"建立起来后，要想消除就需要一个过程。所以偶尔的未满足不会有什么影响，多次的未满足才会造成流失。

因此，中期留存要求游戏除了建立横向比较优势外，还要有纵向的持续性心理满足。首先要确定游戏主要满足了玩家的哪些心理需要，然后检查游戏整体设计是否能够持续满足这些心理需要。如果游戏初期满足需要 A，中期却不再满足需要 A 而变成满足需要 B，这对中期留存将是灾难性的。另外，如果游戏初期对心理需要的满足过于强烈，中期却突然变得弱化，同样会造成灾难性的后果。

需要强调的是，游戏对心理需要的满足不是恒定的，而是递减的。一方面是因为在游戏设计上不能让玩家一直没有阻碍地发展，另一方面是因为用户的"耐受性"增强。持续满足同一需求并不意味着不满足用户的其他心理需求。实际上，随着游戏的深入，要给用户更多层次上的心理满足，并以此部分弥补满足感递减带来的问题。

3.3.5　自我服务偏见

自我服务偏见又称自利性偏差，人们常常把成功归结于自己的才能和努力，却把失败归咎于"运气不佳""问题本身根本无法解决"等外部因素，这是一种主观主义的表现，也是一种归因偏见，它无处不在地影响着每个有人参与的事件，无法忽略它的存在。在游戏开发团队中，策划人员和技术人员几乎是天生地处于对立面，这是典型的自我服务偏见。所以当需要思考问题、做出决定时，要注意是否最大限度地克制了自我服务偏见，将不良影响降到最低。

3.4　游戏设计的情感元素

游戏产业内的创新往往只依赖于新的技术（从 2D 游戏进化到 3D 游戏，网络技术的进化使得不同形式的联网游戏得以实现，物理引擎和图形学等技术使得游戏更真实等）、新的平台（国内从端游到页游、手游，以及虚拟现实和增强现实游戏等），或是针对一个领域、一个游戏类型的具体问题提出新的解决方案，却很少有在游戏整体体验层面的思考和创新。例如，暴雪公司出品的首款团队射击游戏《守望先锋》（图 3-21、图 3-22）可以在头戴式耳机中应用杜比全景声（Dolby Atmos）技术。

图 3-21 《守望先锋》界面一

图 3-22 《守望先锋》界面二

3.4.1 游戏设计本质

游戏也可以看作是一种交互媒体,在与玩家的交互中传达和创造体验。在美术创作中设计一个紧张或沉重的东西很容易,让作曲家作出一个伤心或开心的音乐也很容易,但是在设计游戏的控制和玩法时,很难说什么是悲伤的玩法。如何通过游戏设计创造深切的情感?实现理想的体验目标到底需要怎样的设计?舍弃那些游戏中常见但不适合的设计,在不同的方向上反思游戏设计的本质,可以看到更大、更深远的创新空间。

例如,冒险探索游戏《风之旅人》(图 3-23、图 3-24)是一款超越人们对游戏传统概念认知的另类游戏,实现了从感官认同到心灵共鸣,让玩家体验探索广袤未知土地的奇妙感觉,颇有一种随风而逝、无拘无束的解脱感。行走在无垠的大地上,完成属于自己的旅程,这便是游戏简单而深邃的主题。在这个游戏中,玩家和游戏世界的力量对比被反转,玩家扮演的角色和另一个陌生玩家的角色在沙漠中相识,没有任何言语的沟通,共同走过一段生命旅程,互相扶持,到达终点。

图 3-23 《风之旅人》界面一

图 3-24 《风之旅人》界面二

《风之旅人》的绝大部分场景都是沙漠,这种听起来完全无趣甚至令人厌烦的景色在这款游戏中给人以截然不同的感动。玩家会发现包围着自己的不是沙子,而是一种真实的存在。玩家时而飘浮在空中,时而如雪花般轻柔地从天而降,时而又闪耀着光芒,充满生命的活力,甚至可以控制旅人从沙丘上滑下来,就像在雪山顶上表演优雅的特技滑雪。

与大部分游戏利用资源创造冲突不同,《风之旅人》中的一个角色在资源点采集能量后可以飞起来。当两个都喜欢这些资源的人相遇,而一个人拿走了资源时,另一个人就会恨他。在《风之旅人》的早期测试中，玩家因为会丢失资源而不喜欢和其他玩家在一起。设计师曾经尝试过一个版本，让玩家把资源用过之后分享出来，并不是真的消费资源。一个玩家飞起来的时候，会有能量留在身后，这样另一个玩家就可以获取这些能量，免费飞起来。这看起来是一个没有问题的设计，玩家可以分享所有的资源，但是问题在于，从数学角度上看是实现了资源的分享，但从心理学角度却不是。玩家很讨厌辛苦获得和携带的资源轻易地被其他玩家获取，觉得队友免费享用自己的劳动成果是一种偷窃，尽管队友并不是故意的。为了消除这种感觉，至少让玩家不怨恨对方，设计师放弃了分配资源的想法，提供了无限的资源。但是玩家受限于能量槽的容量，只能携带一定量的资源。玩家走过资源点，拿到资源后就可以飞，而且不会怨恨对方。

在《风之旅人》中，曾经设计过物理碰撞，这样就可以在游戏中互相推拉、翻过岩石等。这本是一个很好的设计，但后来发现许多玩家所做的并不是把对方推过岩石，而是把他们推向仙人掌，让对方死掉。因为这一点，主设计师甚至对人性失望，直到他去见了一个心理咨询师。心理咨询师说："因为他们是玩家，他们是婴儿。当你把自己从现实世界带入一个虚拟空间中，特别是一个角色长得像成年人的虚拟空间，就不必保持现实世界中的那些道德规范。"为了避免这种情况，碰撞的设计和互相推拉的玩法被放弃，取而代之的是另一个玩法：当两个人站在一起时，就会给对方能量。

《风之旅人》并没有大多数游戏那种显而易见的"系统"，整个游戏的核心部分是在不断游戏的过程中逐步呈现给玩家的，而这也是整个旅程的体验。整个游戏的流程会让玩家懂得一个很简单的道理：你能做什么，能走多远，取决于你愿意付出多少努力，而这一切都是从迈出脚下的步伐开始的。作为一个艺术性极强的游戏，游戏的画面略显卡通化，很唯美，给人很宁静舒适的感觉。画面中不乏各种令人眩目的美丽瞬间，但大多来去匆匆，很快便融化在风景里消失不见。正是这样一个看似简单的游戏，在剥除了一层层游戏中习以为常却并非必要的元素后，创造了前所未有的情感体验。设计团队当时找了25个人测试这款游戏，有3个人玩哭了，设计团队这才觉得这个游戏已经达到预期的效果。

1. 规则/机制的本质

规则/机制是游戏的核心部分，规则创造系统，系统创造体验。如果设计师直接根据自己的喜好构建世界，那就不是在思考规则的本质，因为规则在这里被扭曲和破坏了。一个在规则上进化出的世界才符合游戏逻辑。例如，《时空幻境》（图3-25）允许玩家随时使用时间倒退功能让主角回到以前的位置，玩家需要灵活运用时间倒退功能以及各种加快、减慢甚至倒退时间的机关，收集散落在关卡角落的拼图碎片。

《时空幻境》有两个重要的设计理念：一是通过游戏艺术表达自然地达到游戏创新的目的，思考一个有着时间倒流机制的世界应该是什么样的，避免在剧情上生拉硬套，因此游戏体验会和其他游戏有所区别；二是重视玩家的游戏体验心理，不仅提供给玩家极丰富的元素，还要有直观的叙述以解释游戏规则与概念，才能吸引玩家。因此在设计时，注重游戏与玩家的交流互动，在游戏每个世界的开端都先阐述该世界的基本规律和特色，然后才让玩家进入该世界进行实践操作。

2. 交互的本质

在熟悉的事物中加入交互性往往会带来一种全新的体验。在交互叙事体验中，玩家

图 3-25 《时空幻境》

为自己的选择负责任,以他人的身份经历因自己曾经的选择而带来的结果,从而体验深度的负罪感、责任感和对选择的认真思考。例如,《九月 12 日》(图 3-26)是一款探讨如何打击恐怖主义的严肃游戏,与一般的严肃游戏往往只是还原一个场景不同,这个游戏让玩家感受自己选择的结果,从而反思自己的行为。在游戏中,玩家控制导弹发射器攻击恐怖分子,然而恐怖分子混杂在平民之中,攻击会误伤到平民。当人们被导弹杀死时,周围的人痛哭、愤怒,进而变成新的恐怖分子。玩家轰炸得越多,被消灭的恐怖分子就越多,同时新的恐怖分子也就越多。

以叙事为主的游戏中,在选择的设计上采用游戏和叙事结合的方法,但在交互性的设计上往往存在缺陷,只是做出一套剧情,而不是设计出一套玩法。例如,美剧《行尸走肉》(图 3-27)既是交互式电影,同时也有漫画和游戏的形式,即玩家做出选择,影响下一段对白或剧情。这款游戏中有大量无意义的选择,例如每一小段剧情或对话后,玩家就要做出选择,不管选哪个,NPC 都有同样的回复。这种交互只是勾住玩家继续看剧情的钩子,极少是影响剧情的选择,影响的也只是剧情的呈现形式,而不是真正的结果。

图 3-26 《九月 12 日》

图 3-27 《行尸走肉》游戏中的对话选择

以游戏这种交互体验的形式进行设计,如果不能为这个主题增添任何独特、不可取代的价值,就不会让玩家体验到剧情和玩法的交融,也不会让玩家陷入沉思,更不会帮助玩家更深地沉入剧情。

3.4.2 游戏情感划分

游戏是一种自发行为，和电影以及电视不同，它需要玩家的高度参与。因此，好玩是吸引用户持续交互的一种方式，但不是必然的方式。每个人的生命中都经历过各种各样的快乐时光，可能很多是有乐趣的，但是并不都是同一种类型的体验。各个玩家的体验如果都用"好玩"这一个词概括，就会限制游戏设计师的思维，难以挖掘更深层的体验。而与此同时，通过游戏创造新的情感体验，更深地打动人，一直是设计师的渴望。

1983年，刚刚成立一年的美国艺电公司（Electronic Arts，EA）发布了一份广告：电脑能让你流泪吗？（图3-28）在今天，思考这种问题的往往不是游戏行业的设计师，而是文学、电影、画家和音乐等领域的艺术家。

图 3-28　美国艺电公司广告

游戏行业对情感设计做过很多尝试，一般是通过游戏中的故事创造情感，设计一个富有情感的故事，让玩家在玩的过程中被故事感动。然而这既不是真正的游戏情感创新，也不是好的游戏叙事创新。真正的游戏情感创新是首先从不同的角度思考游戏的本质。用目前游戏的类型划分来看，游戏似乎已经高度发展，有各种不同的细分领域。然而，如果换一种方式，用这些游戏带来的情感体验划分，就会发现绝大多数类型都聚集于区区几种情感类型上，例如早期街机游戏和国内成长型游戏的成就感，以及近年大部分主机游戏带来的力量感等。而大量玩家渴望的，在电影中能够得到满足的情感体验却极少在游戏中被挖掘出来。

计算机不只是一个数据处理器，更是一种沟通的媒介，是一种交互工具，能够把人们的思想和感受连接起来。当一个周期走到尽头，一种新的类型中的新的角色性格（一些浅显的人类体验和一种新的兴奋）就开启了一个新的周期。想要让游戏成为一种艺术，游戏设计师需要看到这种媒介更内在的逻辑，思考其本质，探索其艺术逻辑，从而真正发挥游戏的潜力，做出真正意义上的属于游戏的创新。

3.5　游戏中的奖励机制

　　游戏中常常以互动奖励的方式完成对用户粘着度的提升,恰当的奖励元素可以成为游戏设计中的重要环节。特别是社交游戏和网页游戏(包括 PC 端和移动端),几乎对应玩家的每一个点击和操作行为,包括部分累积行为(例如量化累积后)都能够轻易导向资源、经验、道具和勋章的收集与获取,以分属性和分批量供应的方式不断给予玩家在获得层面上"丰收"的错觉。尽管事实上这些不断供应的奖励在量级和属性表现上单独来看可能并没有明显的效能,甚至基本上不会在游戏表现中起到什么积极的作用,但以次数和获得概率的双重强化却让玩家的累积丰收感十足。

　　当然,奖励机制同样存在缺失节制的过度奖励趋势,最典型的是在基本没什么游戏操作行为的情况下快速升级,并进入快速接任务、快速完成任务、快速获取奖励的定式循环,以纯粹点击鼠标的方式和额外奖励(包括属性获得)的刺激因素不断驱动玩家在快节奏中前进(部分网页游戏的寻径一般是自动的,而很多副本行为是由过场动画完成的,玩家只需要在指示中点击按钮升级就能获得额外成就),于是游戏开始衍化为游戏化的选项,从行为-进程转变为行为-奖励。

　　通常游戏的奖励可分为五种方式:一是完成任务或进程的奖励;二是在游戏进程中收集的奖励;三是登录奖励(每日登录奖励或连续登录奖励);四是成就展示比照奖励;五是从虚拟延伸到现实环境的奖励。

3.5.1　奖励激发效能分析

　　游戏的进阶乐趣更多地在于宽泛资源的捕获、收集、奖励(可支配货币系统、锻造强化系统、装扮系统或者超级战力)和由此带来的成就满足(强战力或者强装扮力带来的对比心理满足)。游戏整体由部分累加而成的各个环节的促动最终汇聚了玩家对游戏该有的倾向性理解,这也是游戏中的游戏整体奖励,从小的环节中累积并在最后完成玩家的终极释放。

　　随着游戏的点击进程以额外奖励的方式赋予玩家的资源、经验和勋章,即使在游戏方案中是预先设定好的,但对玩家也是一种增值获得,并且大部分奖励是区分种类、立体呈现且能够很直观地由玩家带着欢愉的声效收入背包。这种只需要轻松点击,而不需要真实消费的收获带给玩家极大的满足感,尽管从游戏研发的层面看奖励的设定可多可少,同样份额的奖励可以一次获得,也可以拆分为不同的礼包,由玩家在执行不同的任务时分别获得,这点在玩家的感受上因为进程节奏和点击频度快往往很容易忽略。此时,在不影响玩家进程的基础上,奖励看起来更像是一种仪式,玩家所得便是一种名分和从背包中查阅和使用资源的愉悦。

　　奖励的正面效能除了每次领取时可能的短暂满足以外,奖励的设定同样因为部分服务于游戏进程,让玩家的升级更为流畅而获得认可,特别是当奖励的设定刚好和玩家当时的需求相衔接时(例如游戏任务要求锻造某项装备,而奖励刚好带来该需求的配件)。

满足玩家对奖励的预期或者超出玩家的预期，而不是只提供可有可无的资源，特别是这些资源看起来没有太多合适的用途。当然，除了实用性的层面外，在游戏场景中被众多玩家提及，并且看起来供应量有限的奖励也能将这种满足感提升到更高的级别。例如《魔卡物语》（图 3-29）对未达到级别的玩家给予奖励憧憬，而当实际执行任务时，这种获取期盼已久的奖励会给玩家留下更为深刻的印象。

图 3-29 《魔卡物语》

事实上，因为政策限制，特别是涉及玩家需要投入真实钱币情况下的奖励概率基本上是被限定的。而在非真实钱币投入的情况下，部分游戏在完成任务或者关卡结束时仍然为游戏提供了概率选项，例如《战神三国》（图 3-30）、《捕鱼达人》（图 3-31）中为玩家提供轮盘抽奖的机会，而这也涉及轮盘抽奖的概率问题，概率的设定就影响了玩家在本次投入中获得的回报率，并且在不出现累积的情况下，玩家每一次的选择概率都是相同的，所有的因素都会无限刺激玩家在选择中的态度，一是让奖励形态更加戏剧化；二是刺激用户不间断地回到奖励场景中。

图 3-30 《战神三国》轮盘抽奖界面

图 3-31 《捕鱼达人》中奖界面

游戏设计师 Chris Birke 和心理学家 B.F. Skinner 在研究玩家的游戏表现后都认为：具有变量因素的随机概率，对于让玩家在不想错过什么的心态中频繁回到游戏更为有利。如果概率是固定的，并且这个奖励的吸引力不是足够大，对用户该有的牵制力就相应地减小很多。

3.5.2 奖励需求层次及用法

奖励是一切游戏中的重要特征,因此是可见于所有游戏类型的元素。奖励的形式和大小多种多样,如果奖励得当,就能够极大地增加玩家的游戏乐趣。但奖励也不是随意设置的,而应该有合理的结构和计划。所以在设计奖励结构时,应该从最底层开始自下而上地动工,以便得到稳定的结构,这也是每个层次需要环环相扣的原因所在。越高级的层次,其奖励频率就要越大。可以采用碎片模式,例如 10 个小奖励等于一个大奖励,10 个大奖励等于一个核心奖励。当然这并不需要严格的碎片化,但小奖励的数量要超过大奖励。以此类推,越往上层走,其奖励就会更趋于有形。最底层的奖励对玩家来说是最基础的,而顶层的奖励尽管能够强化底层的奖励,但完全是装饰性的,无法脱离底层奖励而存在。

1. 奖励玩家体验

在考虑其他细节之前,一定要先完善玩家体验。优秀的玩法和沉浸感一定要贯穿游戏机制、美术设计和 UI(包括关键的玩家反馈)。因为趣味是无法用语言表述的,所以很难定义这个环节是否已经实现,一定要让玩家享受在游戏中逗留的乐趣。

《侠盗猎车手》(GTA)系列在这方面就表现良好——游戏中既没有设定目标,也没有奖励(事实上玩家还会因为丢失弹药和支付医药费而受到惩罚)。但玩家还是乐此不疲,因为其游戏玩法/机制本身就已经如此有趣和具有内在奖励性。

2. 核心和长期奖励

完善玩家体验之后,就要考虑其核心和长期奖励,这是玩家获得的最大奖励,包括主要情节开发,开启新内容的主要里程碑(例如在 GTA 中进入一个新岛屿)或者获得一个新游戏机制(例如《Crash Bandicoot 3》每一场 boss 战后出现的机制)。由于这些是玩家得到的最大的有形奖励,并将影响其内在体验,因此只能偶尔出现,这样既可以保证发挥奖励应有的价值,也可以避免干扰玩家。

3. 主要和中期奖励

主要和中期奖励可以是升级、完成任务、获得技能或金钱等。这些奖励对当时的玩家来说很重要,但并不是可以永久保存的奖励,这本身就极具奖励性,但其价值也会逐渐消失,最终被其他物品替代或者变得多余。

4. 短期和次要奖励

这些小型、频繁的奖励本身并不会给玩家带来多大的好处,但可以整合成一个大奖励,包括搜集某项道具、小数额的金钱或技能,也可以是完成某个任务中的一个环节。主要奖励意味着更大的终结,次要奖励则意味着小规模的终点,即走向主要和中期奖励。

5. 装饰性奖励

装饰性奖励可以独立存在,或者融入玩家反馈以丰富视觉效果。这类奖励只能作为玩家进程的一个视觉测量指标,在某些情况下只有信息量,例如显示在屏幕上的得分数据。

3.5.3 奖励的心理学原理

20 世纪 30 年代,新行为主义心理学创始人之一的斯金纳为研究操作性条件反射设计了一个实验设备——斯金纳箱。箱内放入了一只白鼠或鸽子，并设一个杠杆或键,箱子的构造尽可能排除一切外部刺激。动物在箱内可以自由活动,当它压杠杆或啄键时,就会有一团食物掉进箱子下方的盘中,动物就能吃到食物,其目的是研究怎样的条件能让小动物更频繁地压杠杆或啄键。这是一种间歇式奖励安排,将给予任何特定的行动一次回报机会。斯金纳箱如图 3-32 所示。

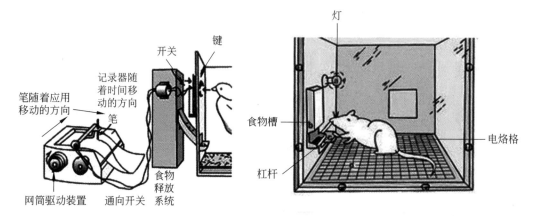

图 3-32　斯金纳箱

研究发现,最有效的奖励安排是基于可变比例的奖励安排,即将随机性插入奖励的获得中,例如存在许多没有奖励的拉杠杆行动,但奖励总数却是固定的。如果这一行为能够延伸到人类身上,那么基于获得奖励的机会不是有保证的奖励,玩家便会更频繁地执行某一个活动。

在游戏中提供奖励是受欢迎的,设计师会因为各种理由给予玩家奖励,包括他们的行为、使玩家有精通感、在某一游戏过程中提升难度、支撑游戏机制和玩家能力等。为了避免玩家将动机转变成想要奖励,可以不让玩家知道将获得奖励,这也是一种可变的奖励安排。当玩家知道自己将获得奖励时,便只会为了奖励而游戏,这比当奖励是不确定时转变动机更加困难。很多游戏会在一些难以预测的时候给予玩家道具作为奖励,这样玩家便可以不依赖于奖励而更专注于享受游戏乐趣。

3.5.4　游戏外部奖励设定

为了让一款复杂的游戏含有内在奖励,需要有效设置一些元素。首先,游戏必须让玩家觉得是公平的,而不是呈现一些不必要的难度。提高敌人的价值并不会改变游戏,却意味着玩家需要花更多的时间刷任务或与敌人相抗衡。例如《忍者外传:黑之章》(图 3-33)便是基于难度级别改变敌人而让游戏变得更加复杂的。更难对付的敌人能更快地做出反应,拥有全新的攻击能力并且能够基于不同方式带给玩家挑战。

图 3-33　《忍者外传:黑之章》

另外要限制选择,如果让玩家拥有各种技能和道具,但之后在复杂模式下只能使用一种或两种方式玩游戏,这便是一种矛盾。因为这会将更高级别的游戏变得更加单一,并迫使玩家进入一种非黑即白的体验。

外部奖励是任何能够给玩家提供某种奖金或奖品的内容(战利品、成就等),甚至玩家角色的新头像也属于这类奖励。外部奖励并不需要游戏做出改变,但是希望能够对某些内容产生影响。比起内部奖励,外部奖励最重要的一方面便是需要始终都处于玩家的控制范围内。例如,《镇压》和《侠盗猎车手》的外部奖励方式就有所区别。在《镇压》(图3-34)中,每一个敏捷的球体都能够提供给玩家短期和长期的奖励;而在《侠盗猎车手》(图3-35)系列游戏中,收集特殊包或杀死鸽子时只能获得一种奖励。也就是前者不断提供奖励,而后者只在玩家完成足够的任务时才提供奖励。

图3-34 《镇压》

图3-35 《侠盗猎车手》

3.5.5 奖励类型和增强方法

奖励固然是主观的,但是游戏中必须要有某些能让玩家感到高兴的元素,例如《宝石迷阵》(图3-36)中宝石掉落的声音能够让玩家感到轻松,《雷神之锤》中屠杀怪物会让玩家感觉自己很强大,《文明》(图3-37)会让玩家有构建强大帝国的感觉,《模拟人生》会让玩家经营自己理想的生活,《网络奇兵》给玩家极度恐慌的感觉,而玩家喜欢《Paradoxion》或许是因为感觉自己很睿智。

提供奖励的游戏还可能出现两种情况的偏差:一是游戏中有过多的讨厌之物;二是

图 3-36 《宝石迷阵》

图 3-37 《文明》

游戏中的奖励过少。前者会让玩家在游戏中产生挫败感,后者会使玩游戏变得乏味。游戏设计师关心游戏能够提供的奖励类型,并对玩家能够感到高兴的东西做出合理的猜想。游戏中常用的奖励类型如下。

(1) 资源奖励。资源包括钱币、食物、士兵、武器等多种形式。在资源有一定作用的游戏中,得到资源通常被视为一种奖励。

(2) 技能奖励。有些游戏有明确的系统,让玩家可以提升角色的技能。例如,角色扮演类游戏中提供的可以提升角色力量、耐力和速度的奖励,还有一种是科技。技能奖励会让玩家产生提升的感觉。

(3) 扩展奖励。如果玩家在游戏中可能因为生命值或时间的原因导致游戏结束,那么这种游戏便存在添加扩展奖励的空间。通过向玩家提供额外的生命值、生命数或时间等方式增加玩家的游戏时间,玩家会将这种做法视为奖励,但是如果游戏让玩家产生了挫败感,则扩展奖励也无法挽救。

(4) 内在奖励。精美的图像、音乐和音效都会被玩家视为奖励,就游戏可玩性而言,内在奖励并没有为玩家提供任何东西,但是却能够使游戏体验得到升华。

(5) 成就奖励。玩家在游戏中完成某个任务,这本身就可以视为一种奖励,例如击败对手、打通关卡等。成就奖励很微妙,因为每个玩家对它们的感受都各不相同,而且游戏初期的成就在后期或许是一种常态。

(6) 动机奖励。尽管有时玩家在游戏中获得的东西对游戏可玩性并没有产生影响,但是这些东西能够让玩家产生动机,鼓励他们获得更多的分数。在竞赛中获胜后获得的奖杯起到的也是这个作用。过场动画也属于这种类型,但激发的不仅仅是动机。游戏内角色的鼓励性言辞或许也能够产生同样的效果。

以上列举的奖励类型中只有资源奖励、技能奖励和扩展奖励对游戏本身能够构成影响。内在奖励、成就奖励和动机奖励都不会影响游戏进程，但是它们能够使游戏体验更加丰富，从而对游戏产生影响。前三类称为游戏可玩性奖励，后三类称为体验奖励。

对游戏设计师而言，与奖励同等重要的是设计各种用来增加奖励效果的方法，即奖励增强方法。这虽然不会为游戏增添新的奖励，但可以让玩家在获得奖励后感到更加高兴。

（1）利益增加。增强奖励的一种简单方法是增加玩家从奖励中得到的利益。在与游戏可玩性相关的奖励方面，可以提供更多的钱币、力量或时间。在体验奖励方面，可以提供更多的炫丽画面或更多的分数。利益增加的有效性有一定的局限性，超过某个临界点，玩家得到更多的利益就不会再感到更加高兴，所以无法用于成就奖励中。游戏可玩性奖励的利益增加有可能扰乱游戏的平衡性，须谨慎使用。

（2）期盼。如果玩家在任务过程中碰到的所有游戏角色都在谈论某个道具，那么玩家对这个道具的期盼值就会增加。期盼也可以来源于游戏之外，例如，当所有玩家都在谈论通关后看到的动画时，那么新手玩家也会希望看到。

（3）成就。成就既是奖励，也可以用来增强其他的奖励。尽管有所期盼，但是当玩家在森林中行走时发现魔法石，除了喜悦之外就没有其他特别的感觉了。然而，如果他需要打败大量怪物或者通过重重障碍才能找到魔法石，那么玩家在找到道具时的感觉会更好。

（4）奖品。如果将奖励当作奖品提供给玩家，那么就预示着玩家赚取了奖励。拾取散落在关卡中的道具远没有通过关卡后获得额外的生命值而让玩家产生获得奖励的感觉更强烈。

3.5.6 风险与奖励平衡机制

一个好的平衡风险与奖励机制可以提供很多额外的游戏价值。创造一个复杂而进退两难的困境，让玩家自己权衡利弊，判断每一步行动可能产生的风险或者回报。给玩家一个选择的机会，要么在奖励少的情况下安全地玩，要么在奖励多的情况下冒险，这是使游戏更有趣、更刺激的绝妙方法。

电脑游戏提供了一个卓越的平台，可以在控制良好的环境下研究风险与奖励对玩家行为的影响。从认知科学和游戏设计这两个角度考察风险与奖励，可以发现这两个角度是互补的。心理学可以为游戏设计提供理论依据，而设计合理的游戏也可以成为研究心理现象的有力工具。设计者可以激起玩家的热情，使其更倾向于冒险或探索。当然也有可能运用抑制玩家的策略，这种游戏机制可以在不打断玩家注意力的情况下不知不觉地控制玩家的冷热势。

3.6 游戏心理学效应

心理学是一门研究人类心理现象及其影响下的精神功能和行为活动的科学,而游戏策划的实质为规划玩家的游戏行为,以使玩家获得的相应体验。下面介绍几个经典的游戏心理学效应的延伸应用,探讨如何将心理学有效地应用于游戏之中。

3.6.1 狄德罗配套效应

18世纪法国哲学家丹尼斯·狄德罗的朋友送给他一件质地精良、做工考究的睡袍,狄德罗非常喜欢,当他穿着华贵的睡袍在书房里走来走去时,总觉得家具不是破旧不堪,就是风格不对。于是,为了与睡袍配套,将旧的东西先后更新,书房终于配上了睡袍的档次,可他却觉得很不舒服,因为自己居然被一件睡袍"胁迫"了。二百年后,哈佛大学经济学家朱丽叶·施罗尔提出了"狄德罗配套效应",专指人们在拥有了一件新的物品后会不断配置与其相适应的物品,以达到心理平衡的现象。狄德罗配套效应给人们一种启示:非必需的东西尽量不要,因为如果你接受了一件,那么外界压力和心理压力会使你不断地接受更多非必需的东西。

狄德罗配套效应是游戏商业化中最常见和最有效的设计手段,通过系统免费赠送较好的内容,使玩家获得高品阶的体验。在高品阶的体验下,玩家自然而言地会提升对该内容的周边打造。通过各种运营活动、排行榜等不断进行内容展示,让玩家处于一个较好内容的环境,在该环境下,玩家会潜移默化地对较好的内容产生一定的追求。在基于以个人能力(数值、操作或策略等)的成长为主的手游市场,该效应能较好地运用在游戏的成长体验中。通过预展示,让玩家感受后续的强大,例如新手引导的试用和展示、高战力玩家展示等,使玩家逐渐形成变强的心理追求。

3.6.2 鲶鱼效应

挪威人喜欢吃沙丁鱼,尤其是活沙丁鱼。因为市场上活鱼的价格比死鱼高许多,所以渔民总是想方设法地让沙丁鱼活着回到渔港。虽然经过种种努力,在运输途中还是有绝大部分的沙丁鱼因缺氧而死亡,但却有一条渔船总能让大部分沙丁鱼活着回到渔港,船长严格保守着秘密,直到船长去世,谜底才揭开。原来是船长在装满沙丁鱼的鱼槽里放进了一条以鱼为主要食物的鲶鱼。鲶鱼进入鱼槽后,由于环境陌生,便四处游动,沙丁鱼见了鲶鱼十分紧张,左冲右突,四处躲避,加速游动。这样沙丁鱼缺氧的问题就迎刃而解了,沙丁鱼也就不容易死了,这就是著名的"鲶鱼效应",实质是激励精神,通过激励产生上进的因素,采用鲶鱼作为激励手段,促使沙丁鱼不断游动,以保证沙丁鱼活着,以此获得最大利益。适当的竞争和紧张状态能更好地发挥人的能力和主观能动性。

在自然界中,"鲶鱼效应"十分常见。科学家曾观察过大自然中的羊群,结果发现:如果一个羊群的活动区域里没有狮子等天敌,它们就会缺少危机感,不再习惯奔跑,体质逐渐下降,进而影响这个羊群的整体繁衍。企业中也常有这种现象,如果一个员工长期固定不变,就会缺乏新鲜感,也容易养成惰性,缺乏竞争力,没有紧迫感,没有危机感,做事的积极性也会降低。在竞技类游戏的玩法策划中,需要额外设计一些契机(搅局者)打破原本的平衡,使得每条线的实力不均等,从而造成紧张局势,甚至大概率爆发团战,以此带来相应的游戏体验和相互竞争的社交关系,让玩家处于紧张刺激的氛围,成为能力攀比、搅局的内部玩家。

3.6.3　棘轮效应

我国宋代著名政治家和文学家司马光有句名言:"由俭入奢易,由奢入俭难"。这句话是指人们的消费习惯形成之后有不可逆性,即易于向上调整,而难于向下调整,即"棘轮效应"。尤其是在短期内,消费是不可逆的,其习惯效应较大。这种习惯效应使消费取决于相对收入,即相对于自己过去的高峰收入。消费者易于随收入的提高而增加消费,但不易于随收入降低而减少消费,以致产生有正截距的短期消费函数。在游戏策划中,棘轮效应体现在用赠送和免费的方式使玩家逐渐养成大手大脚的习惯。例如:卡牌类游戏的免费十连抽,前期赠送大量的钻石,玩家在养成习惯后便难以向下调整,从而使得游戏付费得到较好的保证。但要注意不能一次性给得太过,这样做反而会失去玩家。

3.6.4　恐怖谷效应

日本机器人专家森昌弘在1969年提出假设:当机器人与人类的相似程度超过95%时,由于机器人与人类在外表、动作上都相当相似,所以人类会对机器人产生正面的情感。直至到了一个特定程度,人类的反应便会突然变得极为反感,哪怕机器人与人类有一点点的差别,都会显得非常显眼刺目,让整个机器人显得非常僵硬恐怖。同理,人形玩具或机器人的仿真度越高人们越有好感,但当超过一个临界点时,这种好感度会突然降低,越像人类却越使人类反感恐惧,直至谷底,这称为"恐怖谷效应"。可当机器人的外表、动作和人类的相似度继续上升时,人类对其的情感反应又会变回正面,贴近人类与人类之间的移情作用。

游戏建立的依旧是虚拟世界,在各种拟人化设计中要把控好相似程度。随着信息技术的不断提升,游戏能呈现出来的NPC和相应的AI也越来越接近真人。基于上述理论,并不是拟人程度越高,实际带来的效果就越好。玩家常常觉得AI和机器人很别扭,甚至觉得恐怖,实际上就是因为恐怖谷效应。因此,可以大幅提升拟人程度,获得以假乱真的效果,或是放弃拟人设计,最大限度地避免玩家产生联想。

3.6.5　晕轮效应

当认知者对一个人的某种特征形成好或坏的印象后,会倾向于据此推论其他方面的特征,又称"光环效应",本质上是一种以偏概全的认知偏误。就像月亮形成的光环一样向周围弥漫、扩散,从而掩盖了其他品质或特点。具体表现为:一是容易抓住事物的个别特征,习惯以个别推及一般,以点代面;二是把无内在联系的一些个性或外貌特征联系在一起,断言有这种特征就必然会有另一种特征;三是说好就全部肯定,说坏就全部否定,具有受主观偏见支配的绝对化倾向。

在独立游戏中,当资源不足或面对时间压力时,往往无法设计全而好用的游戏或系统,此时应该突出设计游戏中的某个系统,从而给定位玩家带来足够好的体验,他们自然而然会对游戏产生较好的评价,从而忽略游戏中较为平庸甚至不好的内容。同理于对立面,当游戏出现重大的问题和 Bug 时,玩家很容易忽视游戏的优势,对游戏给出差评。所以在面向玩家时,一定要多测试和体验,在没有把握时不要把半成品的游戏和系统发布出去。

3.6.6 罗森塔尔效应

美国心理学家罗森塔尔等人于 1968 年做了一个著名实验:在一所小学的一至六年级中各选三个班的儿童进行"预测未来发展的测验",然后实验者将认为有"优异发展可能"的学生名单通知教师。其实,这个名单并不是根据测验结果确定的,而是随机抽取的,是以"权威性的谎言"暗示教师,从而调动了教师对名单上的学生的某种期待心理。8 个月后再次智能测验,结果发现,名单上的学生的成绩普遍提高,教师也给了他们良好的品行评语。这个实验取得了奇迹般的效果,人们把这种通过教师对学生心理的潜移默化的影响使学生取得教师期望的进步的现象称为"罗森塔尔效应"。实验者认为对人抱有更高的期望,而且有意无意地通过态度、赞许等行为将隐含的期望传递,则会得到积极的反馈,这种反馈又会激起受施者更大的热情。

游戏中最常见的体验激励式即在新手引导、游戏体验等各种游戏过程中,从开头、过程和结局中均给予正向的反馈。例如,让玩家在胜利时能获得称赞,在失败时也能得到相应的鼓舞,从而保证玩家能在一次又一次的挑战中不断成长。

3.6.7 登门槛效应

心理学家认为,在一般情况下,人们不愿意接受较高、较难的任务,因为费时、费力又难以成功;相反,人们却乐于接受较小、较易完成的任务,在实现了较小的任务后,人们才会慢慢地接受较大的任务。当一个人满足了别人的一个微小要求后,为了避免认知上的不协调,或想给别人前后一致的印象,就有可能满足更大的要求,犹如登门槛时一级台阶一级台阶地登,这样能更容易、更顺利地登上高处,即"登门槛效应",又称"得寸进尺效应"。在日常生活中也是一样,如果你答应了一个人的一个小要求,但之后对方逐渐将要求升级,而你也逐渐地容忍和适应。任何事情,只要开了一个口子,就有可能在以后的时间里完全破开。目前,游戏产品的营销活动或目标是使玩家增长的活动,都会逐渐提升活动和玩法的难度,拉长活动周期,也会多种模式并行。这时的玩家增长思路追求的不再是简单的参与玩家的人数增长,而在于"增长质量"与"增长效率"。

玩家增长的核心是游戏产品的目标玩家的增长,而不是简单的数字增长。登门槛效应一方面是建立初始门槛,另一方面是构建平滑、自然的门槛梯度。就像人上台阶一样,如果其中某个台阶过高或过低,就容易摔跟头,应用到游戏玩家增长策略里也是一样。通过设立初始门槛筛选出的这些"种子玩家",应该通过设置多个阶梯以最大化地发挥其价值。这些种子玩家首先需要付出一点行动成本参与活动,接着还需要利用关系成本赢取能量,建立对能量的认知后,还要通过多种梯度逐渐上升的任务挖掘更多的玩家价值。顶层十分之一的种子玩家,爆发的价值会远大于那些被初始门槛淘汰掉玩家的总和。如果某些玩家无法跨越设定的初始门槛,那么之后的其他新增任务依然无法有效参与,无法为该活动创造价值,这也是对运营资源的浪费。而能够跨过初始门槛的玩家往往是能够为平台做出更大贡献与价值的玩家,因为他们对活动有认知,同时也对荣耀与奖励更看重。

3.6.8 鸟笼效应

心理学家詹姆斯和他的好友物理学家卡尔森于 1907 年从哈佛大学退休,有一天,两人打赌,詹姆斯说:"我一定会让你在不久之后就养上一只鸟的。"卡尔森不以为然:"我不信,因为我从来就没有想过要养一只鸟。"没过几天,恰逢卡尔森的生日,詹姆斯送上了一只精致的鸟笼作为礼物。卡尔森笑了:"我只当它是一件漂亮的工艺品。你就别费劲了。"从此以后,只要客人来访,看见书桌旁那只空荡荡的鸟笼,几乎都会问:"教授,您养的鸟什么时候死了?"卡尔森只好一次次地向客人解释:"我从来就没有养过鸟。"然而,这种回答每每换来的却是客人困惑而不信任的目光。无奈之下,卡尔森教授只好买了一只鸟。实际上,人们在很多时候会先在自己的心里挂上一只笼子,然后不由自主地向其中填一些东西。就像在偶然获得一件原本不需要的物品后,继续添加更多与之相关而自己不需要的东西一样。

这种心理效应的案例非常多,例如,游戏会在任务中给玩家发放一些宝箱,宝箱本身是免费的,但是开启宝箱的钥匙需要充值购买,或给玩家免费赠送体验卡、会员券等,玩家如使用了一段时间后退订,往往会觉得很麻烦,还不如继续选择服务。又例如,在游戏的抽奖中,第一次抽奖是免费的,几乎所有玩家都会选择这次免费抽奖,但当第一次免费抽奖获得奖励之后,在鸟笼效应和"再买 5 次必有惊喜"的驱动下,玩家往往还会再次购买。这里的关键不仅在于第一次抽奖免费的设计,而在于"再买 5 次必有惊喜"的策划文案设置。

3.6.9 紫格尼克记忆效应

用笔画一个圆圈,在交接处有意地留出一小段空白。回头再瞧一下这个圆,此刻脑中会闪现出要填补这段空白弧形的意念,因为你总有一种出于未完成感的心态,竭力寻求终结途径,以获得心理上的满足。心理学家布鲁玛·紫格尼克给 128 个孩子布置了一系列作业,她让孩子完成一部分作业,另一部分则令其中途停顿。一小时后,测试结果显示:110 个孩子对中途停顿的作业记忆犹新。紫格尼克的结论是:人们对已完成的工作较为健忘,因为完成欲已经得到满足,而未完成的工作则在脑海里萦绕不已。德国心理学家勒温认为:人类有一种自然倾向完成一个行为单位,如解答一个谜语,阅读一本书等，这叫作"心理张力"。在勒温看来，个人能动性的源泉是多元的，被唤起但未得到满足的心理需要产生一个张力系统，决定着个人行为的倾向、心理的基调和特点。如果中断了满足需要的过程或因解决某项任务的进程而产生了张力系统，就可以使一个人采取达到目标的行动。没有完成的任务使得没有解决的张力系统永远存在，当任务完成之后，与之并存的张力系统也将随之消失。由此可见，一个人的心理张力系统是产生紫格尼克记忆效应的心理机制。

在游戏中，类似标识引导和提示玩家重要信息的方式被普遍运用，当玩家看到这些提醒信息或者标识，就知道遗漏了一些信息或事情，或者有新的内容还没有看。这些标识或者提醒信息具有醒目的提示，不但将重要信息标注了出来，让玩家有效地获得了资讯和信息，也起到了聚焦的作用，引起了注意力。在各种游戏营销中经常看见的集卡游戏，其实也是在设计中运用该效应，起到驱动玩家收集全部卡片、持续参与活动的目的。这些集卡活动中，部分卡片或道具只能通过转发活动、充值、任务或抽奖等开箱子的形式获得，这并不是完全利用诱惑力的奖品吸引玩家，而是在应用人的完成欲，即利用紫格尼克效应带来的未完成某件事的收集和完成的欲望，间接地驱动玩家进行转发或完成某些任务。

3.6.10 禀赋效应

人一旦拥有某项物品，对该物品价值的评价就会比未拥有之前大幅增加。这一现象可以用行为金融学中的"损失厌恶"理论解释，该理论认为一定量的损失给人们带来的效用降低要多过相同的收益给人们带来的效用增加，因此人们在决策过程中对利害的权衡是不均衡的，对避害的考虑远大于对趋利的考虑。出于对损失的畏惧，人们在出售商品时往往会索要过高的价格。因为禀赋效应的关系，大多数人往往会对自己拥有的东西赋予过高的价值，如果扔掉就会觉得可惜。此外，由于沉没成本的缘故，扔掉自己辛苦积累多时的资源，甚至有时并不是积累了很多的资源，如果丢掉同样也会患得患失。随着时间的推移，人们很容易对自己拥有的东西投入感情，无论从情感上还是时间上，都容易产生很强的依赖感。例如，养了多年的宠物、珍藏的信件、玩了很长时间的游戏等。正是因为这些因素，当这个物品将要失去或者决定抛弃的时候，往往会产生风险逃避意识，选择继续留下或者继续使用。这样的心理被大多数游戏产品应用在玩家选择卸载或者不再使用时，制定相应的诱导玩家留存的设计，根据精心设计的挽留文案，以及直观数据的推送，利用人的禀赋效应让玩家不再卸载产品。

禀赋效应在游戏策划中的应用主要分为两方面：一是前置禀赋效应，指当玩家选择离开时，将玩家付出的所有沉没成本进行清算，并通过直观的方式展示，通过这种方式让玩家意识到之前自己投入的沉没成本数量，产生风险逃避意识而选择留存；二是后置禀赋效应，指在其他条件不变的情况下为玩家增加新的沉没成本或具有一定隐含价值的物品，让本来选择离开的玩家不仅留存下来，甚至产生转化。

3.7 本章小结

游戏设计的目的是取悦玩家,游戏设计师的职业生涯完全依赖于游戏购买人群的好恶感。因此,必须能判断何时该做何事以满足玩家,以及何时该进入游戏中设定的理想世界。必须牢记两点:一是做产品就是在做人心,在产品运营初期为尽快引起玩家注意,会采用一些夸张的手段或者促销模式吸引玩家,但一旦玩家数量增多,核心还在于产品能否为玩家提供匹配的服务,能否稳定持续,能否及时满足玩家的新需求。游戏化的玩家增长只是一种手段,是帮助产品更好地与玩家建立桥梁,更高效率地与玩家互动、建立联系,更全面地将产品的功能展示给玩家的方式,只有在短时间内快速与种子玩家建立情感,一款产品才能在产品运营初期站稳脚跟,在竞品中建立优势;二是科技应该承担社会责任,产品本身也是如此,要在监管机制下保障玩家的网络环境,维护玩家的心理健康,在网络环境的健康、玩家心理需要的适应、产品盈利模式的合理合法之间维持平衡。通过心理学理论探究的游戏玩家增长方案是为了更好地满足玩家的需求,而非利用玩家的心理谋取私利。

本章从心理学的角度分析了游戏玩家在游戏中的情感寄托与期望,重点介绍了通过心理引导和奖励机制让玩家获取最优游戏体验的方法。

3.8 思考与练习

(1)简述玩家在游戏中的心理需求。

(2)根据自己玩过的游戏,简要说明从中获得了哪些情绪的满足。

(3)简要说明游戏奖励对促进游戏进程的作用及奖励的设置规则。

(4)游戏性是没有严格定义的,你理解的游戏性是什么?

(5)简述外挂程序对网络游戏的影响。

(6)如何解释《泡泡堂》等休闲类在线游戏的人数往往会超过一些大型多人在线角色扮演游戏?你从中能得到哪些启示?

(7)Windows 系统内置中的两款小游戏《扫雷》和《纸牌》也有很多忠实玩家,这两款游戏有什么样的乐趣?

第 4 章　游戏世界观与背景

学习目标

1. 素质目标：培养自主学习能力、跨学科知识运用能力、逻辑推理能力、想象能力和良好的人文素养，树立对中华传统文化的认同感、自豪感。

2. 能力目标：能够根据游戏特点设计题材，构建虚拟世界，并制定相关规则与法则；能够结合多学科知识构建游戏的故事背景框架。

3. 知识目标：了解游戏世界观的定义；掌握游戏世界观的构成、层次、作用、架构与规则；掌握游戏世界的自然元素与人文元素；掌握游戏故事背景设计的常用方法。

本章导读

游戏中的玩家有要做的任务和要经历的事，一定要有适当的铺垫解释原因，使玩家觉得在游戏中受到的限制具有合理性，否则玩家就会处在一种迷茫的状态。本章主要讲解游戏世界观的构成、层次、架构、规则、作用、元素以及游戏故事背景的设计。

4.1　什么是游戏世界观

"世界观"是游戏设计师对要构建的整个游戏的描述和说明，是游戏中世界的模样。游戏拥有自己的世界规则、世界背景。世界是自然界和人类社会一切事物的总和，而世界观是人们对世界的总的、根本的看法。由于人们的社会地位不同，观察问题的角度不同，形成的世界观也不同。但这个世界观与游戏世界观既有联系，又有区别。游戏世界观简单来说就是游戏制作人做出一个虚拟世界，并以自己的想法和理解制定这个世界的种种规矩与法则。

4.2　游戏世界观的构成

游戏中几乎所有元素都是世界观的组成部分，例如游戏时代设定、游戏画面风格、游戏中的背景资料设定以及人物造型设计、游戏中的色彩音乐等都是构成游戏世界观的基本要素。游戏的世界观大体可以分为世界架构、世界规则、世界元素和故事背景四部分。游戏中的一切设计都要遵照"世界观"这个规则制作和铺陈，不然就会与世界观抵触。西方几乎全部魔法奇幻游戏都是对世界观这个强大的规则进行简化或者衍生，从而制作出想要的游戏。

4.2.1 世界形成背景

设计世界观时,首先要在世界形成背景中明确以下几个问题。

(1)这个世界是如何形成的?

(2)在形成过程中出现了哪些人物及事件?这些人物及事件的出现顺序是什么?相互之间的关系又是什么?

(3)这些人物和事件对现在的游戏世界会造成哪些影响?

世界形成背景又分为两种:一种是细致;另一种是不细致。十分细致的世界背景需要有完整的逻辑和严谨的故事,优点是条理清楚,特点鲜明,能给玩家以新鲜感和乐趣;缺点是禁锢太多,很难发散,容易将自己逼入无法创新的死胡同。不细致的世界背景对制作者的要求相对较低,多见于历史题材的游戏,优点是容易掌握,可以加入更多更好的素材而不用担心受到拘束,有很大的发挥空间;缺点是因为设计上比较混乱,所以很难掌握正确方向,尤其是在制作系列作品时很容易脱轨。

4.2.2 世界元素构成

世界元素构成存在于世界背景这个前提之下,与世界背景是一体之两面,对世界背景起到具象化和丰满充实的作用,且经常与游戏系统联系紧密。例如,在角色扮演类游戏的"金木水火土"系统中,万物都遵循五行而生,也遵循五行而灭,五行的相生相克组成了众多游戏中的世界。这套理论经过中华文化几千年的沉淀,已经非常完整,每个中国背景游戏几乎都会采用,而西方魔幻背景的游戏则更偏好魔法与种族。

游戏《第七封印》(图4-1)的世界背景与世界元素是完全联系在一起的,一切情节都围绕着风、火、光、水等七大元素的封印展开。《天地劫》(图4-2)系列中的"五魂"系统最为抢眼,其基本设计概念是:天地万物由五魂组成,分别为"迅、烈、神、魔、魂",每个成分都有着自己的解释和归属,"迅"为灵魂中灵转流动、翔驰不拘之念;"烈"为灵魂中刚烈猛炽、凝定凌威之念;"神"为灵魂中清净明心、亲仁向善之念;"魔"为灵魂中潜魔邪心、犯命杀厉之念;"魂"为灵魂中的本质内构,亦是结合前四魂的根本。五魂之中既有相克,又有相生。"五魂"理论其实是从"五行"衍生而来的,却又在五行之外独立存在,所有生物的

图4-1 《第七封印》

图4-2 《天地劫》

灵魂中皆有五魂,物种之间以五魂相生,也以五魂相克,变化无穷,有着相当完整的理论基础。五魂不只在战斗中有所体现,《天地劫》世界中的一草一木、一诗一画都充斥着五魂理念。

4.2.3 完善世界

在完成世界形成背景及元素构成这两项构思之后,就要开始丰富世界的地理、物种及各种势力。物种的设计、分布、规划以及地理概况的设计可以给美术设计师的设计工作提供极大的便利,也可以让关卡设计人员能够更好地掌握设计理念。

游戏世界设计中,各种势力的错综复杂与冲突关系是刺激玩家眼球、激发灵感的一个重要手段,在符合世界形成背景和世界元素构成的前提下,可以设计出各种势力的来历与故事,让每个势力都有各自的一条剧情线,并规划相互之间的关系,这样可以使整个世界更加丰富和完整。

4.3 游戏世界观的层次

4.3.1 表象层次

游戏是一种综合运用各种艺术形式的多媒体艺术,向人的自然感官直接发送有关游戏世界观的信号。表象是指游戏中可以直接被玩家的感官感知的信息,例如图像、文字、声音和动作等,这些是游戏世界观最基础的表达方式。在表象层次里,有的游戏的世界观的是西方魔幻式的,有的游戏的世界观是东方神话式的,对一个游戏的世界观判断在很大程度上来源于游戏中各种形象的设计,例如任务造型、服装设计、建筑设计、背景设计等,同时,依靠各种视觉形象在游戏中展现世界观也是最常用的手段。

电子游戏首先是一种视觉传播媒体,所以图像在讲述世界观的过程中发挥着首要作用,而色彩、构图、动作等是构成游戏的图像语言。其中,色彩是最普遍的美学表现形式,它也是最响亮、最直接为人所接受的视觉符号。图像语言要素的综合作用可以向显示器前的玩家传达游戏特有的世界观。

1. 图像

色彩:在游戏中,色彩往往给玩家最直观的印象,让玩家对游戏的风格有一个初步的认识,是能够最直接地反映游戏世界观的视觉元素。

构图:为了表现作品的主题思想和美感效果,在一定的空间安排和处理人、物的关系与位置,把个别或局部的形象组成艺术的整体,构图要从画面结构上保证游戏图像语言的准确流畅。

动作:通过角色的肢体语言展示角色的性格归属,特别是在角色扮演类游戏和动作格斗类游戏中,动作代表的是游戏角色的个性,其涵盖的是游戏角色代表的不同文化。

电视游戏《鬼泣》(图4-3和图4-4)的图像语言就很好地烘托了游戏主题。游戏中的主角但丁身着火红色的风衣,银色的短发和手中的兵器相映成趣,而周围的环境基本都是以灰黑色为主,以突出怪物藏身处的阴森恐怖;怪物本身则大量运用冷色调,如蓝色、紫色、绿色等,以突出这些怪物危险残忍、凶恶狡诈的特性。

图4-3 《鬼泣》主角但丁

图4-4 《鬼泣》

整个游戏场景的色彩构成有浓郁的哥特艺术特点,大量出现的红色和黑色(主角的大衣与周围环境)让人联想到鲜血与死亡。强烈对比的颜色反差不但给玩家带来了极强的视觉震撼,而且营造出了一种躁动不安的情绪。这样的颜色设计正好符合游戏与怪物搏斗的主旨,可以说色彩可以帮助玩家进入游戏设计者营造的氛围,从而获得更强烈的游戏体验。

2. 音乐

游戏音乐不但契合游戏场景、剧情、色彩等因变化而产生的意境,也契合音乐创作者在游戏过程中喜怒哀乐的心境。优秀的音乐能毫无阻碍地深入玩家的内心深处,时而如同一双温柔的手抚平玩家的紧张与焦虑,使其心平气和,复归于理性;时而又像一团熊熊烈火,刹那间点燃玩家的激情,使其产生出强烈的游戏冲动,或者为自己扮演的游戏主角而萌发出强烈的使命感与责任感。

游戏音乐是为剧情服务的,是表现游戏世界观的辅助性手段之一,可以从游戏音乐的不同类型中得到启示。例如《勇者斗恶龙》系列和《最终幻想》系列偏重古典音乐,这与两者博大深厚的世界观系统紧密相连;《魂斗罗》之类的战争游戏的音乐大多采用摇滚乐形式,以从听觉上让玩家体验到战场的紧张和刺激,塑造让人热血沸腾的氛围;《光荣的三国》系列运用了中国古典音乐元素和民族乐器,让中国玩家感到特别亲切;《仙剑奇侠传》中空灵剔透、宛如天籁的旋律会使玩家陶醉。音乐让玩家可以用耳朵体验游戏,而其中传达的世界观信息对于一个游戏来说是非常重要、不可或缺的。随着游戏艺术的进一步发展,音乐在游戏创意中的地位将会日益提升。

3. 剧情

一个游戏中,从世界起源到种族繁衍,从历史渊源到风土人情,都涵盖在游戏剧情中。游戏剧情是表现世界观最集中的形式,也是最为游戏制作者和玩家接受的形式。

4.3.2 规则层次

与显而易见的表象层次相比,规则层次世界观在游戏中隐藏得比较深,不容易被感官直接发觉,但却起着很重要的作用。规则层次世界观描述这个虚构的游戏世界以什么方式运动，是更深入的描绘游戏世界场景的必要手段。例如经典游戏《龙与地下城》（图4-5和图4-6）系列的世界观有历史背景、种族设定、职业选择等，以及各种城镇建筑，各种人物形象，各种魔法效果。但这还不是其全部，因为支撑这些表象元素的是游戏设计者建构出的《龙与地下城》世界运行规则。

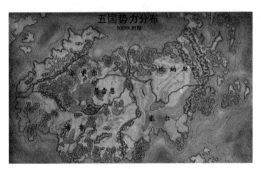

图 4-5 《龙与地下城》势力地图　　　　　图 4-6 《龙与地下城》

从桌面游戏时代开始，《龙与地下城》（Dungeons & Dragons，D&D）的世界就有一套特殊的运行规则，其核心是一套数学规则。一个动作能否成功，动作效果如何判定，效果是必然还是随机，都由这套数学规则决定。《龙与地下城》的数学架构是在 7 颗（6 种）骰子产生的随机数上建立的。其中，最重要的一颗就是 20 面骰，用来进行大多数的"成功率检定"（主要是战斗，D&D 是以战斗为主的角色扮演类游戏，非战斗部分大多可通过常识判断）。每当玩家试图进行有一定失败概率的动作时，投一个骰子，把结果加上相关的调整值与目标数值相比较，若最终结果等于或大于目标数值，动作就成功完成；反之，若结果小于目标数值，则动作失败，这被称为"D20 系统"，就是以 D20 骰子为核心的规则系统。D20 系统包括 D12、D10（各两颗，用于投百分比）、D8、D6 和 D4，几乎可以计算整个 D&D 世界的所有事件。D20 系统的特点还包括基于等级的 HD/HP 系统以及线性增长的人物能力系统等。

这套以数学中的概率论为基础而构建出来的游戏世界观相当完备，可以让游戏中的一切事件用数据对比的方法进行判断。例如"打开箱子"这个简单动作：如果卡住了，需要用一些力气才能成功，可以假定开箱的难度是 5，普通人一次成功的机会很高，大多数情况下可以直接打开，偶尔需要多试两下；如果箱子锁着，则可以假定砸开的难度是 20，普通人也许要尝试很多次；如果锁非常结实，必须通过极其巧妙的技术才能开启，那么难度就是 20 以上，只有受过专业训练的锁匠才能打开。这样一个清晰的数学系统看似简单，却包含了游戏设计者对世界运动规律的理解。通过概率保证事件发展的指向性，同时满足突发事件出现的可能性，这就是游戏设计者为《龙与地下城》设定的游戏世界观。

《龙与地下城》从桌面游戏进化到电脑游戏和网络游戏，玩家在游戏过程中看不到骰子、数值设定书这些标志性物品，因为规则的监督和执行交给了电脑，无须玩家自己费心。但是不论系统如何演变，支撑它的游戏世界观却没有根本性的变化。所以那些《龙与地下城》的资深玩家可以很容易地在不同游戏形式之间切换，不同的游戏形式其实指向的是一个相同的世界，而这个世界正是玩家熟悉的。

在有些游戏中，表象层面的信息通常被压缩到很小，更多的世界观描述是通过规则

层面完成的。例如《俄罗斯方块》(图 4-7)的游戏规则:

(1) 系统从 7 种方块组合中随机产生一个方块下落,每种方块均由 4 个小块组成;

(2) 下落方块在下落过程中,其任意小块下方已有方块则结束下落,同时系统将产生新的下落方块;

(3) 已停止的方块如果一行内没有空隙,则本行消除,消除行上方的方块均匀下落。

(4) 系统产生下落方块时,如果下方空间不足以产生下落方块,则游戏结束。

可以发现,《俄罗斯方块》构建在"下落—填充—消除"这个基础假设上,其表象层面的世界观是"方块、下落、消除"等简单描述。而真正让这个游戏与众不同的是游戏的规则可以轻易地与同类型的桌面游戏《玛丽医生》(图 4-8)、《极落雀》等区别开。虽然它们在表现形式上都很相似,但只要进入游戏就能发觉有很大的不同,这源于游戏规则层面上的显著差异。

图 4-7 《俄罗斯方块》

图 4-8 《玛丽医生》

4.3.3 思想层次

思想层次是指游戏设计者想通过游戏告诉玩家的他们对世界的主张。游戏是数字时代新的艺术形式,如同机器时代的电影。为了可以担当起新艺术形式这面伟大的旗帜,游戏设计者在创作世界观时不仅要使它完备、吸引人,更应该加入自己对世界的独特思考。

在电子游戏领域不乏这样的艺术家,也正是因为有了他们,电子游戏艺术才可以向更高的领域发展。例如《合金装备》系列(图 4-9 和图 4-10)的制作人小岛秀夫在这个系列中加入了引人深思的世界观。为了能够真正体验游戏过程中的感受,小岛秀夫找到了与游戏场景相似的真实环境,亲身感受丛林作战的硝烟。

图 4-9 《合金装备崛起:复仇》

图 4-10 《合金装备 5:幻痛》

"我们留给后世的是什么样的东西？"这是《合金装备》系列一直以来的伟大主题。《合金装备1》(图4-11)的主题是"基因"，也就是父母把"基因"和潜在的力量传递给孩子，

图4-11　《合金装备1》

通过 Snake 与 Liquid(都是 Big Boss 的克隆体)的光与暗的战斗充分表明了基因的可能性。在《合金装备2》(图4-12)中，没有编码在基因信息中的"知识基因"，即意识形态、情绪、语言、艺术、文化等，该怎样传递这样的"知识基因"？对于人类来说，有一套固定的标准决定着父母如何把"基因"和"知识基因"传递给孩子吗？答案是没有的，因为它会随时间和趋势而改变；"时间/现场"成为《合金装备3》(图4-13)的主题，在传递"基因"和"知识基因"

的过程中作为一个重要的标准，决定着将什么传递给下一代是会不断随着时代而改变的。善与恶、光与暗以及人类的价值观也会随着时间的变化而改变，只有在经历了"基因→知识基因→现场"之后，才能真正感受"反战争/反核武器"的主题。

图4-12　《合金装备2》

图4-13　《合金装备3》

同样堪称伟大艺术家和作品的是席德·梅尔和《文明》系列(图4-14和图4-15)。什么是文明？什么是文化？什么是历史？在《文明》游戏没有诞生之前，玩家对这些问题的理解大多来自历史书、政治书或地理书。席德·梅将西方现代文明的技术内核嵌入《文明》系列游戏中，技术始终是作为支撑游戏并推动游戏向前发展的主要驱动力。同时在物质文明基础上，游戏设定了制度、战争、政治甚至宗教。《文明》系列的一贯原则就是还原历史、模拟现实，在无形中向玩家灌输这样一种观念，即对于所有游戏，无论人类走过的路径有多少，每条路径有多么的不同，都必然只有一个未知的结局。而这个结局戛然而止，对人类以后的发展没有交代，也不必交代，只有事实能够证明。《文明》系列游戏可以说是全景式地展示了人类文明的进程，是一部用电脑游戏书写的、可以让玩家自由参与的人类史诗。

游戏世界观的三个层次是一个相互影响的有机整体，以"思想→规则→表象"的关系构成了一个游戏的完整世界观结构。其中任何一点的变化都有可能对其他层次产生极为重要的影响，甚至颠覆整个世界观系统。所以在进行世界观描绘时一定要倍加小心，特别是在进行一个游戏续作的开发时，更要努力保证游戏世界观的连续性，这样才能使

老玩家对游戏产生亲切感。

图 4-14 《文明 3》

图 4-15 《文明 4》

1987 年发行的游戏《废墟》(图 4-16)的背景设定为第三次世界大战后的美国新内华达地区,也就是故事中的"废墟"。《废墟》取得了很大的成功,它摆脱了中世纪"剑与魔法"的陈旧模式,向玩家展示了一个全新的未来世界,充满了"后启示录"的意味,由此也开创了未来派角色扮演类游戏的先河。之后,在《废墟》的基础上,一部更为经典的游戏《辐射》出现了。在《辐射》(图 4-17)系列中,玩家仍能看到许多《废墟》的影子。游戏最大的成功在于继承了《废墟》的巨大开放性,这也是吸引玩家的最大魅力所在:游戏中存在大量的分支剧情,各种选择性对白随时可以改变主人公未来的命运,一切结果完全由玩家决定。同时,《辐射》本身的优秀品质和充斥游戏中的宛如启示录般的预言以及西方后现代颓废风格也极大地吸引了众多挑剔的玩家。《辐射》上市后,游戏的后启示录风格以及激光枪等未来武器同以前角色扮演类游戏中泛滥的"剑与魔法"大不相同,使人眼前一亮,立刻在欧美游戏市场上掀起一阵狂热的旋风。有人将其和当年暴雪公司发行的《暗黑破坏神》并称为欧美角色扮演类游戏的代表作品。《辐射》能取得这样的成功,与它小心谨慎地继承了《废墟》的世界观有密切的关系,可以说《辐射》是一部站在巨人肩膀上的佳作。

图 4-16 《废墟》

游戏世界观的欣赏可以说是玩家接触游戏的第一方式,这个过程远比玩家正式开始游戏要早得多。在一个游戏还没有发售,甚至还没有开发完成,玩家还无法接触其系统的时候,游戏世界观的信息就能通过文字介绍、游戏截图、视频资料等方式向玩家传递。所以说"卖游戏先卖世界观",这不是游戏发售时的策略,也是贯穿游戏策划、开发、销售始终的重要指导思想。

图 4-17　《辐射》

4.4　游戏世界架构

世界架构就是要创造和表达的世界的大概架构，包括世界的起源、存在的年代、世界的大概骨架等。这些内容来源广泛，历史故事、魔幻小说、文学作品、神话传说甚至是设计师的幻想都可以成为这个世界的起源。例如，《花千骨》（图 4-18）中蜀山剑派的修仙之道就来自神话传说。

图 4-18　《花千骨》

同时，对时间的介绍也很重要。如果是历史题材的游戏，说年代或朝代就会有人知道。如果是自己杜撰出来的世界，一般用的是未来的世界，或者自己创造出来的时间。例如，游戏说明是创世纪 1458 年，玩家就知道这是一个跟神话有关的年代；如果是未来历1636 年，玩家就知道是未来的某一个时间。

传达给玩家时间的概念其实并不是作为单一的信息，而是将时间以及附带的其他信息一同告诉玩家。更准确地说，告诉玩家的不是现在是什么时间，而是这个故事开始于一个什么样的时代。

4.4.1　架构类型

世界架构的类型大体可以分为两类：一类是时间上的；另一类是内容上的。

（1）从时间上分类。

- 古典类型。发生年代距现代较久远,例如《大话西游》《封神榜》等。
- 近现代类型。故事发生于现代或与现代较近,例如《命令与征服》《使命召唤》等。
- 未来类型。故事时间在未来,例如《未来战场》《EVE》等。

（2）从内容上分类。

- 战争类型。大部分的网络游戏都或多或少地带有战争内容,例如《三角洲特种部队》等。
- 爱情类游戏。大多以爱情为主线,这是人类不变的主题,例如《红楼梦》等。
- 幻想类型。包括科学幻想类和超自然幻想类,前者是以科学为背景做出的可行性幻想,后者是纯粹的幻想,包含超越常识范围的世界,例如《星球大战》《星际迷航》等。
- 真实类型。以现代为背景的一系列模仿现实的游戏,例如《身份游戏》等。
- 恐怖类型。该类游戏大多数会营造压抑恐怖的气氛,例如《寂静岭》《鬼吹灯》等。

以上游戏类型的确定直接影响了游戏的发展和走向,这关系游戏有一个怎样的时代观、世界观和善恶标准,游戏的表现形式和中心设计思想也会因此确定。例如在一款古代战争游戏中,时间一般比较久远,那时兵器以冷兵器为主,游戏设计师就不能在游戏中设计出不属于那个时代的东西,同时在美术的设计上也要体现这一点。当然,在幻想类游戏中,很多规则都是放宽的,题材对策划的限制也少了很多,甚至是只要能想到的任何东西都可以实现,而且都是合理的。

4.4.2　架构题材

世界架构的题材是对游戏大体环境和内容的概括,基于这些题材诞生了很多优秀的游戏作品。下面列举一些市场上较为流行的游戏题材。

1. 历史类题材

历史题材类的游戏是依据真实的历史事件进行改编和发挥而创作的,具有一定的真实性。现在,越来越多的开发商喜欢历史题材类的游戏,很多玩家对历史题材的游戏也是爱不释手。例如,著名的历史游戏《刺客信条2》(图4-19、图4-20)是由育碧蒙特利尔工作室研发的一款动作类游戏,历史背景设定于文艺复兴时期的意大利。从电影版的前传到游戏本身,涵盖了米兰、佛罗伦萨、威尼斯这三个公国。前传中以1476年米兰公爵加莱亚佐·马里亚·斯福尔扎遇刺事件(四月谋杀)为开端,剧情从主角的父亲延续到游戏情节里的主角Eizo保护佛罗伦萨公爵罗伦佐·美第奇逃过劫难,以及最终打倒野心勃勃的红衣主教罗德里戈·博尔吉亚(后来的教皇亚历山大六世)这个一切罪恶的幕后主导者。然而,游戏不仅仅使用历史作为故事背景,在该系列已覆盖的三个时期中,包括将来的海盗时期,都成功地再现了建筑、武器和服装。玩家能够自由地漫游在十字军东征时代的城市街头,或者访问美国早期定居点,例如波士顿。这些元素让《刺客信条》成为一个特殊系列,更不用说玩家可以直接与历史人物交流。

另外,还有很多以历史为题材的游戏,例如以中国历史为题材的《大唐风云》(图4-21)、《赵云传》(图4-22)等。

图 4-19 《刺客信条 2》画面一

图 4-20 《刺客信条 2》画面二

图 4-21 《大唐风云》

图 4-22 《赵云传》

2. 名著题材

名著题材类游戏和历史题材类游戏有些相似，是对名著进行的艺术再创造，以名著中的人物和时代作为背景，重新赋予其新的生命力。但名著类的游戏改编却并不是那么简单，它包含了很深的文化型内容，游戏设计师需要有极大的勇气和文化内涵才可以进行改编。虽说是改编，但也要掌握好改编过程中的"度"。

（1）第一个度：风格的改编。

每一篇文章都有属于自己的风格，名著更是如此。将名著改编为游戏不仅需要了解原著的风格，更需要在原风格上改变，但改变的度就需要好好掌握。

（2）第二个度：对故事和人物形象的改编。

改编要适当，不能颠倒黑白，扭曲人物，偷梁换柱。否则，就算游戏取得成功，也会背上骂名。

（3）第三个度：新元素的介入。

游戏改编过程中必然会有新元素的加入，但是这个新元素不能改变游戏的整体风格，也不能将不属于游戏时代背景的东西加入。否则，新元素的加入将会使游戏变得不伦不类，从而造成游戏世界的混乱。由名著改编成的游戏，国内有《三国》系列（图 4-23 至图 4-25）等，国外有《指环王》（图 4-26）、《神曲》（图 4-27）等。

3. 武侠题材

中华文化博大精深，武侠文化一直广为流传，从金庸到古龙，从《射雕英雄传》到《小李飞刀》，他们的小说在中国可谓家喻户晓，即使没看过，也不可能没有听说过。所以毫不夸张地说，中国人或多或少地都有着一些武侠情结。所以，对于这一类游戏来说，中国

图4-23 《三国群英传》

图4-24 《三国：吞食天地》

图4-25 《三国志11》

图4-26 《指环王》

图4-27 《神曲》

人在心理上比较容易接受。随着中国网游的发展，本土文化厚重的武侠网游作为一种特色题材走进了市场，同样得到了全球的广泛认同。如金山公司的成名作《剑侠情缘》（图4-28）、金庸授权的《天龙八部》（图4-29）等都受到了广大玩家的喜爱。

4. D&D 规则

D&D 规则就是《龙与地下城》的角色扮演类游戏规则，于1974年发行，最新版本是2008年发行的第4版。D&D 规则是一个由经典游戏确立起来的世界观，包括西方龙、魔法师、剑士、恶魔、正义与邪恶的斗争等。这个早期的游戏之所以经典，是因为它是第一款桌上 RPG 游戏，后来它的世界观就被很多娱乐行业借鉴，产生很多衍生品，包括一些其他游戏和电影等，所以目前已经不仅是一种简单的游戏规则了。

图 4-28 《剑侠情缘》

图 4-29 《天龙八部》

现在的 D&D 就是一套基于 D20 系统的有着中世纪魔法风格的角色扮演类游戏,使用基本的力量、体质、敏捷、智慧、感知、魅力＋职业能力＋种族六大属性描述角色,然后从中衍生出修正值,进行行动和战斗的计算、判定的游戏。很多游戏都建立在这套规则之上,例如《冰风谷》(图 4-30)和《无冬之夜》(图 4-31)。

图 4-30 《冰风谷》

图 4-31 《无冬之夜》

5. 魔幻题材

魔幻题材类游戏一般来源于西方的某些魔幻类文学作品,代表作有《龙枪编年史》系列和《黑暗精灵》系列等。其中,于 1998 年 12 月发行的《博德之门》系列基于 TSR 公司的高级龙与地下城(AD&D)第 2 版规则,使用其中最负盛名的被遗忘的国度(Forgotten Realms)战役模组,可以称为经典之作。背景设定为被遗忘的国度,玩家将扮演杀戮之神巴尔的凡人子嗣,踏上博德之门到安姆帝国的奇幻旅途,体验那段被吟游诗人传唱已久的史诗篇章。2000 年 9 月,《博德之门Ⅱ:安姆的阴影》(图 4-32、图 4-33)一上市便取代了《暗黑破坏神Ⅱ》成为当月北美电脑游戏销售榜的冠军,并持续数月热销。被 GameSpy、GameSpot、IGN 等游戏网站评为"年度最佳 RPG 游戏"。2005 年,在 GameSpot 举行的"史上最伟大游戏"评比中,《博德之门Ⅱ:安姆的阴影》击败了所有竞争对手。

《博德之门Ⅱ》采用 BioWare 公司研发的 Infinity 引擎,油画式的 2D 手绘画面至今看上去仍然是那样细腻舒适。气势磅礴的背景音乐、各种角色极具特色的配音都令人回味无穷。庞大的世界观、数之不尽的分支任务、出色的故事情节、幽默的对话、高度发展的战斗系统、深入的人性刻画使之几乎成为欧美魔幻游戏的教科书。

图 4-32 《博德之门Ⅱ》画面一

图 4-33 《博德之门Ⅱ》画面二

6. 神话题材

无论是流传千古的文学创作，还是现代的影视艺术创作，神话传说永远是民族气息的核心。人类起源于母系社会，所以神话中的女神是核心支柱，而《山海经》中的西王母，古希腊神话中的大地女神盖亚等也都是神话的代表。渐渐地，父神也同样在人类进入父系社会后出现在东西方的神话里。希腊神话中，主神宙斯领导海神、冥王、战神、太阳神等共同参与创世大业；北欧创世神体系与希腊相似，在奥丁的带领下由众神管理各界，构成了以上帝为核心的完整体系。

相对于西方的魔幻题材，中国的神话体系较为庞大混杂，甚至可以说没有形成体系。中国的神话中一提到创世神，就会想到盘古、女娲、帝俊、巨灵、烛龙和黄帝。正因为中西方神话系统有着较大差距，也没有更好、更多的艺术手法可以发挥，导致在神话题材的游戏改编上具有纯中国特色神话的游戏很少，改编难度也比西方神话游戏更大，继而发生了一些中西方结合的魔法和仙术、骑士与武侠的作品。但这类网游一般都缺少内涵，虽然融合了很多元素，却缺少文化底蕴。尽管如此，还是有很多优秀的作品，例如，神话网游《蛮荒》(图 4-34)依托于文化底蕴深厚的中国古典神话传说，并从《山海经》等经典神话著作中汲取精粹，对其中的故事进行了深度加工与扩展。这使得玩家不但能对游戏中的故事耳熟能详，更能深切体会到流连于神话世界的那份洒脱。除此之外，《封神榜》(图 4-35)、《仙剑》系列也都是这类游戏的代表。

图 4-34 《蛮荒》

7. 科幻题材

以科学为基础，以幻想为主线，适当地加以引申和发展，设计的时间一般都是在未来的某个时间点或时间段。这类题材在日韩和欧美的游戏中比重较大，例如制作规模异常

图 4-35　《封神榜》

庞大的科幻大作《EVE》（图 4-36）和大型多人在线角色扮演类网页游戏《机器人入侵》
（图 4-37）。

图 4-36　《EVE》

图 4-37　《机器人入侵》

4.5　游戏世界规则

　　规则是运行、运作规律的法则。规则无处不在，只要世界存在，只要有生命存在，就会有规则存在。俗话说"没有规矩，不成方圆"，而在游戏世界中，规则也同样是必不可少的。

4.5.1　规则位置

　　"基础法则"指游戏世界中"客观"存在的规则、法则，这层含义继承于"哲学世界观"的自然观，是游戏世界的基础。有些游戏作品在世界观设定中弱化了规则含义，但不代表世界观可以没有或者跳过规则。通常这类游戏作品更接近现实世界，或者其世界观继承于通俗易懂的大众文化，无须对那些玩家熟知的法则做更多说明。

　　规则是支撑整个世界观大厦的骨架，客观世界的不确定性是通过概率产生的，通过概率保证事件发展的指向性，同时满足突发事件出现的可能性。并非所有"基础法则"都面向玩家，"善恶终有报""只要有爱与勇气一定可以达到目标"是很多少年漫画的"潜规则"。这些"潜规则"不像"下雨多了会发洪水"那样明确地写进玩家必须遵守的"基础法则",是属于策划者的法则,更贴近主题,在剧情逐渐表达主题的过程中,不可避免地影响着玩家的行为。另一种策划层面的法则是刻意隐藏的,以简化玩家层面。例如商店,玩家只关心商店卖什么以及价格。而作为策划者,还需要总体考虑商店分布、商品范围、价位浮动等情况。再例如常见的人物升级,人物属性的背后其实有一个复杂的游戏系统,而留给玩家的人物属性只是诸多属性中具有代表性的一部分。

4.5.2 规则建立

指导整个游戏运行的规则应该简单,不应该太多,这样玩家才能更容易理解和接受,基于规则的元素才能更丰富。例如《超人》(图 4-38)有这样两个规则:一是氪星的人很强大(解释了超人为什么这么厉害),二是超人怕氪石(解释了反派为什么要收集氪石)。《超人》的剧情全部基于这样的规则展开。

图 4-38 《超人》

建立规则是一个很困难也很复杂的环节,往往不可能一次就确定下来。在之后世界设计的过程中可能需要经常增加、修改或删除规则,一个完备的世界应该还有很多细小的规则。由于现在设计的世界大多建立在固定的世界模板上,因此有时会忽略规则的确立。

下面是一个关于游戏规则的例子。《仙剑奇侠传》(图 4-39)的世界观可以这样表述:自盘古开天地后,蕴藏于盘古体内的"灵力"分解为水、火、雷、风、土,称为"五灵",散布于天地之间,这是生活在这个天地间的各种生物的"灵力"基础(基础法则)。在几经纷争的世界中,以及在"五灵"的影响下,整个世界被分成了神、魔、仙、妖、人、鬼六界。神、魔、鬼

图 4-39 《仙剑奇侠传》

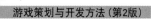

居于整个世界的外层,神与魔不共戴天,互相仇视,长年征战。而鬼界则是所有生灵的终结与轮回之地,也是转世与重生的起点。神界不老不死,魔界无生无死,鬼界非生非死,这三界注视下的芸芸众生,就是人、妖、仙三界。仙是登天途中的神,也是人类最向往和追求的境界;妖是修炼未熟的魔,也是法力高深的兽,是最为人类所不容的族群;和神与魔的关系一样,人和妖千百年来的恩怨纠葛从未间断(故事背景)。在《仙剑奇侠传》的世界观中,除了把盘古开天地并将灵力散布天地间作为基础法则(现实世界的基础法则再加上这条法则),还隐藏了一条基础法则:六界皆有情有欲。正因为灵力的散布不均,加上六界各有喜恶,各有欲求,才形成了背景故事中巨大的矛盾体,成为故事情节发展的巨大推动力。

4.5.3　世界相关规则

一旦游戏设计师让玩家在游戏世界里放任自由,那么玩家就会乱动几乎每一件能看到的东西。当玩家发现一扇门,会试着踢一踢、敲一敲或者干脆烧掉。如果在空地上有一棵树,玩家会试着爬上去,这样视野就可以更加开阔……为了让玩家能够更好地融入游戏世界,游戏设计师需要处理各种很常见的问题。例如,如果一个角色走进一个圆桶里,它会不会移动?如果一个物体被攻击而发生移动,那它会不会表现出惯性?玩家可不可以把大石头从山上推下来,推到那些没有防备的敌人身上?游戏设计师要能够站在玩家的角度考虑,尽量给玩家更多的沉浸式体验。

在游戏规则的设计中,需要考虑的另外一个因素是环境如何影响玩家。例如,在游戏世界中能不能下雨?如果可以,这又将对角色产生怎样的影响?下雨会不会让地面变得泥泞,这样会不会让跋涉变得更艰难?又或者会不会因为太滑而无法行走?玩家的角色会不会因为环境因素而被淹死或是中毒?在游戏世界里是否还有其他因素可能会威胁到玩家,或者能否向玩家提供一些需要的资源?等等。总之,在设计游戏规则时,逻辑要严谨。而规则体现的内容应该符合人类的认知,这样才能让玩家沉浸在游戏中。

4.6　世界观的作用

以小游戏为代表的弱化世界观的游戏,因其游戏本身的特点,策划中考虑的并非世界观这么大的范围,只需要构建"基础法则"这一层。这样孤立的"基础法则"仅仅作为"游戏规则"而存在。而传统的 RPG 游戏中,剧情往往直接承接于世界观构建的"前期情节",这类游戏对于世界观的依赖度更高。以下讨论的世界观作用主要针对世界观依赖度较高的游戏类型。

4.6.1　世界观特点

游戏世界观的特点是描述性,是指利用一切手段告诉玩家游戏中有一个什么样的世界。讲述是传达游戏世界观的重要方式,经常可以在一些游戏的开端看到视频或动画,其作用就是讲述游戏世界观。例如,在《最终幻想14》(图4-40、图4-41)开场视频或动画中就能了解一些游戏的画面风格、游戏角色的着装风格、角色使用的武器和角色之间的关系等游戏世界观。在进入游戏后,世界观的描述更是随处可见,场景的设计风格、角色的服饰、对话时的语气、出现的道具甚至怪物设定等都在展示《最终幻想14》界于幻想和写实之间的独特世界。

图4-40　《最终幻想14》场景

图4-41　《最终幻想14》角色

4.6.2　世界观作用

1. 策划中的作用

世界观为后续策划人物、剧情等制定了一套高效、具体的参考或规范。主题是游戏的最终目的(排除一些商业操作等影响),是游戏策划者真正想传达给玩家的思想。游戏策划者通过符合主题要求的图像、音乐、剧情、操作系统等诸多可感知的元素,在潜移默化中表达自己的思想。主题的要求是相当主观的概念,策划需要一个相对漫长的时间。世界观模型有两层含义:一是"客观"存在的规则、法则;二是已经发生、不可更改的事实。这两层含义把主题的主观要求相对"客观"化,归纳为可操作性更强的法则和事实。

2. 游戏中的作用

世界观保证游戏中呈现给玩家的世界具有合理性和统一性。世界观由策划者构建以后,在整个游戏制作开发过程中都将是具有指导性质的文案。从局部关系来看,世界的每个模块、每个细节都遵循已经论证(自圆其说的法则)的基础体系;从整体关系来看,不管风格还是理念,都是整个世界需要遵循的。

以传统角色扮演类游戏为例,玩家只需要了解世界观如何限制角色的行动模式,如何改变剧情发展方向,以及国家(势力)、城市、宝物等其他世界观表象,而无须同策划者一样事无巨细地了解世界观的每个层面,也不用理解世界运行的所有原理和推动力。因此,策划书中描绘的世界观未必将完全展现给玩家,至少不强制玩家掌握策划者构建的整个世界观。

4.6.3　世界观构建

世界观服务于主题的表达,根据主题需要构建基础法则,以及由基础法则演绎矛盾而推动的故事背景。这里强调过犹不及、适当才是最好的。主题永远是最主要的,对世界观的概念和作用有了一定的认知之后,就可以将其付诸实践。

1. 分析主题的需要

构建世界观首先必须明确主题的表达需要什么。例如《仙剑1》为了表达人的真实情感,构建了复杂纷争的世界。

《仙剑1》的世界首先有东西可争:力量、地位、情感;其次有对象可争:拥挤的世界住满了神、魔、仙、妖、人、鬼六族,以至于出门走两步就能撞见各式各样的妖怪;再次,不管争不争,反正争斗已经成为事实,各族已经斗了不知道多少年……情感总能在坎坷中更直接地显现出来,《仙剑1》的世界观很好地做到了这点。除了世界观,《仙剑1》在人物性格与剧情的塑造上也特色鲜明,例如李逍遥优柔寡断的性格与"完美女孩"林月如相识的剧情。

2. 尽可能少的基础法则

基础法则是游戏世界中"客观存在的公理"。一个好的世界观要能够自圆其说,事实上,自圆其说的基础就是基础法则。从《超人》的世界观中能够总结出这样三条基础法则。

法则1:氪星人很强大。

法则2:超人通过太阳获取能量。

法则3:超人怕氪石。

《超人》的情节都基于以上三条法则运作,但问到为什么的时候,例如,氪星人为什么那么厉害?超人怎样通过叶绿素以外的特技获取太阳能?氪石为什么对超人那么有效果,对普通人一点儿也没效果?这是基础法则,不需要证明。反过来,三条法则可以用来证明其他问题:为什么超人要不断获取能量?因为法则1;为什么超人永远有使不完的劲儿?因为法则2;为什么坏人喜欢收集氪石?因为法则3。

一个世界观拥有太多的"基础法则",至少有两点是不可取的:一是各因果之间毫无逻辑关系,没有说服力;"基础法则"用于解释游戏中发生的所有事、存在的所有物,而本身不需要被证明,要强制玩家接受;"基础法则"这个"因"本身无法体现逻辑关系,只能靠解释"果"而编织成果与果之间的逻辑关系网,如果无法解释的法则太多,"因"本身就失去了支撑点,自然没有说服力;二是不利于玩家理解游戏的世界观,进而融入游戏的世界。过多的"基础法则"(主要是不同于现实世界或大众型世界观的法则)显然使玩家在理解游戏的世界观时需要记忆更多的规则。一个拥有太多"基础法则"的世界观且不说能不能理解,就连玩家能不能记得住都成问题。

　　构建一个"基础法则"不多、还能够自圆其说的世界观一时很难做到。所以除了要反复推敲之外,在设定世界观的时候,凡是一时不知道怎么解释的,都可以先行设定成基础法则。例如,策划一个神话背景的新游戏,主角和反派都争抢一种神秘的宝石,这种宝石有一种或多种神奇的力量。现在应该考虑的是:这种宝石的来历是什么? 为什么具备这样那样的力量? 对这些问题如果难以解释,就可以假定为这种宝石是上古传下来的,年代久远,无从考证,反正就是有这样那样的力量。在这个世界观中,宝石是世界观给游戏提供的重要道具,同时也是基础法则之一,但不一定一直都是基础法则之一。

　　在策划中,世界观应该是动态完善的。先行设定基础法则,几个法则合并成一个法则,或者将觉得不合适的法则替换掉,或者将与主题关系不大的法则直接删掉,都是正常的。

4.6.4　世界观案例

　　1.《龙武 2》

　　《龙武 2》(图 4-42、图 4-43)的世界观如下。

图 4-42　《龙武 2》画面一

图 4-43　《龙武 2》画面二

　　隋末,隋炀帝昏庸无道,多次发动战争,劳民伤财,最终引起统治危机。公元 611 年(隋炀帝大业七年),邹平人王薄在长白山(今山东章丘、邹平境内)正式聚众起义。王薄的义旗一举,山东各地纷纷响应。隋炀帝杨广的表兄、时任太原留守的李渊不忍天下黎民身陷水深火热的苦难中,遂与其子李世民于 617 年举起反隋义旗,隋唐之战正式开启。

与此同时，在河南、河北、江淮等地区等地也陆续爆发了官僚起义、农民起义，形成群雄并起之势，隋朝统治土崩瓦解，全国各地盗贼四起，割据成风。同时，在隋朝之初因战败而被迫长久屈居于塞外边疆或荒芜大漠之中的各少数民族趁中原大乱纷纷挥兵入侵，意图在天下大乱的格局中分得一杯羹。

此时，仙侠世界也突生变故。五大修仙门派因抢夺传闻中的上古龙玉闹得沸沸扬扬，纷纷决裂，陷入群雄逐鹿的乱局之中。而隋军、唐军、农民势力、外族势力等其实一直都窥视着修仙人士的力量，在战乱之际都想拉拢五大门派，奈何五大门派在决裂之前曾订立协议不涉入世俗战乱，才勉强维持各大势力相互僵持的局面。如今五大门派分裂，导致协议作废，洛州的真武门、昆仑顶的玄宗派、灵隐山的天羽宫、仙迹谷的灵心殿、断魂崖的修罗盟都身不由己，纷纷卷入这场天下逐鹿的征战之中。

隋末乱世，人心惶恐不安，仙侠世界传闻流言四起，相传上古龙玉重现，得上古龙玉者即能得天下。这一传闻不仅引发五大门派决裂，更引来各大势力的虎视眈眈，内忧外患该何去何从？无边疆土何以安定？修仙门人又因何而战？《龙武》篇章缓缓展开……

2.《英雄联盟》

《英雄联盟》（图4-44、图4-45）的世界观如下。

图4-44 《英雄联盟》画面一　　　　　　　　　图4-45 《英雄联盟》画面二

在符文之地中，魔法就是一切。在这里，魔法不只是一种神秘莫测的能量，又是半实体化的物质，可以被引导、成形、塑造和操作。瓦罗然大陆居于符文之地的中心，这里集中了所有的生命，而所有谋求符文之地霸权的势力都将焦点放在了瓦罗然。过多的原生态魔法能量对符文之地的生命而言已经成为一种威胁，各势力之间利用魔法进行疯狂掠夺、鏖战，让这个世界极不稳定。

为了阻止战争，防止符文之地被滥用的魔法吞噬，瓦罗然大陆成立了一个名叫"英雄联盟"的组织。其决定，所有主要的政治争论都必须通过特别设立在瓦罗然各地的竞技场处理。在竞技场中，拥有不同政见的召唤者各自召唤一个英雄，利用这些英雄率领没有心智意识的小兵进行战斗，并通过摧毁对方的召唤节点获取胜利。而这些竞技场就是我们通常提到的正义之地。与此同时，为了防止一些敌对政治实体之间的冲突，英雄联盟设立了战争学院，以抑制对抗的发生。

除了战争学院之外，在瓦罗然大陆上还存在着相互对立、相互制约的其他六股势力。崇尚正义、美德的德玛西亚与崇尚绝对权力、力量的诺克萨斯彼此对立，诺克萨斯认为德玛西亚是一群伪善的狂热分子，而德玛西亚则鄙视诺克萨斯的贪婪与肮脏的手段。在机械工程领域相当有建树的班德尔城、擅长运用魔法与药剂的佐恩、海洋贸易发达的比尔吉沃特以及在宗教与精神的启发上有惊人成就的欧尼亚……玩家在游戏中操纵的这些英雄便各为其主,分属于这七股势力。

4.7 游戏世界元素

元素是世界的直接感官表现,世界元素的设定就是对游戏世界的自然与人文的设定。自然即客观的存在,包括天文、地理、生物等世界的物质层面的构成。人文即文化性的存在,例如民俗、语言、建筑、服饰、性格、行为动作等。

对一个游戏的世界观判断在很大程度上来源于游戏中元素形象的设计:是精灵还是修仙人类,是在外域还是在盛唐,建筑是哥特风格还是中国风等。世界元素分成自然和人文两大类,这两类又可以再分成几个小类。

4.7.1 自然元素

自然元素是天地创建之后自然而然出现的事物,通常把自然元素分成天文地理、生物和图像语言3部分。

1. 天文地理

游戏中的天文地理是在世界构架的基础上进行种族、世界地图以及时间、空间的基础设定,是对世界基础进行的再完善。如果没有完善而稳固的根基,一个世界就无法稳固。

假设游戏构架设定为历史类题材,那么在设计天文地理形式的时候就要以史实为主要依据,地图的设定、城市的划分、场景的布局以及天文星宿的分配都应以当时的天文地理为基础,然后按照游戏的需要和玩家对历史的认知进行合理的游戏化设计,以突出主题需要。

例如,《太阁立志》(图4-46、图4-47)取材于日本风云变幻的战国时期,将史实中的人物和事件放入虚拟架空的世界,构造出一个日本战国的乱世英雄时代。玩家通过扮演不同的角色并培养各方面的能力,经过不断地磨炼,最终在游戏中写下光辉的一篇。

图4-46 《太阁立志》地图局部　　　　图4-47 《太阁立志》

《太阁立志》的主要角色是继室町幕府之后完成近代日本首次统一的日本战国时代大将丰臣秀吉。一介贫农之子丰臣秀吉通过不断的努力结束乱世,在日本战国时代末期统一全国。他出身寒微，自幼顽皮机智，永不服输。当他离家流浪、三餐不继之时，依然夸口要夺取天下，拯救万民。他从牵马的低微仆从起家，与一代豪杰织田信长的命运紧紧地联系在一起。从献计献策协助信长成就赫赫威名的"桶狭间之役"，到独当一面经营筹划的"吞并美浓之役"，他成为深得信长赏识器重的亲信，始终矢志不渝，心怀天下。本能寺之变，信长身遭不测时，他运筹帷幄，奇计频出，以迅雷不及掩耳之势为主复仇，跃登霸者之尊，得以一匡天下，结束日本战国时代的百年纷争。

《太阁立志》的时代设定为战国时期，地点为日本，那么在地理设定上就要以日本战国末期的地图为主，在世界地图的规划上就要突出游戏的主要场景和人物经历地点的设定。

2. 生物

生物是具有动能的生命体，也是一个物体的集合，而个体生物指的是生物体，与非生物相对。现实世界中，有生命的物体具有生长、发育、繁殖等能力，能通过新陈代谢作用与周围环境进行物质交换。每个游戏中都会有人物的存在，除了人物之外，动物、植物等都缺一不可，甚至有些游戏会把这些动植物神奇化，所以说"生物"同样是游戏中不可或缺的一部分。

3. 图像语言

把天文地理、生物等元素在游戏中整合起来，就构成游戏的图像语言。游戏图像语言一般包括色彩、形象、动作和镜头等几个主要方面。

世界元素构成是存在于世界架构这个前提之下的，与世界架构是一体两面，对世界架构起到具象化和丰满充实的作用，且经常与游戏系统联系紧密。例如，与西方魔幻背景的游戏偏好于魔法与种族不同，中国背景游戏里经常使用"金木水火土"系统，五行的相生相克组成了游戏中的世界，万物都遵循五行而生，也遵循五行而灭。这套理论经过中华文化几千年的沉淀，已经非常完整。

4.7.2 人文元素

人文是一个动态的概念。《辞海》中写到："人文指人类社会的各种文化现象"。文化是人类或者一个民族、一个人群共同具有的符号、价值观及其规范。符号是文化的基础，价值观是文化的核心，而规范包括习惯规范、道德规范和法律规范，是文化的主要内容。

1. 宗教信仰

一个游戏中生命的存在是必然的，而有了生命的存在，就会产生信仰——对某种主张、主义、宗教或某人某物的信奉和尊敬。信仰是心灵的产物，可以在一定程度上推动文明的发展，在游戏中，这种推动往往是最大的。

游戏中的魔法能力、神秘力量等都和宗教信仰有着密不可分的关联，所以它的地位不可取代。例如，在西方以基督教义为信仰的游戏中，很大一部分灵感来源于中世纪的骑士文化。而基督教义和骑士精神指的是一个信仰基督的骑士应该具有的八种美德：谦卑、诚实、怜悯、英勇、公正、牺牲、荣誉、灵魂。这八种美德概括了西方对一个骑士的基本要求，可以在很多的西方游戏中见到，可见宗教信仰对西方游戏世界观设定的影响。例如《魔兽世界》中的圣骑士（图4-48、图4-49）。

图4-48　《魔兽世界》圣骑士1

图4-49　《魔兽世界》圣骑士2

2. 政治结构

有了天文地理,有了宗教信仰,国家也会随之而产生,一个个政治家随之而来。国家之间的战争、政治家之间的斗法都是游戏中矛盾的来源。同理,因为国家,因为信仰,因为大义,可以把和外来生物的抗争与政治联系在一起。经过这些雕琢,一个大致完善的世界就出现了。例如,《永恒之塔》(图4-50、图4-51)游戏中的设定如下。

图4-50　《永恒之塔》画面一

图4-51　《永恒之塔》画面二

远古时代,以永恒之塔为中心有一个世界——亚特雷亚,它由天界、魔界和异度空间构成。起初亚特雷亚是一个完整的世界,后来龙族势力变得异常强大,他们对抗造物主,欲抢夺对亚特雷亚的支配权，成为亚特雷亚的最大威胁。

造物主派出十二诸神抵御，但是双方势均力敌。经过被称为"千年战争"的浩劫以后，龙族最终被赶出亚特雷亚。但是经过长期的战争，永恒之塔受到了破坏，分成两个大碎片，天界和魔界也随着亚特雷亚的一分为二而分离。

3. 经济体系

游戏中可以直接被人的感官感知的图像、文字、声音和动作等信息是游戏世界观最基础的表达方式。而世界观需要确定的另一个核心就是经济文化体系，在很多类型的游戏中都存在并起着非常重要的作用，即用经济学中的一些理论、分析方法和研究思路，结合游戏世界的特殊情况，对游戏世界的经济系统做一定的分析和思考。如果在游戏设计时对经济系统的考虑不周全，尤其是缺乏长期、动态的考虑，导致其经济的运行不能达到长期的均衡，那么在游戏运行一段时间后，各种问题就会逐渐显现出来。其中，在已经运营的众多大型多人在线角色扮演游戏中出现得最多也是最严重的问题，就是财富剩余和通货膨胀。

游戏的价值观是在游戏世界架构的基础上对游戏世界的根本规则评价。因此，在游戏世界中，对整个游戏世界的经济文化体系进行阐述是必要的，这些内容将构成游戏规则的设计依据。

4. 人生价值观

人生价值观是人因不同的世界观而产生不同的对人生的方法论，是人们在认识、评价生活中具有的价值属性时持有的根本观点和看法。在游戏中，人生价值观是依据不同玩家的不同选择而控制的，属于一种交互式选择。即使在同一个世界观下，不同的玩家也会有不同的人生价值观，这就需要玩家以自己的意志控制。

4.8 游戏故事背景

世界架构、规则和相关元素确定之后，就要开始考虑游戏、主角的故事背景设计。在一个大的游戏架构中，故事背景往往是游戏的开始，由此引出游戏的结构与发展。一般情况下，故事背景的设计观察面比世界架构小，只注重描述游戏主角及其周围的关系。

背景故事是对世界状态的一个交代，而任何一个事件都由空间、时间和意识三个维度构成。即使同一时间和空间发生的事，也因为主观意识的不同而具有不同的性质。上帝创世、大灾变、修玛屠龙、秦始皇统一六国等故事元素构成了运动的世界。元素在发展，在运动，随着时间的进程，元素的组成总有不同的状态。往往背景故事越久远，就越会使这个世界更有历史感，但并不是所有的世界都需要厚重的历史感。

4.8.1 故事背景的设计

故事背景设计也需要方法和技巧，讲述故事的方式主要有弗兰泰格金字塔、三幕剧结构、黑格尔"冲突律"三种。

弗兰泰格金字塔分为五个部分。

- 介绍：介绍背景资料。
- 上升：将事件引向高潮的各种情节，矛盾与阻碍逐渐显现。
- 高潮：戏剧张力最强处，此后情节将逐渐转弱。
- 下降：高潮过后，矛盾形式开始明朗，引向大灾难或者大成功。
- 结局：谜底揭晓，剧情完成。

三幕剧结构顾名思义分为三点。

- 第一幕：建置。
- 第二幕：对抗。
- 第三幕：结局。

黑格尔"冲突律"（戏剧动作的本质是引起冲突，而真正的动作整一性只能以完整的运动过程为基础，即冲突的产生、展开和解决）中的"冲突"是对本来和谐的情况的一种破坏，这种破坏不能始终是破坏，而是要被否定的。"冲突律"同样分为三点。

- 和谐。
- 打破和谐。
- 重新建立和谐。

其中，最著名的就是传统的三幕剧结构，从第一幕的建设（引入人物、介绍背景、预示危机）到第二幕的对抗（遭遇危机、产生冲突、主角抗争），最后到第三幕的结局（解除在背景中的危机，释放快乐因子，出现明显结局）。

没有完全一致的游戏，即使题材相同或都参与D&D设置，故事背景也会有差异。不过内容上的差异不足以影响游戏故事背景在设计上具有类似的过程和模式，几乎所有的游戏都可以按照三幕剧结构的模式进行创作。三幕剧结构是一个完整的过程，它的三个结构缺一不可，游戏故事背景就是其中的第一幕和第二幕的前半段。

第一幕是一个介绍，它是起点，而对于起点来说，低调是最好的开始。几乎所有的游戏、小说、电影等都有一个平凡的开始，例如平静的生活、慈祥的父母、宁静的村落、按部就班的工作等。用平凡美好的生活让玩家产生共鸣，这样玩家才会因为平静被破坏而感到愤怒，才会有动力继续剧情。所以第一幕中应该平静地引出游戏主角和周围的环境，潜移默化地让玩家接受。

第二幕是一个过渡，一个由平静到动荡的过渡，同样是展开剧情。在这一幕的开始，主角原本平静的生活会开始变化，而这个变化的方式比较剧烈，直接由平静的开端引到故事的冲突中心。例如主角生活平静，却突然引来杀身之祸，慈爱的父母被杀，宁静的村子被屠；例如快乐成长中却突见师门被灭等一系列惨案，主角被迫离开平静的生活，走上征途等。

背景是一个让游戏情节合理发展的铺垫，目的就是引起玩家的好奇，让玩家有兴趣继续深入并且不会对游戏一无所知。游戏故事背景的第一个作用就是引起开发人员继续阅读的兴趣，并能够在已经了解的内容基础上理解后面的各种设计；第二个作用也是最重要的作用就是能够引起玩家的兴趣。所以一般游戏完成时，游戏的故事背景会被做成片头动画以吸引玩家的眼球。

4.8.2　故事背景与情节的关系

　　游戏情节就是"三幕剧结构"中的第二幕的后半部和第三幕。第二幕是发展冲突,传统上被称作"情节变复杂"的地方。换句话说,第二幕是让反面角色从坏变得更坏。在故事里,这是最重要的时刻,也是故事中危机最严重的时刻(转折点),它定义了故事,简洁地描述不归点便是讲述了故事,剩下的都是装饰。在这一点上,故事中所有的线索都必须汇集到一起。当然,所有虚构的情节在某种程度上都依赖于巧合和不可思议,使关于人性的启示性看法得以呈现在高度的戏剧效果中。

　　第三幕解决冲突,到了冲突解决的时刻,故事就结束了。也可以给故事加上一个尾声,帮助玩家从游戏的情境中轻松地解脱出来,或者使玩家确信故事没有突然地结束,但这不是绝对必要的。

　　故事背景可以看作是线性部分,指的是玩家不能改变的故事;而游戏情节可以看作是非线性部分,它被反结成人物和关卡,玩家可以通过完成任务而改变情节。

　　线性故事和非线性故事的对比如下。

- 线性故事比非线性故事要求的内容少。
- 线性故事的讲述引擎更简单。
- 线性故事更不容易出现 Bug 和矛盾。
- 线性故事不允许玩家拥有戏剧性自由。
- 线性故事能驾驭巨大的情感力量。

　　从故事背景的动画开始展开的一系列游戏关卡和任务使玩家一步步地走向游戏世界。而在游戏中,往往故事背景和情节是呈反比的,一个越长,另一个就越短。大多数优秀的 RPG 游戏都保持了背景故事与情节的平衡,游戏设计者必须决定这个平衡的位置。

　　如果能在保持互动情节的前提下提供合适的故事背景,那么就会吸引更多的玩家群体。仅有动作没有情节的游戏适合偶尔一玩的玩家,这类玩家只需要游戏的刺激感。例如《三角洲部队》(图 4-52)提供了难度逐渐加深的关卡,这些关卡的内容并不相关,玩家的任务一般是杀死所有的敌人,摧毁目标,搜集情报。经常玩游戏的玩家则适合有故事情节的游戏,更需要完整的故事。例如《孤岛惊魂》(图 4-53)中的每一个关卡都是大故事情节中的一幕,它使用描述性的材料解释玩家为什么会来到这个小岛等。这种提示语对于不关心描述性材料的玩家可以忽略,对于需要这些的玩家也可以得到想要的材料。

图 4-52　《三角洲部队》

图 4-53　《孤岛惊魂》

从玩家的心理角度来说,故事背景应该是简短的,而游戏情节应该多一些,这样玩家才能得到放松和疯狂的机会。如果反过来,玩家就会因为没有得到和金钱相应的体验而觉得上当受骗。

优秀游戏的目标是让玩家觉得他就是游戏中的角色,所以要控制好背景描述在游戏中占的比例。运用技巧提供足够的描述营造一个游戏世界并激励玩家,但不能过多地限制玩家的自由,让玩家以自己的方式完成游戏中的挑战,否则这个游戏就毫无意义可言。

4.9　本章小结

每一款游戏都拥有自己的世界,这个世界的规则便是玩家在游戏中遵循的规则;这个世界的背景便是游戏的背景;这个世界发生的一切便是玩家会了解和经历的故事;这个世界的形态便是游戏的画风。所以,世界观不仅是单纯的剧情文案,还包括游戏世界的架构、地图、势力划分、重点角色及游戏道具设计等整体的协调统一,这样才能形成一个"真实"的世界。本章重点介绍了游戏世界观的概念、作用以及构建世界观的规则和方法。

4.10　思考与练习

(1) 简要描述游戏世界观的构成。

(2) 游戏世界观的层次是如何划分的?

(3) 游戏世界观的设计需要注意哪些问题? 该如何做?

(4) 如何把握故事背景和游戏情节的关系?

(5) 以西方文化为背景,设计两款网络游戏中的武器。

(6) 以东方仙侠为背景,设计两个 Boss 级的怪物。

(7) 写一段架空世界的创世历史,风格不限(200 字左右)。

(8) 写一组五国关系的描述,表现五国之间相互虎视眈眈,却又互有顾忌的微妙关系(200 字以内)。

(9) 从玩家的角度简要描述游戏世界的规则。

第5章 游戏元素设计

学习目标

1. 素质目标：培养跨学科知识运用能力、设计思维能力、团队协作能力和良好的人文艺术素养，强化对中华传统文化内涵的理解和科学运用。

2. 能力目标：能够运用多学科知识设计和绘制与游戏场景匹配的世界地图及区域地图；能够使用平面设计、三维建模等工具软件设计与制作游戏界面效果图与游戏素材原型；能够结合测试分析解决游戏交互设计存在的问题。

3. 知识目标：掌握游戏元素的常用名词、设计要素和设计原则；掌握游戏道具的分类、产出、获取及设计方法；掌握游戏音效的强化与使用方法；掌握游戏角色和界面的设计规则；掌握游戏原型设计的特点与分类；掌握游戏交互设计的内容、原则和方法。

本章导读

游戏通过各类元素与玩家进行交互，其中，游戏场景是玩家游戏的平台。本章主要讲解游戏场景、道具、角色、音效、界面、原型等游戏元素的设计原则与设计方法。在这个部分的设计中，场景策划人员一定要和美工人员多交流，使游戏元素与游戏背景完美融合，给玩家营造一个精彩的虚拟世界。

5.1 游戏元素的含义

游戏中的角色、道具、实体对象都具有与玩家进行交互的属性，可以根据玩家的操作改变某部分属性。这种在游戏场景内可以与玩家进行某种方式交互的虚拟物体叫作游戏元素。

游戏角色的交互性是最明显的，根据玩家的操作不断进行等级的提升，这就是一个典型的交互属性。游戏中道具的交互属性也比较明显，玩家随着道具的使用可以进行多种状态的变化，例如恢复体力、攻击敌人等。还有一种具有交互属性的对象就是某些场景中的实体对象，例如一扇可以根据玩家的选择开关的门。因为游戏元素是游戏中与玩家交互的主要部分，所以游戏中的游戏元素的设计都相当丰富。

在游戏元素的设计和开发过程中需要不断和美工人员、程序人员沟通，在前期规划开发进度时，要充分考虑美工、程序环节的开发进度，从而使整个开发流程有序而协调地进行。游戏元素直接影响游戏的可玩性，如果玩家进入一款游戏元素特别少的游戏，那么玩家对这款游戏就不会保持长久的热情。

游戏元素是玩家在玩游戏的过程中接触最紧密、最直观的部分,也是一般游戏爱好者最熟悉的部分。所以,游戏策划者在进行设计时,这部分是写得最详细的。另外,这部分的设计和策划要求设计者有丰富的想象力,因此也是游戏设计者和策划者最容易发挥的部分。

5.1.1　游戏元素的编写

编写元素前,先要阐述对游戏的理解,这有助于策划者理清思路,有利于设计文档的阅读和了解设计者的想法。游戏元素的编写既要能给美工设计小组提供足够的信息,也要能满足程序开发小组的要求。美工组需要确定所有游戏元素的艺术构想,而程序开发小组则希望把游戏元素和游戏机制以及 AI 部分有机地结合起来。因为在得到一个可运行的游戏平台以检测 AI 行为或武器平衡以前是无法预测有关物品和敌人等细节的。所以在列举和描述游戏元素时,要尽量避免分配具体的数值。

5.1.2　游戏元素的设计要素

游戏中的角色、道具和实体对象的构成要素一般包括形象特征和属性特征两个部分。

1. 形象特征

"形象"是指游戏元素的视觉特征,通俗地说就是游戏元素的具体形状。当然,不同游戏元素的形象特征并不相同。角色的形象特征都是一种生物形象,基本上可以分为具体形象和抽象形象。

所谓具体形象,就是以现实生活中的真实生命体作为原型而设计出来的形象,例如写实类游戏《大唐豪侠》中的人物主角(图 5-1)和马匹设计(图 5-2)。

图 5-1　《大唐豪侠》中的人物主角　　　　　图 5-2　《大唐豪侠》中的马匹

所谓抽象形象,就是在现实生活中根本不存在的形象,例如魔幻、奇幻类的游戏中很奇异的、现实世界中根本就没有的生物,像《魔兽世界》《龙之歌》中的坐骑(图 5-3、图 5-4)。

图 5-3 《魔兽世界》中的坐骑

图 5-4 《龙之歌》中的坐骑

道具的形象特征基本上与现实生活中的真实物体的形象相近，或者与真实物体的抽象意义类似。例如，用于补血、补充体力等实用类型的道具一般有两种形象特征：一是在现实生活中可以食用的东西；二是装载食物用品的容器。例如《梦回三国》中的道具背包，如图 5-5 所示。

图 5-5 《梦回三国》中的道具背包

在游戏场景中，实体对象的种类比较多，例如建筑、树木等都属于实体对象的范畴。在实体对象中，有的是可以与玩家进行交互的，例如一个被炸毁后可以重新修复的桥；有的是不能和玩家进行交互的，例如无法变换的树木、房屋等。实体对象的形象特征一般与真实环境中的实体形象基本相同，功能也基本相同。

2. 属性特征

在游戏制作中，实体对象通常会结合场景设计。在现实生活中，每个物体或每类物体基本上都有其特有的性质，即属性特征。属性特征是游戏元素的构成要素之一，角色属性是游戏中角色的能力、特征的数字化体现，是游戏元素不可缺少的性质。

游戏中的角色属性一般包括攻击力、防守力、体力等。道具也有其属性特征，例如一件装备类道具，角色使用后的攻击力增加而行动速度减弱，这就是道具属性的体现。属性特征可以细分为属性名称和取值范围两个部分，例如姓名、性别、年龄等是人的属性名称。在魔幻类的游戏中，人物的属性名称有"力量""敏捷""智力""法力""生命值""魔法值"等。游戏元素仅有属性名称是不够的，没有取值范围就无法区分每个玩家。同样，在一个游戏中，如果玩家不管如何练级，其等级都不变化或全部一样，这个属性特征就完全没有设置的意义。

游戏属性的取值范围根据来源的不同可以分为基础数据、计算数据、随机数据三类。

基础数据是在游戏开始时有一个明确的初始值;通过其他属性的计算最终获得的数据叫作计算数据;随机数据是在游戏进程中根据具体的要求临时产生并应用的,没有固定的数据,这类数据的使用主要是增加游戏的不确定因素,加大游戏的难度。

5.1.3　游戏元素属性的设计原则

在设计游戏元素属性的过程中,设计者一般要遵循以下几个原则。

1. 突出主题

根据游戏元素的属性层面设计角色的时候,首先要赋予角色某些属性,这些属性要根据游戏主题的不同而进行不同的设置。现实生活中某类物体具备的属性基本相同,不同的只是其属性的状态。但游戏中的属性是不一样的。例如,武侠主题游戏的角色属性一般都有生命值、攻击力、防守力等,而模拟养成主题游戏的角色属性一般有魅力值、友好度等。

2. 作用明确

每个元素属性的设计一定要有其明确的目的。例如,这个属性在游戏进行的过程中起到什么作用? 它的变化对其他元素属性有什么影响? 它的存在是不是必需的? 能不能用其他的方法代替? 在进行元素属性设计时需要特别注意这些问题。有许多游戏设计爱好者把游戏元素,尤其是游戏角色属性设计得相当烦琐和复杂,但这不是一种好方法。游戏元素属性的复杂程度取决于游戏后台运算规则的复杂程度,单纯地增加元素属性只会降低运算速度,并无其他好处。

3. 相互关联

任何元素属性之间都是互相关联、互相促进、互相制约的。例如,角色的"升级"是根据经验值计算的,角色的等级和经验值之间就是一个互相促进的关系。角色都有攻击力,同时也有防御力,在游戏进行中,攻击的效果就是根据攻击者的攻击能力和被攻击者的防守能力共同决定的,攻击力和防御力就是典型的互相制约关系。

5.2　游戏场景设计

游戏场景设计是指游戏中除了角色造型以外的一切物品的造型设计。基本上,游戏中不会动的物体都属于场景设计的范畴,例如环境、桥梁、道路、道具、建筑、花草树木等。场景设计既要有高度的创造性,又要有很强的艺术性,能够体现故事发生的地域特征、历史时代风貌、民族文化特点、角色生存氛围等。另外,根据故事脚本的要求,场景设计要从剧情和角色特点出发,利用色彩、光影、结构以及镜头角度等多种造型元素的综合应用,营造出某种特定的气氛效果并传达多种复杂情绪,例如恐怖紧张、痛苦悲伤、烦躁郁闷、孤独寂寞、浪漫温馨、热情奔放等。

游戏场景设计中常用的名词如下。

世界:游戏中所有地图的总和。

片区:在游戏场景制作过程中,由一张或多张地图构成的划分性区域,代表一个阶段

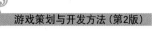

的空间（分场景）或一种风格环境下的生物环境与自然环境的危险空间。

地图：玩家进行冒险或与怪物战斗等活动的单个空间场景图。

关卡：游戏地图中使玩家产生行为障碍的事物（一个挑战阶段）。

迷宫：以地形障碍为主，由多种关卡因素构成的地图。

战场：专门提供与敌人战斗所用的地图，一般为练级、竞技地图。

综合地图：由场景、迷宫、战场中两类以上要素合成的地图。

场景地图：被赋予某种特定作用的一整块指定地图，也就是单张地图。

场景：被赋予某种特定作用的、处于地图中的一整块指定地点。

地图层：交互层中，精灵（角色等）所处的进行主要活动的层面。

实体对象：交互层中仅用于点缀装饰地图场景，使画面更为丰富多彩的静态图像。

遮罩：在地图交互层中，处于精灵（角色、NPC等）与前景层之间，用来掩盖精灵的遮盖。当精灵处于遮罩后方时，通常会出现被遮挡或半透明效果。

前景层：游戏画面中地图层前方的覆盖修饰层。

背景层：游戏画面中地图层后方的远景修饰层，可以由多层背景构成。

双重背景（卷轴）：地图背景层通常安排为一层或多层移动速度不同的背景，使地图场景有更强的层次感与动感，这样的背景层称为双重背景，也称卷轴。

图素：用来拼凑地图的图像数据，是组成游戏地图的基本元素。

主图素：用来确立地图风格及特点，构成一张地图主体的最基本图素。

变化图素：通过对主图素的修改产生各种变化，使地图显得更为丰富的图素。

参照物：在场景中起到标识与对比作用的固定物件、图素、光影、动画等，以减少玩家在该类场景中的不适感与迷失感。

地图规格：游戏地图或场景的大小定义。2D技术与3D技术有很大的差异，2D平面技术通常以"屏"（游戏整体画面长像素量×宽像素量）进行地图或场景的定义。3D立体技术则以"米"为单位（设计时定义的8的倍数的像素）进行立体地图场景的定义。具体的屏的大小定义需要按照公司内容统一确定，确定之后，在为地图制定大小的时候只需要标明屏数。屏数计算一般为长度方向的总屏数×宽度方向的总屏数。

场景动画、场景光效：仅用于点缀装饰地图场景，以使画面更为丰富多彩的动态图像或光影。

主题渲染：地图场景上的气氛渲染，一般为一片地图常用的光效、动画或色调。

5.2.1　设计准备工作

1. 了解需求

在设计一个场景之初，首先要了解游戏的性质，然后根据策划人员提供的故事背景、角色和相关的设计要求等进行规划。需要熟悉《创意说明书》和《游戏大纲》等相关的文档，有时还要与主策划进行沟通，以便了解确切意图。

2. 了解故事背景

了解游戏世界中的历史、时代、物种、宗教、文化、地理等因素。需要通过与主策划交流或阅读项目策划文案，在了解世界背景的情况下形成一个世界观念，清楚构筑这个世

界的需求和限制。

3. 确定画面类型

在开始考虑世界地图是什么模样之前,地图设计者首先要了解这个游戏的画面是什么类型的,游戏地图用什么方式实现。及时与项目负责人进行交流,明确这个游戏画面是2D的还是3D的、是写实的还是Q版的、人物在屏幕上会有多大等问题。

4. 确定风格

风格在很多情况下由策划人员决定,由美术设计师完成。而场景设计师在设计场景风格时必须先参考两者的要求,在场景上予以配合。一个优秀的场景设计师对于场景氛围、建筑风格、场景结构的理解力是高超的。例如,美术的唯美风格、写实风格、卡通风格等在场景上的支持各有不同,这都需要场景设计师对场景风格的把握和经验积累,当然也不能忽略各个游戏的背景需求。

5. 场景的大小

场景设计的大小通常会受程序方面和引擎性能的影响。由于是制作前期,不可能将所有的地图大小都定义好,需要先与程序人员交流,知道程序方面的限制,之后再找项目负责人商议,告知现在能做什么规格的地图,最终与项目负责人定下地图的基本规格。在此基础上决定场景的大小规格后,具体每个场景的大小则根据情节需要依次决定,而在给地图制定详细规格时,要认真考虑地图的容纳量与角色移动速度等相关联的问题。

6. 地理特征

地理特征需要确定的是游戏世界需要哪些基本的地理表现,以后将以此为依据制定地图风格及地图主图素,而且要按照故事背景确定在地理上有什么文化、历史、生物等特征。

7. 片区划分

首先要满足游戏本身的需要,例如根据游戏的升级系统,整个游戏过程中升级分为哪几个阶段,需要划分多少个练级区域。其次,根据游戏系统或规则中的需要进行添加,例如《魔兽世界》中的副本区域等,依据这些确定片区数量。

8. 特殊需求

特殊需求指的是项目负责人或项目策划提出的有关地图元素的特别要求。在接到特殊需求后,设计者需要先清楚该需求能否实现、如何实现、实现的困难与代价等问题。

5.2.2 世界地图设计

经过沟通协调并详细了解地图的设计需求之后,接下来的工作就是具体设计。地图的设计和游戏整体制作的思路一样,都是"由整体到局部"。因此,首先制作的就是世界地图。

1. 世界地图主题制定

首先要为将要设计的世界地图制定一个主题。在时间允许的情况下,不论是整个世界还是一个小场景,最好都能为其设定一个主题。而在为游戏各部分制定主题时,通常都应该与游戏的大主题相呼应。这样会使游戏更为紧凑,更能激发玩家的联想,游戏内容更丰富。

在制定主题时,首先要了解世界背景与游戏内容,然后统计查询或思考出与世界背景、游戏内容对应或有关联的事物，最后选出最适合的事物，为对应的"世界内容"（世界、片区、地图、场景、建筑、物件、动画、光效等）或"游戏内容"（系统、界面、道具等）制定一个概念规范。例如，背景中有半兽人的种族，设计关联的东西有巢穴、兽骨、属性等，那么在地图制作过程中，就可以考虑以巢穴为主题设计一座城市或建筑。当然，这也要考虑时间与资源问题，例如《神魔之道》（图 5-6）、《苍穹之怒》（图 5-7）中的世界地图主题。

图 5-6　《神魔之道》　　　　　　　　　　　图 5-7　《苍穹之怒》

2. 世界观及地图风格确定

有了世界地图主题和世界观或世界背景之后，就要确定世界地图的画面风格。分析从项目负责人处得到的游戏的画面风格信息，紧扣世界主题、世界观或世界背景，大量阅览其他游戏、影片、图画等，从中找出最接近想象的画面。以此为参考进行改进，制定出地图的大风格。

3. 世界地图片区分布规划

在完成上述工作之后，就要对世界进行详细、系统的划分。再次与项目负责人或项目策划交流，仔细阅读游戏策划案，确认游戏需要的世界地图架构。在一切确定之后，开始进行世界片区与地图的划分。在决定了世界要划分为多少个片区后，就要将游戏中的地理合理地安排到各片区中，然后做一份连接整个世界的交通图，考虑好每个片区的每张地图如何串联在一起（例如图 5-8 所示的《梦幻西游》片区场景的连接示意图），最后由项目策划人员进行最终审核。

4. 世界地图规格预定

在为地图预定规格时，要认真考虑地图容纳的玩家与怪物数量、角色移动速度、场景、建筑、物件大小与数量布局等相互关联的问题。另外，服务器能容纳多少位玩家，在游戏中这张地图将提供给多少位玩家使用，每位玩家有多少空间，玩家在地图上移动多久时会碰上其他玩家，玩家走多久能打到怪物，怎样分配才是合理的，玩家最快需要多少时间才能通过这张地图，这些都需要场景策划人员计算与思考。

5. 参考资料的收集和整理

不论是史实题材还是魔幻、科幻等题材的游戏场景设计，详尽的参考资料都是十分必要的。制作人员需要海量地收集整理图形与文字资料，以便随时可以用较为直观的方式体现设计内容和要求。详细的描述或清楚的参考图能对设计意图进行很好的说明，而且还能起到提高设计效率的作用。

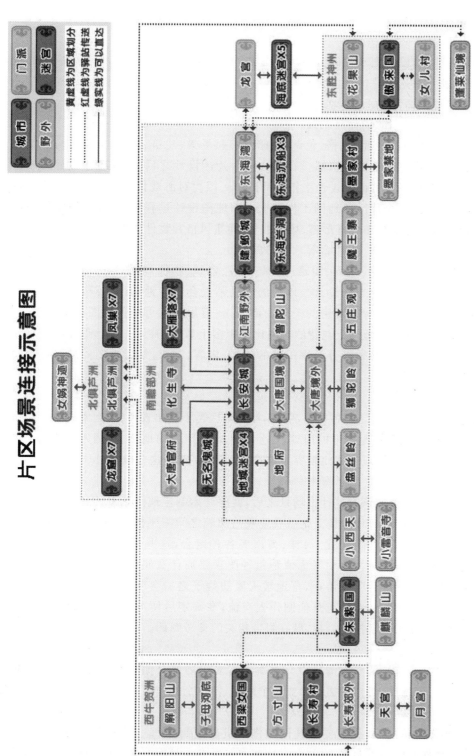

图 5-8 《梦幻西游》片区场景连接示意图

5.2.3 片区地图设计

在前期工作中,已经把游戏的世界地图分布为许多片区,并划分了所有片区中的地图。这时候,就该对这些片区地图进行详细设计了。要以一个片区为整体,以片区中的地图为基础进行详细设计。

1. 片区及场景地图的设计与把握

对这些地图的地图主题、风格、色调、明暗、地理、场景、建筑、物件、渲染进行详细的勾画与描述,并提供完整的参考资料。在完成一个片区设计之后,不要急于设计另一个片区,应尽量与其他场景方面的设计工作保持同步。因为对游戏世界的所有地图都进行设计,永远都比设计一个片区的地图工作量大。而地图设计过程中,要根据地图的规格和片区的风格等考虑地图中地理形态、场景数量、建筑风格和物件类型。

2. 场景、迷宫、战场、关卡、综合等地图布局设计

在对地图的主题、风格、色调、明暗、地理、场景、建筑、物件、渲染等进行设计的过程中,同时要进行这张地图的布局设计。地图的布局不仅会影响地图的美观,还与怪物分布、游戏时间、游戏系统等有着紧密的关联。例如,一道崖壁就可能使地图一分为二,一座迷宫可以让玩家在这张地图上花费的时间比原来多上数倍,补给点的远近能改变玩家的资源携带量等。因此,必须充分了解游戏的功能、内容、需求,结合地图的风格对地图进行合理布局。

3. NPC 的分布

NPC 的分布要考虑地区的特异性,例如,沙漠地区是不会出现鱼的,大海里是不会出现兔子的。NPC 的放置也是同样的道理,尽量放在有参照物的地图上,例如一棵巨大的树旁、一个亭子里等,这样玩家能比较容易地找到 NPC 并记住这个位置。

4. 地图图素、地图属性、图素属性编辑设计

在明确每张地图上应该有些什么场景之后,就要开始制定地图图素的种类。要清楚这张地图上地貌的种类,每种地貌变化以及地貌与地貌之间需要接合的次数,例如草地、田园、土地、树林、道路、河流、山崖、海洋、海岸等各种组合,这些都需要进行总体规划。在规划出地图图素的种类后,还要考虑清楚每种图素要加什么属性。例如,走在沙子上会留下脚印,走到海岸边会听到涛声,草地被火魔法烧了之后会变为焦土等。将这些想要的效果或功能统计起来,然后与其他制作人交流,在确定后便可以进行编辑与整理汇总,并把想要的属性用文字描述清楚,最好附带相关的参考图例。

5. 工作量预估统计

地图制作之前,首先要考虑清楚设计文案中有多少需要其他开发人员实现,然后把所需的图素、场景、物件、特效按类别形成一个列表,使整个制作内容一目了然。

6. 工作周期统筹

当有了制作清单之后,就需要和其他制作人员确定制作每一部分需要的时间。例如,绘制一个物件的原画需要多少时间? 3D 制作需要多少时间? 之后的 2D 渲染又需要多少时间? 确定了制作时间之后,将这个时间进行分配和安排,确定这个时间是不是项目能接受的工作周期。如果超出了项目周期预算,就要进行适当的调整或删减。

7. 各部门工作计划制定

确定了开发内容和制作时间之后,为了能得到一个有序、有条理的制作过程,一般要求制作一份详细的时间分配计划表,把原画、2D、3D、地图编辑、程序合成的工作进行有效合理的安排。

8. 地图设计审核

再次审阅设计文档、规划表格,进行错误检查。确认无误之后,送交项目负责人、项目策划人和其他制作人员查漏补缺。

9. 进度监控

在制作的过程中,应该经常性地和各个开发人员进行交流,随时进行相应的解释和修正。经常对照工作计划表,保证制作的进度与计划相吻合。

10. 效果审核

每个部分完成之后,都要认真审核,看是否就是游戏设计需要的。如果不是,就需要和制作人员沟通修改。

5.3 道具的设计方法

判断一个物品是不是道具,有两个重要的标准:一个是能不能与玩家交互,另一个就是这个物品的使用对角色的属性是否有影响。所谓与玩家交互,是指玩家可以根据角色的行为进行某类行为。道具在角色没有使用的时候是不会自己变化的。另外,任何一个道具的使用必然对角色(主角和 NPC 角色)的某些属性状态起作用。例如,一个补充体力的"还魂丹"可以对角色体力的当前值起到作用,一个攻击对手的"霹雳弹"可以对敌人的属性状态起作用,一把可以装备的宝剑可以提升角色的攻击力等。

5.3.1 道具的分类

在游戏中,道具根据其使用的方式不同大致上可以分为三种:使用类、装备类和情节类。

1. 使用类道具

使用类道具的特点是使用后会自动消失,一般分为食用型和投掷型两种。食用型是指在游戏过程中可以食用、以增加某种指数的物品,例如草药、金创药等药品或各类食品。投掷型道具是指战场上使用的可投掷的物品,例如飞镖、金针、菩提子等,打到敌人后可以使敌人受到损失。如果是食用型道具,在设计时就要清楚食用一次可以增加多少数值。有的规定一直不变,有的则可以在一定范围内随机增加。也有一些食物可以食用不止一次,要设定可食用的次数。

2. 装备类道具

装备类道具是指可以装备在身上的物品。如果设计的角色分属不同的体系(种族或职业),那么各体系的装备类道具也应不同。例如,2D 游戏的服装道具制作中的每种要制作不同动作类型的多方向图片,数量为服装类型×动作种类数×动作帧数×8,还要再加上不同的装备类道具的图片，因此美术制作的工作量是非常庞大的。例如《天之痕Online》《明朝传奇》中的主角服装如图5-9和图5-10所示。

图5-9 《天之痕 Online》的主角服装　　　　　图5-10 《明朝传奇》的主角服装

设计武器、盔甲等道具要详细说明道具的等级、大小（有负重值的游戏要考虑道具的轻重，有道具栏的游戏要考虑道具的大小）、数值（攻防、敏捷等数据）、特效（对某魔法可防，对某系敌人效果加倍）、价格（买进时的价格和卖出时的价格），其他的还有材质（木、铜、铁等）、耐久值、弹药数、准确率等。例如，图5-11为《独立防线》中的枪支道具对话框。

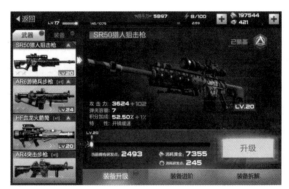

图5-11 《独立防线》的枪支道具对话框

3. 情节类道具

这类道具是为了判断玩家的游戏进程是否达到了设计者要求的程度。例如钥匙、腰牌、徽章等在游戏中都是重要的判断因素，是玩家进行下一步的流程关键。

5.3.2 道具设计内容

在对游戏道具进行分类之后，通常会以表格或结构图的形式在道具设计的开始部分加以说明。在确定整体的分类、等级之后，再以详细的表格形式分别设计各个道具。在编写游戏元素的道具部分时，至少需要明确以下内容。

- 道具 ID。道具的编号。
- 道具名称。道具在游戏中的标识。
- 道具背景。道具的来历说明，特别是较高等级的道具物品和情节相关的任务物品。

- 形象设计。说明道具的整体形象,也可使用参考图片,最好使用实物图片。如果是其他游戏或者资料中的图片,则一定要说明图片的来源,以免误导美工人员。
- 获得方式。指玩家通过什么手段获得道具。如果需要购买,则需要说明其出售和买入价格。
- 物品等级。指这个物品在游戏体系中所处的级别,通常和起到的作用相关。
- 使用效果。道具在使用后产生的效果。通常会在详细的表格设计中分类说明其作用,例如提升攻击力、附加属性等。
- 装备条件。指哪些玩家可以获得这个道具,或者是在获得道具之后是否对其进行装备。
- 物品保护。指物品是否可拾取、交易、丢弃等相关的规则。

5.3.3 场景设计文档

场景是游戏的载体,在游戏的设计和策划过程中占有非常重要的地位。场景设计文档的内容主要包括以下三方面。

(1) 文字说明。各个场景设计中,首先需要以文字的形式说明场景的细节内容。

(2) 结构图。场景设计中用到的结构图有鸟瞰图、剖面图、等高线图等,其中鸟瞰图的绘制通常是必需的。

(3) 参考图片。为了形象地表示场景风格,通常需要附带场景参考图片,参考图片一般以现实世界的场景为主(图 5-12)。

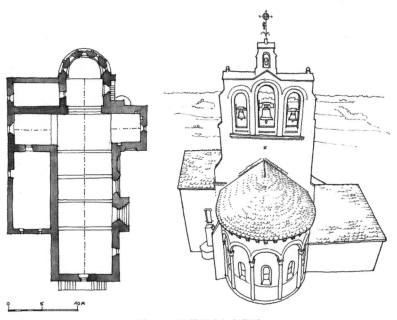

图 5-12 场景设计参考草图

场景设计文档的具体内容如下。

- 场景编号。按照公司内部讨论确定,无固定的格式,统一即可。

- 场景名称。确定场景的名称，通常由故事背景确定。

- 背景说明。说明场景的来历以及背景，属于整体故事背景的一部分，决定场景的整体视觉风格。例如，寒暑洞的背景说明如下："不周山分两半，一半寒冷无比，另一半酷热难耐。寒暑洞恰巧为分界线，左寒冷，右酷热。不周山形成之时，西王母派东西两黄兽镇守不周山，两黄兽将寒暑洞作为自己的巢穴，洞中原始居民将他们视为神灵，每年祭祀。寒暑洞中有温泉涌出，名为寒暑泉"。

- 建筑风格。场景内所有建筑样式、建筑材质要求等内容的文字说明，有时需要附加参考图样或建筑图鉴。

- 静物风格。主要包括场景内装饰物品的说明。

- 光影、色彩。场景的光线来源、光线颜色、整体环境光的色彩以及要求等说明，重点说明整体环境氛围的要求。

- NPC 的设置。功能 NPC、怪物的分布情况或行走规则、活动区域等设计。NPC 本身只要说明名称和 ID 即可，具体的形象设计、属性设计等详细设计内容一般划分到角色设计中。

- 其他特殊设计。如果该场景有玩法、谜题、情节等特殊设计时，需要单独重点说明。

- 平面简图。使用线框结构绘制场景的单面鸟瞰图，主要体现结构的布局、玩家活动区域、行走路线和 NPC 的分布情况等。具体制作工具无严格的限制，注重的是最终实现效果。

- 场景效果图。可以使用手绘效果图，不需要细节内容，体现整体的风格和布局即可。制作完成后再由策划人员整理修改，此部分需要美术设计师和策划人员的协调和配合。例如《三国演义》场景原画设计效果如图 5-13 所示，《烽火西游》人物原画如图 5-14 所示。

图 5-13 《三国演义》场景原画　　　　　　图 5-14 《烽火西游》人物原画

5.3.4 道具产出和设定

1. 游戏中掉落道具的随机性设计

设计师通常都会由道具在游戏中的经济价值来决定它的稀缺度。越强大的道具将越晚出现，或者带有更低的常数比例。需要让玩家能够在获得道具时产生成就感，或至少觉得自己足够幸运，目的是让玩家更加重视道具。如果玩家在高于平均尝试次数后获得掉落道具，并且设计师也准确设定了道具的价值，那么玩家便能够感受到这一价值，并

更紧密地依附于道具。

1）游戏中掉落道具的随机性递增

每当玩家不能在事件最后获得掉落道具时,那么该道具下次掉落的可能性便会大幅提升。这种可能性将在已设定好的掉落道具上进行叠加,即当道具掉落时,可能性将重置到其他关卡上。如果希望游戏中只有一种掉落道具,可以将其重置为 0;如果希望让玩家在游戏体验中花相同的时间获得另一种道具,则可以将其重置为初始概率;如果希望此时的道具更有价值,而在之后更容易找到,可以将其重置为较高的可能性。

一般情况下,不断提升的掉落道具比例将让任何特定玩家的游戏体验更加均衡。如果游戏能让玩家在经历任何一次尝试后随机获得奖励,那么玩家便会对游戏更有兴趣。如果玩家觉得自己付出的能够随时得到回报,而不是寄希望于未来的某一时刻,那么便会更加重视游戏体验。

2）游戏中掉落道具的随机性递减

与上面的随机性递增相反,一般掉落道具最初的可能性都比较高,并会随着玩家每次的失败而降低,玩家在道具消失前获取的机会是有限的,或者在玩家进行一系列尝试后事件将会消失。不管是哪种情况,都会让玩家在经过几次尝试后获得掉落道具的难度增加。比起传统方法而言,这更加人性化,并且玩家不能以时间交换游戏内部的价值。如果道具对于玩家来说具有很大的价值,那么玩家便会知道其中的风险,即最终结果将具有很大的紧迫性,设计师便能使用这种方法创造更大的情感标志。

一般而言,玩家面对的掉落道具的随机性越大,整体体验将越接近平均体验,并且越有可能需要面对最糟糕的短期情况。不能假设运气欠佳只会影响某些玩家,这几乎会打击所有玩家,所以要谨慎设计。游戏中的少量随机掉落道具意味着玩家体验将非常不平衡,并且具有很大的差别。玩家总是不愿意估算各种可能性,可能性越低就意味着估算能力越差。特别是在面对稀有掉落道具时,这种情况便更加明显。如果玩家知道掉落道具是稀有的,便会感受到很大的压力。玩家总是会将运气与技能结合在一起。为技能型玩家提高道具掉落比例,将使其能够继续尝试一些更有趣的内容;而让低技能的玩家能够获得各种道具却带有风险性。当然,游戏中也可以适当设置一些带有风险性的道具,以满足玩家的投机和冒险心理。

2. 游戏战利品设计

战利品设计是游戏中一个很重要的环节,也是游戏吸引玩家的关键元素。战利品主要有两种设计类型:固定战利品和随机战利品。固定战利品能够更加自由地发挥创造性,能够更加轻松地设定玩家获得装备的速度,并且平衡玩家遭遇敌人的时间。但是固定战利品也有两个弊端:一个是这些战利品中都有一定的头衔,如"游戏中最厉害的剑"或者"最棒的盔甲"等,这就意味着玩家不能够追求更厉害或更有帮助的道具,从而导致许多玩家退出游戏;另一个弊端是让玩家之间的战斗变为争夺最佳战利品的竞赛,无论多么巧妙地避开对方的攻击,都会被拥有更高级武器的玩家轻易打败,而不得不暂时退出,直到后来获取更厉害的武器。

很多游戏设置了随机战利品以取代固定战利品,设计师为这些战利品的生成设定了相关模式,让每个道具都拥有特定的属性或奖励,并伴随着一定的前缀/后缀,如"燃烧的"或"尖锐的"。这些用于定义奖励类型的形容词始终附着在游戏道具上,如此便可能出现更多不同种类的武器。同时，这些道具还会按照稀有程度进行划分，玩家便可以根据这些形容词更快速地判断哪些道具更强大，并且能够带来更多奖励。所以，随机战利品的最大优势是复用性。

将战利品作为一种激励机制的最大挑战在于，不可以让玩家频繁地更替道具，但同时又不可以让玩家一直使用同一个装备。

3. 游戏道具设计之药剂和卷轴

药剂在游戏中用于恢复能力、增加力量、获得级别、侦查、治疗等，除了武器，治疗药剂是所有角色扮演类游戏中最常见的道具。在这些游戏中，最有趣的选择便是能够帮助玩家获得最大生命值的治疗药剂。如果玩家在完全健康时饮用这一药剂，便能够获得最大生命值的提高，也就是玩家可以在一开始便有效利用这些药剂，因为在大多数游戏中，玩家获得最大生命值的主要方法都是靠获得经验级别，但这却是一个非常复杂的目标，并且最佳行动也取决于玩家所处的情境。这种药剂的另外一种使用方法便是立即减轻某种状态效果，如困惑或中毒。而更强大的药剂类型则能治愈更多类型的疾病，特别是当玩家面对某些罕见且非常危险的情境时。

卷轴在许多游戏中是最常用的道具，药剂可以通过提升玩家的物理攻击奖励提高应对危险的能力，而卷轴则是通过提高武器的攻击奖励并降低敌人的击中率，或者让玩家使用某一特殊设备度过危险。这些道具都能无限期地改善玩家的状态，一般没有有效期限，却会因为敌人的进攻、不合理的使用或陷阱等失去功效。尽管在单一的遭遇中，单一的奖励点并不具备多大的功效，但是随着时间的推移，这种效益将越发明显。如果玩家足够幸运，也就是能够轻松地找到这些道具，游戏便会变得更加简单。所以大多数游戏都会通过限制力量的强度或道具的功效阻止这种情况的发生，但这却不是一种有效的方法，如果只是因为不希望玩家变得过于强大而如此设定，那么所有道具便会很快失去功效。

5.3.5 道具平衡性

游戏中经常使用各种宝物、药物等道具增添可玩性，但任何物品都是因稀少而珍贵。因此，越是效果好的宝物就应该越少或者出现概率越低。此外，由于不同的职业或者技能与不同类型的宝物相关，因此宝物出现的概率也涉及职业平衡和技能平衡。例如《羞辱》（图 5-15）中的一种闪光能够让玩家非常有效地完成每一个任务，从而导致其他工具变得无用。《风来之西林》（图 5-16）中有一种道具能够马上治愈玩家的各种病状。尽管这些道具并不罕见，并且玩家也可以花钱购买，但是玩家必须找出时间谨慎地使用这种道具。只有具有这种约束才能保持游戏的平衡。

此外，当道具是资源或依赖于资源时，玩家将很难平衡数量，特别是考虑到玩家技能的不同以及随机探索的能力时。例如，一位资深的《神偷》（图 5-17）玩家将能够用多得用不完的箭完成一个任务，但新手却只能勉强维持下来。不同的难度级别能够缓解这种情况，但每个设置中仍然存在着设计问题。

图 5-15 《羞辱》

图 5-16 《风来之西林》

图 5-17 《神偷》

5.3.6 道具相关规则

道具相关的规则是游戏规则的另一个主要方面,决定了除道具属性之外的道具使用规则。这些规则包括道具的分类、道具的使用、玩家与道具的关系、道具之间的关系。《暗黑破坏神Ⅱ》是美国暴雪娱乐研发的一款动作类角色扮演游戏,于 2000 年上市,现在仍然拥有大量玩家,可以说有很大一部分功劳要归功于它近乎完美的道具物品系统与规则设计。

1. 对道具的等级分类

对各种道具,特别是装备的性能进行分级,并且体现在道具的名字上。例如"粗糙的战斧""战斧""超强的战斧"等。同时用不同颜色显示道具名称,对于玩家的游戏体验提供了很大的方便。

2. 极具特色的镶嵌和符文系统

可以在装备上镶嵌宝石和符文以提升装备的性能,也可以使用符文组合生成新特效装备。这些设计大幅加深了游戏的深度,使玩家对游戏内容的挖掘可以不断进行下去,增加游戏的生存期。

5.3.7 道具获取方式

道具设计完成以后,需要设计玩家将通过怎样的手段得到这些道具,在游戏中得到

道具的手段一般有以下几种。

（1）情节获得。当玩家经历某个情节后获得，多是情节类道具。

（2）金钱购买。玩家到武器铺、道具铺购买，多为装备类和使用类道具。

（3）战斗获得。战斗结束后获得的战利品，一般分随机和固定两种：随机道具一般是装备类和使用类道具，固定道具多为情节类道具。

（4）解开谜题。在解谜探险类游戏中比较常见，作为游戏活动的奖励，通常都是情节类道具。

（5）打造合成。经常出现在角色扮演类游戏中，例如用矿石或其他材料冶炼喜欢的道具。

5.4　游戏角色设计

角色是影响玩家融入感的重要因素之一，角色设计的好坏可以在某种程度上反映这款游戏设计的水平。根据角色是否可以被玩家操控，可以把角色分为玩家控制角色和非玩家控制角色。玩家控制角色一般称为主角，而非玩家控制角色通常称为NPC。对于MMORPG（大型多人在线角色扮演游戏，Multiplayer Online Role-Playing Game）类的游戏来说，其核心之一就是主角的设计。主角是玩家在游戏中的代表，也是贯穿游戏始终的载体。整个游戏的过程就是以主角的成长和经历作为主线的。

5.4.1　主角设计

在网络游戏的设计中，通常按照各种分类标准对主角进行分类，尽可能地突出游戏的丰富性和可玩性，常见的分类标准如下。

- 职业，如战士、道士、法师、召唤师、盗贼等。
- 种族，如人类、精灵、兽人、亡灵等。
- 国家，如战国七雄、三国等。
- 门派，如少林、武当、峨眉、华山等。

各种分类的标准在确定大纲时就要很明确，具体的分类标准不是随意确定的，通常是由故事背景或世界观决定的。同时，这些分类既可以单独设定，也可以综合选择。例如先选种族，再选职业，可以有人类的战士和精灵的战士之分。在具体的表述方式上，流程图和表格都是很适合的方式。

在确定主角的分类之后，就要确定主角的背景、特色等内容，然后按照主角的分类和故事背景、特色说明、形象设计、属性设计等内容，分别从各个角度加以详细设计和说明。这些内容只是属于主角的初始说明，而对于主角的升级系统、技能系统、道具系统等内容，一般是在后期的游戏机制的设计中，在初始设计的基础上确定变化和成长过程。

1. 主角的故事背景

主角是游戏主要情节的承载主体，在设计主角时要明确各个种族的故事背景，同时在内容的描述上突出各个职业的特色。描写方法比较接近于文学的说明方式，在策划案中的作用主要通过文字的说明让其他开发人员对整体的特色有清晰的认识和把握,同时这部分内容在后期的宣传中也起着非常重要的作用。下面举几个例子。

《魔兽世界》(图 5-18)对种族的背景说明如下:古灵精怪的侏儒是世界上奇特的种族之一,致力于研究激进的科学技术并开发稀奇古怪的机械装置,很难想象侏儒能在如此高危的实验中存活下来并传宗接代。侏儒原本生活在壮观的高度科技化城市,和那些矮人一起分享森林覆盖的丹莫洛山峰下蕴藏的丰富资源。虽然铁炉堡的矮人也有自己的技术和工程研究力量,但却是侏儒为他们提供了武器和蒸汽机车最关键的技术设计。在第二次兽人战争中,侏儒为联盟做出了很大的贡献,但拒绝为抵抗燃烧军团的入侵提供任何帮助。虽然他们设计的装备最终帮助联盟扭转了战局,但是人类和矮人对于侏儒不派遣其精英地面部队和飞行员参加这次战斗感到十分诧异。当战争结束之后,联盟的其他势力终于意识到侏儒这么做的原因了。一个远古而又野蛮的势力从地球深处出现并入侵了诺莫瑞根,侏儒意识到自己的盟友此时需要集中精力对付燃烧军团的入侵,因此他们决定用自己的力量对抗来犯的敌人。侏儒经过了英勇的作战,最终还是失败了。在诺莫瑞根的沦陷过程中,大约有一半的侏儒战死,剩下的侏儒逃到了族人的铁炉堡,侏儒在那里再次加入联盟的队伍。为了收复诺莫瑞根以及自己人民的未来,侏儒继续着对于高科技和尖端武器的研究。

《完美世界》(图 5-19)对种族背景的说明如下:中国古书《山海经》记载:"南山(武夷山)东南有羽民,身生羽"。传说,在一次人神共同参加的祭奠之后,他们的混血后代逐渐形成了后来的独特种族——羽族。羽族由于拥有神的血统而受到眷顾,生来就带有羽翼,能够自由飞翔。然而,羽族与人类并没有因为血统上的紧密联系而更加亲近。相反,他们互存偏见,导致人羽两族之间旷日持久的"千年战争"爆发。由女性神祇生出的羽族被称为"羽灵",从母亲那里继承的博爱之道,使她们总是尽心呵护一切生命,这种付出并非为了任何回报,而是源自羽灵内心深处的需要,及时发现并治疗受伤的同伴是她们最拿手的绝技。羽族的战斗编制中,在每一小队的战士中都会安排至少一名羽灵,这也是羽族军队保持强大战斗力和持久力的秘诀。

图 5-18　《魔兽世界》中的侏儒战士

图 5-19　《完美世界》中的羽族

2. 主角的特色

所谓特色,指主角设计中任何独特的地方,明显的优势和明显的劣势构成了特色的基本组成部分,同时也是职业平衡的体现方式。特色体现是主角分类的必要前提,如果没有特色,分类就失去了必要。在设计主角时,应尽量平衡,游戏中不允许无敌职业的存在,同时也不能有垃圾职业的出现，各有优劣，相生相克，这样才能体现游戏的丰富性和独特性。

主角的特色主要体现在以下几个方面。

- 属性相关。包括基础属性的设定和属性点的分配。例如，战士的 HP 值初始就高于法师。属性分配也是常用的方式，通过玩家的自主调节体现角色的特点。
- 技能种类。这是最灵活的一项调节手段。通过可学习的技能，配合技能的属性设计体现主角的特点。例如，战士技能偏向于提高防御力和攻击力的技能，法师偏向于魔法攻击的技能。
- 可用道具。通过可装备道具和道具属性的区分体现特色。例如，战士可以装备增加防御力的铠甲，而法师只能装备增加法术攻击力的法袍。

这些特色是调节的常用手段，在设计时要综合考虑，合理搭配，在体现平衡的前提下突出主角的特色。

3. 形象设计

（1）预设外观形象。对角色设计的各个方面进行详细说明，例如头身比例、整体造型、发型、皮肤、面部特征、动作等。按照具体的形象特征和内容具体描述，并以表格的形式详细说明。参考图片不是必需的，如果有，则必须说明参考图片的来源，否则会误导美工人员。原画人员按照文字说明绘制原画，确定效果和风格，然后和策划人员沟通确定。例如《赤壁》游戏角色原画设计如图 5-20 所示。

图 5-20 《赤壁》的角色原画

（2）设定基础模型和调节选项。设计基础模型之后，详细设计各个可调节选项和极限值。在游戏中，玩家可以使用相应的调节选项自行设计相应的外形。

4. 动作设计

通常的设计方法是通过文字描述对游戏角色的动作特点加以说明。有时需要通过列表的方式，一般包括玩家动作列表、怪物动作列表、NPC 动作列表、玩家动作捕捉脚本、NPC 动作捕捉脚本、怪物动作捕捉脚本六个方面。

通常，一款游戏中的人物会有行走、站立、特殊站立（小动作，例如抹一下头发、左右看、把手中的武器比划几下等）、攻击、受击、死亡等几个动作。主角的动作会更多，例如跳跃、跑步、攻击以及远程攻击、近身攻击、普通攻击和必杀攻击等，有的还有补血、技能增强等动作。

在设计主角动作时，首先按照游戏功能的需要和主角的分类将所需动作列出清单。其次按照各个主角的分类特色，用文字说明具体动作的内容。文字的描写内容要求简要、精练、易于理解、突出动作特点等。

主角的动作设计应注意以下 4 点。

（1）动作体现主角的特点。在动作设计中，突出主角本身的分类特点是最基本的要求。例如，精灵族的动作应该飘逸和唯美，兽人族就会笨拙而有力。同时，动作的细节也非常重要。例如《信长野望 online》中的女主角在站立等待的过程中，每隔一段时间就会做弹衣服上的灰尘的动作，通过这个细节体现主角的特色。实际设计中，在具体考虑游戏的整体风格、主角特色的前提下，应灵活细致地设计主角的动作。

（2）注重交互动作的设计。现在的网络游戏中，为了更好地促进玩家之间的交流和互动，通常都设计有跳舞、拥抱、胜利、挑衅等一系列动作，这些动作的设计体现了游戏的交互性，使游戏内容更加丰富。

（3）设计特色动作。在游戏的角色动作中，除了基本动作外，还应该设计一些有别于其他游戏的特色动作。例如《完美世界》中就设计了二段跳、前空翻等特色动作，对提高游戏的娱乐性和丰富性起到了很好的作用。

（4）指定动作循环时间或帧数。游戏中的走、跑、攻击等很多动作都是循环的，因此在设计中要明确每个动作的循环时间（3D 模型）或动作帧数（2D 游戏）。循环时间要与角色的移动速度相吻合，否则会出现打滑或漂移的失误。帧数不能太多，为了节省资源，通常将一个攻击动作定义在 15 帧以内，但所有的游戏动作都必须完整。

5. 属性设计

1）属性的分类

在设计角色属性之初，首先要按照故事背景和游戏主题确定角色的属性名称及作用。角色的基本属性分为内属性和外属性两类。

内属性包括力量、智力、魅力、领导力、灵力、体力、反应力、耐力等描述角色基础能力的属性，一般不受升级的影响或影响较小。

外属性包括攻击力、防御力、伤害力、魔法值、生命值、速度等直接描述战斗等游戏效果的属性。通常由玩家进行技能点数的分配，并通过简单的换算公式改变外属性。

外属性和内属性之间靠简单的计算关系联系。完整的角色属性系统应该同时具备这两方面的属性，通过不同的内属性和外属性塑造更多、更充实的角色。单独使用内属性的游戏比较少见。在一些系统简单，以动作、解谜等为主要游戏性体现的游戏中，经常单独使用外属性弱化角色属性，使游戏更容易上手。例如网游《传奇》的角色属性如图 5-21 所示。从通常意义上来说，越复杂的角色，属性系统越能体现角色的差别。

2）属性定义

在具体的文档设计中，首先要为确定的属性命名，并对这个名称代表的含义加以说明，这就是角色属性定义。一个角色属性定义主要包括属性名称、属性说明、属性作用、取值范围、适用范围和相关说明 6 个方面。

图 5-21 《传奇》中的角色属性

3) 具体设计内容

在对属性做了定义之后,就要按照定义的属性名称对各个主角进行相应的数值设定,通过数值设定的不同体现角色的优劣势,以此突出各个主角的特色。这部分内容通常使用表格的形式进行对比设计,例如游戏《魔兽世界》的初始属性设计如表5-1所示。

表 5-1 《魔兽世界》初始属性设计

项 目	类 别							
	人类	精灵	矮人	侏儒	兽人	牛人	巨魔	不死
力量	20	16	22	15	23	25	20	19
敏捷	20	25	17	23	17	16	22	18
耐力	20	18	24	17	22	22	21	21
智力	20	21	18	25	17	16	16	17
精神	20	20	19	20	21	21	21	25

同时还要以明确的数值确定各个属性的相互关系,例如,每增加1点体力,HP上限应在已有值的基础上提高5%。需要强调的是,这里设计的内容只是主角的基础属性值。后期可以通过升级系统、技能系统、道具系统的相关设计再体现属性的相应变化以及具体的属性体现。

4) 属性设计公式

在确定各个属性的基本作用和影响后,就要设计相应的计算公式,例如 HP 的计算公式。首先确定主角 HP 的影响属性有 Level 和体力(CON);然后确定影响的数值,以计算 HP 当前数值符合公式:HP 当前数值=(HP 初始数值)+(升级次数×等级每升1级时 HP 上限增加数值)+(增加点数×体力每加1点时 HP 增加数值)。

以某游戏为例,HP 初始数值为 200,体力初始数值为 2,每升 1 级,HP 固定增加 30点,体力每加 1 点,HP 增加 10 点,公式如下所示:

$$HP = 200 + (Level - 1) \times 30 + (CON - 25) \times 10$$

MP 公式的设计方法同理,只是 MP 的影响属性为智力(INT)。如果 MP 初始数值为 20,智力初始数值为 1,每升 1 级,MP 固定增加 5 点,智力每加 1 点,MP 增加 2 点,则MP 的当前数值公式如下所示:

$$MP = 20 + (Level - 1) \times 5 + (INT - 10) \times 2$$

其他属性的计算方法同理,明确了影响属性后,可以使用加、减、乘、除等运算方法确定公式内容。

5.4.2 NPC 设定

NPC 在具体功能上一般分为情节 NPC 和敌对 NPC。

(1) 情节 NPC 是游戏功能实现的必要载体,通常设计为帮助玩家顺利地展开游戏活动,例如系统帮助、情节获得指引、物品买卖等游戏功能。

(2) 敌对 NPC 是玩家俗称的怪物,主要作为战斗和对抗的对象。

在游戏设计中,为了沟通的简洁和直观,一般把情节 NPC 直接称为 NPC,而敌对 NPC 则直接称为怪物。在 NPC 的具体设计中,通常需要对角色的种类进行更加详细的分类,然后和主角设计一样,使用表格或其他分类设计的形式。

在设计 NPC 之前,首先要了解不同类型的 NPC 在游戏中起的作用。

(1) 提供线索。NPC 角色在游戏中是为玩家提供游戏进展的相关线索,为玩家下一步的行动做提示,这时最好的方法就是利用 NPC 的相关行为向玩家介绍。

(2) 情节交互。玩家在购买武器、药品等道具时,需要与特定的游戏角色进行交互,这个功能也是由 NPC 角色实现的。如果缺少这类交互行为,游戏的各个体系将很难进行调节。另外,在大多数网络游戏中,玩家可以通过 NPC 获取任务信息。例如在《梦幻诛仙》(图 5-22)中,当满足条件时,NPC 会提供任务给玩家。

图 5-22 《梦幻诛仙》中的任务追踪

(3) 烘托气氛。许多游戏场景都需要有 NPC 角色烘托气氛。例如在《莎木》(图 5-23)中,在大街上有很多 NPC 走来走去,用于营造一种城市气氛,使玩家产生融入感。这类 NPC 在单机游戏中使用得非常广泛,但在网络游戏中使用得并不多,网络游戏中的 NPC 更加侧重于游戏功能的实现,因为在线的其他玩家已经很好地烘托了游戏气氛。

图 5-23 《莎木》中形形色色的 NPC

NPC 的设计内容除了和其他元素的相同之处以外,还有其独有的内容,以下是必需的设计内容。

- ID，即编号。在所有元素类的设计中，元素的编号都是必不可少的。NPC 的编号和其他元素的编号方法与要求相同，按照前期规划的统一编号规则分配即可。
- NPC 的名称。要通过合适的名称体现 NPC 的特点和作用。可以直接按作用或职业命名，也可以起一个姓氏名字。例如，细柳村铁匠、王大锤等。
- 出现地点。NPC 在游戏场景中的位置，一般指定场景编号、坐标即可。在场景设计中，设计 NPC 的站位是很重要的一项工作，设计时切忌随意摆放，要遵循合理、方便、安全的原则。例如，玩家经常用到的功能性 NPC 应该设置在主道路两旁较为明显的地方，而且可以适当集中，在不使玩家拥挤的前提下，应尽量避免绕路寻找 NPC。
- 作用。NPC 在游戏中的功能是 NPC 设计的核心和难点，设计内容中有很多是和其他系统相关联的，例如任务系统、技能系统等。
- 背景。一般通过对白的设计详细体现。
- 开场白。有些游戏设计有开场白部分，即玩家单击该 NPC 后弹出的对话界面中默认的显示内容。开场白通常需要体现 NPC 的职业或功能特点。例如，药师通常会说"城外妖怪横行，少侠带点伤药以备不时之需吧"等。开场白通常是固定的一段话，对话界面的下方是功能选项。玩家达到任务的限定条件后，界面下方还会显示任务相关的选择按钮。
- 形象设计。NPC 的形象一般都是固定不变的，因此在设计时不会有形象的调节。
- 动作设计。动作设计的内容是列出所有的动作类型以及动作的描述。NPC 的动作设计从早期的一动不动，到现在为了体现更好的游戏真实性而设计的各种动作，有明显的转变和提高，作用也非常明显。例如《诛仙》中的功能 NPC "陆雪琪"的等待动作是一套非常优美的剑舞，舞完之后妩媚地拨一下头发，这给玩家留下了非常深刻的印象，同时也对游戏的整体视觉风格起到了很好的推动作用。
- 属性设计。按照 NPC 在游戏中的作用和特点设计对应的属性。情节 NPC 的属性设计不是必需的，具体的取舍主要根据游戏的设计思路、NPC 的特点确定。例如，城镇守卫会参加战斗或有其他的作用，这时就需要有 HP、等级、攻击力等属性设计，同时在整体 NPC 的设计表格中也需要有一项属性"可否被攻击 ID"。如果 NPC 有属性设计的内容，在设计中按照游戏整体的功能需要、等级限定和平衡需求等综合因素确定具体的数值，并通过表格的方式列出。
- AI 设计。即触发方式、判断条件和对应结果的说明。需要特别强调的是，NPC 的设计内容在很大程度上取决于功能的需求，因此在设计之初首先要明确该 NPC 在游戏中的作用，然后以此为标准确定具体应该有哪些设计内容。例如，在《WOW》中，当有怪物因追击玩家而接近守卫的警戒区域时，城镇守卫会主动出击消灭怪物，保护玩家，使游戏更具人性化和真实性。

5.4.3 角色相关规则

RPG 游戏中最重要的规则是角色升级规则。经验点的增长速度和玩家控制着一个以上人物角色时经验的分配等是角色规则的核心。一般通过语言与经验计算公式相结合的方式描述角色的升级规则,例如,策划案《生存》中具有角色等级(Character Level)和职业等级(Job Level)两个等级。前者表示这个角色是多少级的,后者表示这个角色扮演多少级的职业。

在网络游戏中,升级系统就是游戏进程的体现,对于以"角色成长和扮演"为主要表现形式和内容的 RPG 类游戏来说就更为重要。不同的游戏类型对玩家扮演的角色技能要求不同,有些游戏类型对技能的要求与现实生活一致,例如动作类游戏要求玩家的操作动作迅速、灵活、熟练;经营策略类游戏则更多地要求玩家运用自己的智力;实时战略类游戏一方面要求操作熟练,另一方面要求智力和技巧。这样的游戏通常具备比较好的耐玩性,因为玩家需要不断训练自己。但是训练是需要过程和时间的,对于这些游戏类型,必须考虑提供难度不等的关卡以增强游戏的吸引力,而有些游戏则需要玩家训练的是一种虚拟技能。

在游戏中设计玩家升级需要的经验涉及玩家战斗经验的获取情况、玩家敌人的设置情况以及游戏类型的影响等因素。单机游戏和网络游戏应该遵循的原则如下。

- 单机游戏中,让玩家在花费大致相同的时间和精力的条件下升级,在达到和接近最高级别时,玩家应该完成整个游戏,这样就能以最佳的模式完成游戏体验。在整个游戏中,使玩家不断受到升级的鼓励和刺激。
- 网络游戏中,不能积累过多的高级别游戏玩家,因为随着玩家级别的提高,攻击力也随着提高,对敌人的伤害能力也相应地有了提高,所以就需要给玩家安排更厉害的敌人,这时关于经验的获取就有了不同的安排。随着用户级别的提高,玩家与低级别的敌人战斗得不到经验值,与高级别的敌人战斗则能得到一定的经验值。但如果这样安排,玩家就会感觉到经验值始终相同,没有升级的感觉,这种情况在网络游戏中比较常见。因此,更简单的是考虑战胜高级别的敌人能得到更高的经验值,让玩家能感觉到自己的经验在迅速积累。

具体的升级情况需要在游戏开发完成之后的测试环节对这些值的参数进行相应调整,以便真正符合具体的情况。

升级系统的设计内容主要包含以下 6 方面:

(1) 整体级别的设计。完全以等级的高低划分,等级上限较易达到,核心的内容是游戏的其他机制设定。例如《魔兽世界》,现在的满级是 60,而达到 60 级大概需要不到两个月的时间,而满级只体现玩家基本具备游戏冒险和战斗的资格,后期的战场、副本、工会、战斗、势力对抗等才是更高的追求和游戏内容。不论是以哪种思路设计,在系统设计之初,这部分内容都要首先确定。

(2) 级别的划分标准。最常见的就是以数字体现:1 级、2 级……当然也可以使用其他的形式,例如军事为题材类的游戏以军衔划分,下士、中士、上士……将军、元帅等。如果使用这种军衔、官职的形式划分,则主要考虑故事背景的限制和玩家升级心理等因素。

(3) 经验值的获取。玩家可以通过完成任务、消灭怪物等多种方式获取经验值,还可以根据具体的设计思路添加其他方式,例如探索地图、合成道具等。根据获取方式的不同考虑影响因素,具体设定相应渠道下的获取数量以及计算公式。

(4) 升级限定。主要设计升级的限制条件,例如任务限制、数值限制等。数值限定是

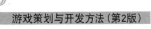

经验值的计算和分配，可以使用计算公式，这样的好处是通过数学模型可以较好地控制升级的规律；也可以直接指定。不论哪种方法，都需要反复测试以不断修正数值，以达到升级速度的平衡和合理。

升级数值的设计影响因素较多，例如经验值的获取途径以及数量的多少、刷怪速度、技能、装备的性能、通过攻击力的高低测试和估算击杀怪物的时间等。具体数值通常使用表格配合曲线图的方式直观显示。例如《魔兽世界》的经验值如表 5-2 所示。

表 5-2 《魔兽世界》的经验值（部分）

等级	经验值	下一级所需经验值	等级	经验值	下一级所需经验值
1	—	400	6	7600	3600
2	400	900	7	11 200	4500
3	1300	1400	8	15 700	5400
4	2700	2100	9	21 100	6500
5	4800	2800	⋮	⋮	⋮

《魔兽世界》经验值升级曲线如图 5-24 所示。

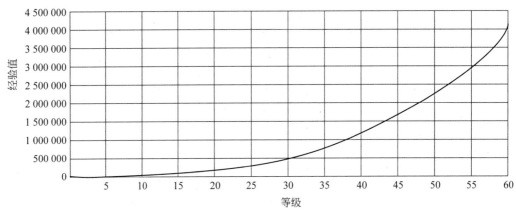

图 5-24 《魔兽世界》的经验值升级曲线

（5）升级结果。主要说明升级之后的效果，属性的变化和技能点的增加等。此部分内容在玩家游戏过程中的作用非常重要，所有的升级结果分类要逐一说明。

（6）其他限定。主要是对于升级系统的辅助说明和其他特别的规定。例如，等级升级之后不会降级，惩罚度每级以 0 为截止等。

5.4.4 角色的职业设计

在游戏中设计职业，是为了让一个角色看起来和其他角色有所不同，但不是这个角色完全与其他角色不一样，而是这个角色具有哪些独特的地方，不论是优势还是缺陷，这都是一个角色特性的直接描述。实际操作中，应为职业规划一个由职业数值属性、职业特性和职业乐趣组成的职业三角形作为参考依据。

1. 职业数值属性设计

很多的游戏都会有属性数值设计,包括力量、智慧、敏捷等,而各个职业最基本的区别就是这些属性数值之间的差异。但事实上,如果游戏在这方面的发挥余地有限,则不一定要显示出差异。例如《三国》游戏中武力和智力的属性,吕布的优势是武力,诸葛亮的优势是智力,因此没必要在乎两个职业的评价是否一样,尤其是当发挥范围很小时,只需要在意是否都准确地描述了这个职业在游戏中的数值属性特征,也就是"普通技艺"的掌握程度。因此,设计一个职业属性时,通常优先思考游戏有哪些"普通技艺"(游戏中的角色都会);其次是每个角色或者职业的评分,这个评分是一个心理值,不一定是1~100,可以是1~10,甚至是1~5,除非有海量的数据需要分析。

职业属性是一种角色强度的直接或者间接描述,通常在带有等级概念的 RPG 中都是间接描述。等级高有等级高的优势,而相同等级也有"品质"上的差距。

2. 职业特性设计

一个职业所拥有的其他职业没有的优势或者缺陷就是职业的特性,实际操作中最多、最简单、最有效的做法就是给不同职业不同的技能,尤其是一个职业的技能和其他职业完全不同时。凸显技能不同的因素有很多,包括图标、名称、资源消耗(如消耗法力)、视觉特效等。但最重要的是技能的逻辑效果,因为任何玩家在反复的游戏过程中都会感觉疲倦。因此在技能逻辑效果方面确保每一点都至少存在一定的差异性,这样两个技能才有差异,分配给不同的职业才是合理的。

3. 职业乐趣设计

职业乐趣设计是一个最容易被忽略的。虽然是关于技能的运用,而更重要的一点是这个职业的技能想要描述的是一种什么样的技能,或者说是什么样的乐趣。一个好的职业设计,并不在于在实际比赛或者在游戏过程中有多么"平衡",而在于各个职业的职业三角形是否都不相等甚至不相似。例如《英雄联盟》有一百多位英雄,但仍然保持着各自独有的特色。

5.5 游戏音效设计

5.5.1 游戏音效的作用

音效和音乐都能产生不同的情感,用于在游戏中营造气氛和基调,是增强游戏玩家沉浸感的重要元素。音乐是娱乐媒体的一个重要组成部分。随着游戏不断发展,游戏音乐更加依赖于与游戏视觉效果的互动,以此引入情景并激发玩家的情感。游戏音乐应该影响游戏玩法,玩家的行动会影响音乐的互动与发展,就像音乐能在游戏过程中影响玩家的决定一样,这种结合能够让玩家更深入地沉浸于游戏体验。

电子游戏音乐创作的最大挑战之一便是在尝试提供无缝互动体验的同时理解游戏音频引擎的局限性。变化的拍子、类型、乐器和音乐节点等技巧能够为每个游戏领域设置最完美的氛围,并准确地告知玩家将在这些领域获得怎样的情感。例如《死亡空间 2》(图 5-25)之所以会令人感到恐惧,部分原因在于游戏使用快节奏管弦乐增加玩家的紧张感,利用环境音和大型管弦乐队创造一种可怕的氛围。游戏还使用了弦乐四重奏与大型管弦乐队的演奏形成对比,以此描述主角的脆弱性。《超级马里奥兄弟》(图 5-26)通过加快拍子告知玩家快没时间了,这将唤醒玩家的紧迫感。

图 5-25 《死亡空间 2》

图 5-26 《超级马里奥兄弟》

音乐和视觉效果都是开发者必须谨慎对待的内容,只有将其紧密结合才能创造出一种强大且逼真的环境。游戏的节奏与音乐增强效果一样重要,即为了传达下一个紧张时刻而先让玩家感到安心。另外,剧情音乐(源自游戏世界的音乐)逐渐成为游戏中越来越受欢迎的一种技术。例如,《辐射 3》有效地利用了剧情音乐和非剧情音乐。游戏中的角色配有腕带式计算机,同时分配在游戏世界各地的收音机也会播放音乐和其他来自游戏内部广播电台的广播。《生化奇兵》也结合了剧情音乐和非剧情音乐,在游戏的开场中,玩家将从飞机残骸中逃到一座小岩石岛上的灯塔里,在玩家进入灯塔后,音乐将渐渐融入场景;音乐是源自楼下,即让玩家循着音乐走下楼去寻找球形潜水器中的收音机。音乐让玩家有理由在游戏中向前移动,同时还能感受到游戏的氛围。《侠盗猎车手》(图 5-27)中玩家可以在游戏中驾驶汽车的同时选择播放不同的音乐。《塞尔达传说:时之笛》(图 5-28)便是从塞尔达的剧情音乐版本开始,引导着玩家通过森林迷宫。当歌曲声越来越大时,玩家便知道他们是朝着正确的方向前进。如果玩家偏离正确道路,歌曲的音量便会下降,以此提醒玩家改变方向。当玩家熟悉了歌曲时,它便会在环境中被当成非剧情音乐。

图 5-27 《侠盗猎车手》

图 5-28 《塞尔达传说:时之笛》

游戏音乐推动着视觉效果与听觉体验的无缝互动,并将玩家更深入地带进游戏世界。例如,《摇滚乐队》(图 5-29)和《吉他英雄》(图 5-30)等基于节奏的游戏类型改变了标准的游戏玩法,并将音乐变成一种游戏。

图 5-29 《摇滚乐队》

图 5-30 《吉他英雄》

有时,玩家会因为游戏音乐设计得很差而关掉音乐。例如《荒野大镖客》之类的游戏,每次走进城镇听到的都是同一首音乐在不断循环,这势必让玩家最终感到厌倦。因此,必须将音乐设计得更为巧妙,找出让游戏动态改变、产生和融合音乐的方法,尽力避免让玩家发现音乐播放的规律,如果能够做到这一点,那么同样的音乐也能够产生非常好的效果。

5.5.2 游戏音效的强化

音效必须同图像和游戏机制相互配合,才能促使玩家沉浸于各式各样的玩法体验之中,通常是在玩家无意识的情况下传递众多细节内容。游戏也可以使音效在所有三个维度中进一步拓展,例如使用立体耳机,通过使用数字过滤器调整声音对象在游戏空间中的三维坐标位置创造 3D 效果,模拟人在 3D 声音域中听到声音的对应点。并非所有 3D 音效解决方案都相似,真正吸引人的 3D 音效往往需要大量资源。

使用 3D 音效强化游戏体验的方法如下。

(1)提高 3D 游戏的环境意识。通过使玩家对声音线索来源的正确判断,3D 音效可以提高玩家在游戏中的环境意识。例如,在利用立体声、5.1 或 7.1 音效传输的大部分现代战争题材游戏中,当地面上的玩家被藏在高塔的狙击手射中时,玩家听不出枪声来源,而使用 3D 音效,玩家可以听到枪声来自高处。

(2)减少界面图形元素。声音可以代替部分界面图形元素,例如用声音提示剩余子弹或玩家生命值等信息,从而使界面更加整洁。通过使用空间暗示更多信息,3D 音效可以拓展声音线索,例如用仰角显示暴雨即将来临。

(3)增强虚拟现实体验。传统的音频播放把音域限制为二维平面,这与虚拟现实技术提供的视野是脱节的。3D 音效允许全面 3D 音域解决了这个问题,完美地增加了 3D 立体视野。头戴设备与 3D 音效相结合,使玩家可以通过转动头部确定声音的来源。

5.5.3 游戏音效的执行

循环曲目指的是开端和结尾无缝连接的音乐,用于电子游戏音乐制作中的音波内容,可以用于许多不同情境下,其使用可以追溯到电子游戏行业起源时期。通过这种方法，作曲人员可努力不让玩家识别出音乐的起点和终点。这种曲目可以无限重复循环，听起来好像比实际情况要长得多。

为避免音乐过度单调，一般有如下解决方案。

（1）改变音乐播放顺序。

描述：将音乐分为不同部分，改变这些部分的播放顺序，产生略有不同的新乐曲。音乐分成的部分越多，组合的变化可能性就越大。

优势：在重复体验游戏的过程中，音乐的开端不会完全相同，这可以消除玩家在开始听到音乐那一刻产生的重复感。当游戏在不同阶段使用相同的音乐时，这种方法特别有效。

劣势：当音乐完成循环时，玩家就会意识到游戏将重复播放相同的音乐。某些经验丰富的玩家甚至能够在循环完成前察觉到音乐各部分的播放顺序。

执行建议：作曲者需要导出不同版本的音乐，将各部分放在不同的位置上。作曲者还可以分别导出音乐各个部分，然后在游戏引擎中即时拼装。

（2）去除旋律。

描述：旋律是音乐中最容易被人记住的元素，是很强大的音波元素。但是旋律也有不足之处，如果重复的次数过多，就会让玩家感到厌烦。

优势：当去除旋律时，就可以增加循环的重复次数，同时不会对玩家的沉浸感产生影响。

劣势：如果旋律被去除，音乐就会失去影响力，也就不容易被玩家记住。

执行建议：让作曲者导出两个版本的音乐，一个带有旋律，另一个没有旋律。然后交替播放，努力找出旋律版本和无旋律版本这两者重复的平衡点；还可以去除播放旋律的音轨，前提是所使用的游戏引擎支持该功能。例如《塞尔达传输：天空之剑》的首个地下城使用的就是这种技术。当主角位于主房间时，播放的是带有旋律的音乐；当进入较小房间时，播放的是没有主旋律的音乐。

（3）关闭音乐。

描述：如果使用循环曲目，可以在重复次数逼近上面所述情境时将音乐关闭。

优势：没有音乐就不会让玩家产生听觉疲劳。

劣势：在游戏长时间保持安静后，音乐的忽然再次引入显得很不恰当。

执行建议：将循环播放 3 次，在第 3 次重复后，让音乐逐渐淡出。在一段时间内保持游戏处于无声状态下运行，然后再次加入音乐；也可以保持游戏的无声状态，直至下个关卡或场景，例如《光晕》就使用了这种解决方案，当玩家在单个关卡中花费的时间过长时，游戏配乐就会自动消失。

（4）随机播放列表。

描述：这种解决方案是指以随机的顺序播放不同音乐，类似于激活随机播放选项的音乐播放器。

优势：玩家在游戏时间内可以享受多样化的音乐内容。此外，可以根据项目的主题制作合适的音乐，这样做比简单地用多音乐播放列表替代游戏音乐更好。

劣势：在有些情况下，音乐内容会进入重复状态。

执行建议：以随机顺序播放，但是不要连续两次播放同一首音乐。

（5）可扩展的尾声。

描述：可以添加到音乐文件末尾的短循环。这个循环重复数次之后，可以再播放完整的歌曲。

优势：当在音乐末尾制作循环时，可以缓和玩家的听觉疲劳，使其为下次音乐循环做好准备。

劣势：如果使用过度，则会和其他音乐循环一样使玩家感到厌烦。

执行建议：让作曲者制作短循环（一般为30s），使用与预设连接音乐相同的节拍和敲击元素。这个文件也要足够灵活，可以连接至音乐的起始部分。

要使游戏的音乐更为有趣，可以尝试对以上解决方案进行组合。可以用带有可扩展尾声的音乐（解决方案5）制作随机列表（解决方案4），还可以设置带有可扩展尾声的音乐（解决方案5）在播放一段时间后去除旋律重复播放（解决方案2）、完全静默（解决方案3）或者调整音乐各部分播放次序（解决方案1）。从根本上说，任何解决方案的组合都是可行的，都可以扩展游戏的现有音乐，并在制作成本没有显著提升的前提下维持其质量。

5.6　游戏界面设计

游戏界面设计（Game Interface Design，GID）是指对游戏中用户能够与之进行交互的视觉元素进行规划、设计的活动。界面设计是游戏设计工作中的重要一环，游戏玩家对游戏的直观印象，一个来自操作，另一个来自画面。从玩家第一次启动游戏，到登录界面再到游戏界面，玩家在短时间内很难对游戏本身的优劣进行评定，但这足以给玩家留下第一印象，这在很大程度上会影响玩家对游戏的其他评定。

5.6.1　界面设计的内容

游戏界面是游戏产品的重要组成部分，是人和游戏软件之间交换信息的媒介，是一种图形化的信息表现形式，也称游戏图形用户界面，其作用无可取代。例如，一个武侠题材RPG（主界面如图5-31所示）的策划案中涉及的一些界面设计内容如下。

（1）启动界面：从程序启动到进入游戏主界面之前的画面。策划人员可以根据自己的想象编写设计文档，对美术制作人员提出大概要求，例如采用的底色、界面尺寸以及图案样式等。

（2）主菜单界面：游戏中主要功能的集成界面，通常包含新游戏、读取进度、选项设置、版权信息、退出游戏5个按钮。

（3）新游戏界面：在游戏过程中的调用界面，一般包含保存、加载、主菜单、版权信息5个按钮。

（4）读取进度界面、保存进度界面：这两个界面主要显示游戏的存档记录和空余的存档位置。

（5）加载界面：当玩家进入游戏时调用，并显示游戏载入的进度。

（6）选项设置界面：该界面为游戏显示属性、操作方式、声音状态等选项的设置

图 5-31　武侠题材 RPG 主界面

界面。

（7）游戏主界面：通常包含各类工具条和属性面板，用于调整相关属性、物品和技能等。

以上只是一款单机游戏涉及的主要界面，其中，玩家属性界面、背包界面、武功技能界面等并没有一一说明。

5.6.2　界面设计的作用

游戏界面作为用户参与游戏、体验游戏娱乐性的通道，主要有以下 3 方面的作用。

（1）人机交互。界面的首要用途是在游戏逻辑和玩家之间转换数据，让玩家与游戏交互，对游戏事件做出响应并影响游戏世界。

（2）传达信息。界面用于显示游戏中的环境、人物、对象和事件等有关信息，为玩家提供决策参考。

（3）娱乐体验。视觉效果起到的作用甚至与最精彩的故事情节相同，可以让玩家很好地了解每个人物的图像或者环境的特色。

5.6.3　界面设计的原则

一款优秀游戏的界面应注重视觉语言的设计，始终遵循"以人为本"的设计理念，使用户在游戏过程中能充分体会人机交流的愉悦和人性化操作带来的舒适感。

1. 一致性原则

游戏界面可包含的元素是极为广泛的，但在运用中却只能有所选择，有侧重、有强调地进行表现。设计元素虽多，但仍是一个不可分割的整体。最好在游戏各处以相同的方式做相同的事，还能够始终在相同的位置找到重要信息。

1）设计目标一致

界面中往往存在多个组成部分（组件、元素），不同组成部分之间的设计目标需要一致。

2）元素外观一致

界面中的整体颜色、字体、按钮等元素要一致，给玩家整体一致的感官效果。即使要通过对比使得某一方更突出，也应该保持内在风格的统一。一致性的原则并不是呆板地要求在整个游戏中使用同样的屏幕布局，而是建议在布局中使用相同的逻辑，以让玩家预感到可以在哪里找到信息，以及在游戏的不同部分如何执行命令。

3）交互行为一致

在交互模型中，用户触发不同类型的元素对应的行为事件后，其交互行为需要一致。

2. 实用性原则

1）安装快捷

首先，在开始游戏之前，必须要完成游戏的安装等准备工作。应该使安装界面尽可能简洁，使安装过程尽可能快速，让玩家在最短的时间内完成游戏准备。其次，设计界面时还要考虑玩家体验游戏的方法，是通过键盘、游戏手柄、鼠标或这几种的组合，还是需要运用其他类型的输入设备，同时还要充分考虑灵活性和能够运用到游戏中的设备类型。

2）简单易用

大多数玩家并不是典型的软件用户，也不会有兴趣学习大量技术新特征和软件新功能，而是直接通过界面进行游戏内容和交互方式的了解。界面设计要尽量简洁，目的是便于游戏玩家使用，减少在操作上出现的错误。所以，游戏界面设计的目标之一就是让游戏及其界面尽可能地符合直觉。但这并不是说游戏软件的易用性可以凌驾于其他因素之上。所有伟大的设计都是在艺术美、可靠性、安全性、易用性、成本和性能之间寻求平衡与和谐。

3）综合集成界面

游戏界面不要过分修饰，如果过于烦琐，反而会干扰玩家的注意力。游戏界面应该力求简单朴素，占用的屏幕空间越少越好。信息要简化，将一些功能性界面放在非玩家人物界面上，主界面尽量简练、精致。对于游戏来说，目标就是要让界面越来越深入游戏本身的结构中去。从设计流程上讲，首先应将游戏功能分类清楚，然后再制作界面，尽量考虑资源的通用性。另外，网络游戏需要不断添加新功能等，对界面的需求会不断增加，需要预先考虑好扩充性。

4）站在玩家的角度

界面设计的语言要能够代表游戏玩家说话而不是设计者，即要把大部分玩家的想法实体化地表现出来。主要通过造型、色彩、布局等几个方面表达，不同的变化会产生不同的心理感受。例如尖锐、红色、交错带来了血腥、暴力、激动、刺激、张扬等情绪，适合打击感强和比较火爆的作品；平滑、黑色、弯曲带来了诡异、怪诞、恐怖的气息；分散、粉红、嫩绿、圆钝带来了可爱、迷你、浪漫的感觉。如此多的搭配会系统地引导玩家的游戏体验，激发玩家的各种新奇想法。

5）习惯与认知

界面设计在操作上的难易程度尽量不要超出大部分游戏玩家的认知范围，并且要考虑大部分游戏玩家在与游戏互动时的习惯。不同的人群拥有不同的年龄特点和时代背景，所接触的游戏也大不相同，这就要提早定位目标人群，对其可能玩过的游戏做统一整理、分析，并制定符合其习惯的界面认知系统。

3. 美观性原则

游戏界面要符合美学观点，感觉协调舒适，能在有效的范围内吸引用户的注意力。

1）布局方面

界面布局是指在一个限定面积范围内合理地安排界面各元素的位置。将凌乱的页面、混杂的内容依整体信息的需要进行分组归纳、组织排列，使界面元素主次分明、重点突出，帮助用户方便地找到所需信息，获得流畅的视觉体验。

游戏界面设计中，要把握好布局的功能性、审美性和科学性。功能性指界面要包括必要的操作和显示功能；审美性指界面中的各种视觉元素要协调统一、平衡一致，并根据游戏主题内容和玩家特点进行编排设计，增强界面的视觉表现力；科学性指界面信息、功能显示、按钮位置等要规范合理，在不影响功能实现效果的情况下方便玩家操作。

根据视觉流程法则，界面的最佳视域为上半部分和左半部分，上半部分和左半部分让人轻松自在，下半部分和右半部分则稳重和压抑。这种视觉上的落差感和眼睛习惯于从左至右阅读时起和止的反射结果相关。在界面布局中，一般都是左上为角色信息，左下为聊天框，中左为技能，中右为道具，右上为小地图。

2）颜色方面

颜色无须占据额外的游戏组件空间，却能更好地向玩家传达信息。作为首要的视觉审美要素，色彩深刻地影响着玩家的视觉感受和心理情绪。在界面设计中，要注意以下几点。

（1）为了使界面主题集中醒目，便于用户获取信息，在同一界面中颜色不宜过多，一般不能超过7种。

（2）人眼对低饱和度和低亮度的色彩不敏感，所以这种色彩不适宜用于正文、面积小的区域，可作为背景或大面积区域。

（3）从人的视觉习惯来讲，看暗背景比看亮背景的时间长3～4倍，因此明度和纯度低的弱色常用于大面积的背景色或非活动操作处；而明度和纯度高的颜色会刺激人眼、引起疲劳，适合用于小面积的操作提示及重要内容信息区域，以达到吸引注意、加强视觉提示的作用。

（4）把握色彩对用户心理的影响，例如冷色调能帮助玩家在焦虑的游戏状态中平静心情，红色则表示警告、危险。

除了使用不同颜色，还可以通过改变颜色的强度或者使用不同形状等方法区分不同物体，但要保持色彩的一致性。如果在游戏中使用同一种颜色描绘多种物体，那么就说明这些物体之间具有关联性。

3）文字方面

作为游戏界面中的视觉元素，文字具备其他元素不能取代的设计效应，在界面中不仅可以直观地传达信息，起到提示和引导的作用，还可以配合图形元素，避免产生理解上的歧义。

文字的大小要与界面的大小比例协调。界面风格要保持一致，文字的大小、颜色、字体要相同，除非是需要艺术处理或有特殊要求。界面中文字风格要根据游戏风格确定，设计文字时，要注意以下几个要素，确保其易读性和识别性。

（1）同一个界面中字体不宜过多，一般最多使用四种字体。

（2）字号要根据功能确定，一般而言，标题文字采用 18P 以上，说明性文字采用 10～14P。

（3）根据人眼的视线横向移动比纵向移动快且不易疲劳的特点，文字应尽量横向排版。

（4）当文字信息量较大时，可以分页显示，并注意段落的字间距和行间距的合理性。

（5）字色与背景色要对比鲜明，但字色不能过多，否则会导致文字很难阅读分辨，引起视觉疲劳。

（6）文字信息要简洁通俗，用词要大众化，不用生僻词和过多的专业术语。

（7）功能操作按钮要用描述操作的动词，尽量使用肯定句式。

4）图形方面

图形是游戏界面中最直观的视觉语言符号，具有直接明确、易读性强的特点，是利用人们长期生活和学习积累的认知经验理解的语言。图形的识别性优于文字，在信息量较大的界面中不仅能增加界面的趣味性和美感，还能帮助玩家在操作中减少记忆负担，引导玩家轻松地进入游戏任务和故事情节。

游戏界面中的图形设计要注意以下几点。

（1）游戏中的许多功能按钮图形已经符号化，例如向左的箭头表示退后和返回的指示，向右的箭头表示前进或下一页等。界面设计要保持这种图形按钮，使玩家更容易适应游戏操作界面。

（2）图形特征要明显，且图形之间要有明显的差异化。

（3）一个图形符号中不要设计太多的元素，颜色也不宜过多，同时避免加入不必要的元素。

（4）用文字配合阐述图形按钮的内容，对图形按钮进行信息提示，例如当鼠标滑过按钮时出现相应的文字指令。

（5）图形按钮应该设计 3 种以上的视觉效果，根据使用状态主要分为未点选状态、点选状态和无法点选状态。

（6）群组内的按钮应保持风格统一，功能差异大的按钮要给予强调。

（7）保持同级菜单的部分按钮位置一致，有助于玩家养成习惯。

5）留白方面

游戏界面设计的留白也很重要，不能在一个界面上放置太多的信息对象，导致界面拥挤不堪。界面要简洁易懂，界面元素过多会干扰玩家的注意力，使其不能集中精力体验游戏世界。没有留白区就没有界面的美，留白的多少对游戏界面的印象有决定性作用。留白较多，会使格调提高且界面稳定；留白较少，会产生活泼的感觉。但如果设计信息量很丰富的游戏界面，就需要合理把握留白的区域。

4. 独特性原则

如果一味地遵循业界的界面标准，则会丧失个性。在框架符合以上规范的情况下，设计具有独特风格的界面尤为重要。优秀的游戏界面设计是设计人员与玩家之间的一种交流，玩家的需求应当始终贯穿在整个设计过程之中。设计优秀的游戏界面的难点和关键点主要是如何将不同的元素进行合理的编排，最终形成一个统一而连贯的整体，从本质上和思想上都要实现这一点。本质上来看,游戏界面的三种表现形式——图形、实体、声音联合对应人类感知外界信息的三种主要途径——视觉、触觉、听觉;在思想上,游戏界面不代表任何一个部分,而是反映各部分相互作用而构成的一种思维总和。

　　未来的游戏界面设计,特别是手机游戏界面设计的发展将因为人机界面技术、无线通信技术以及移动互联网技术的迅速发展而受到广泛的影响,并且由于智能手机和网络的迅速发展,游戏界面设计的发展趋势也必然将以更为多元化的方式展现出来。

5.6.4　界面设计的方法

　　尽管游戏都需要美观的界面,但要解决其与功能之间的冲突,要避免将视觉效果凌驾于功能之上。例如《辐射3》中的一个界面(图5-32),虽然游戏提供了大量个性化的内容,有助于将小游戏的元素纳入整个游戏世界,但是实体手表(一款可穿戴设备)的布置很差,因为设计师更看重界面的外观和感觉而不是其基础功能。在整个游戏屏幕中,三分之一的空间被实体手表占据,而且许多菜单是用剩余空间的半数呈现图标的,而不是为玩家提供更多的信息。很显然,使用实体手表的强烈意图已经影响了游戏最基本的功能和信息。

图 5-32　《辐射3》的实体手表

1. 界面是一个框架

　　界面是游戏的入口,它能够加强故事性、基调和情绪。例如《地下创世纪》(图5-33)、《半条命》(图5-34)等将视图视为游戏可玩性体验的一部分,让玩家沉浸在游戏世界中。多数情况下,优秀的界面能够提高游戏的吸引力,将某些游戏功能添加到界面中会使玩

图 5-33　《地下创世纪》

图 5-34　《半条命》

家感受到操作游戏世界中真正的机器的乐趣,而不仅仅是在按动游戏手柄上的按键。

2. 不要隐藏信息

设计师应当预计玩家在游戏过程中需要的信息,然后总是在屏幕上呈现最关键的内容。要深入考虑玩家在游戏过程中需要看到的东西,如果将玩家可能想要看到(或者需要看到)的信息隐藏在菜单和子菜单中,不仅会让玩家觉得很不方便,而且可能会使玩家完全忽略这些信息。例如《席德梅尔之新海盗》(图 5-35)没有显示玩家需要多少时间来完成任务的提示信息,也没有清晰地表明玩家还剩下多少时间挽救自己,以及玩家需要寻找到多少枚金币提升士气。

3. 提供更多细节

现代游戏的设计趋势是将信息最少化或者分离出来。虽然这是为了呈现流线型的游戏玩法,但在多数情况下,这种方法的结果是让玩家感到困惑,并因此损害到游戏的可玩性。简单地说,如果没有理由不将信息提供给玩家,那也就没有理由将这些信息隐藏起来。例如《使命召唤:现代战争 2》(图 5-36)没有为玩家提供游戏过程中获取可能需要的信息的快捷方式。虽然游戏向玩家提供了某些可以查看的数据,但有些数据并非以数字的形式呈现,这样会提升菜单的易用性,但提供的数据也会变得很模糊。

图 5-35 《席德梅尔之新海盗》

图 5-36 《使命召唤:现代战争 2》

4. 最小化输入操作

如果需要玩家执行两三个或更多个指令才能获得想要的信息,那么这种设计就过于复杂了。在其中堆叠的层数越多,玩家触及此类信息的可能性就越小。有时,用户界面的凌乱、复杂或隐藏是必要的,这种情况在战略游戏中尤为普遍,因为玩家需要访问大量的信息,但是访问频率并不高。

例如,《文明 5》(图 5-37)虽然可以在"外交"菜单中看到不同玩家需要开展贸易的资源信息,但是只有通过"贸易"界面进入某个完全独立的系列菜单才可以看到玩家拥有哪些其他玩家想要的东西。而且,游戏中许多菜单的嵌套方式以及使用的较大字体和图标都产生了许多不必要的麻烦。与《文明 4》(图 5-38)相比,《文明 5》通常需要两倍左右的鼠标点击次数才能完成相同的任务。

5. 保持控制的一致性

为了不增加游戏学习复杂度,应尽量采用标准按键和控制器布局。除非可以改善界面,否则不要改变传统控制方式,最好给玩家提供自定义按键和修改相关设置的控制选项。

图 5-37 《文明 5》的用户界面   图 5-38 《文明 4》的用户界面

6. 提高操作的便捷性

玩家经常会在游戏中遇到想要做出动作(例如比较两件武器的优劣),但游戏却使得这项动作无法轻易开展,这很容易让玩家产生挫败感。作为游戏设计师,重点不仅是给予玩家想要的东西,还要预计玩家在特定游戏玩法中可能需要的东西。界面存在的目标是为游戏可玩性提供服务,任何使游戏操作更为便捷的措施都是有价值的。

7. HUD 设计

HUD(Heads Up Display,平视显示器)是指浮动在游戏场景之上的界面元素,用来向玩家传达信息,其位置不会随场景变化而改变,是游戏世界之外的辅助元素。生命值显示条是典型的 HUD 元素。一般来说,当某种信息必须通过特殊手段向玩家精确传达时才使用 HUD。HUD 应该尽量透明化,以避免因为 HUD 占用有限的屏幕空间而影响玩家观察游戏世界,例如《反恐精英》中的微缩地图(图 5-39)和战绩排名(图 5-40)。

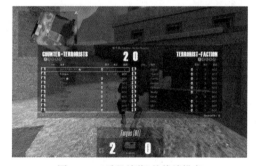

图 5-39 《反恐精英》的微缩地图   图 5-40 《反恐精英》的战绩排名

在一款完美的游戏中,HUD 应该是可配置的,玩家能决定打开或关闭某些 HUD 元素。有些游戏中已经出现了智能 HUD,可以根据游戏进程自动设置 HUD 元素的状态。

5.6.5 界面设计的效能

在早期的游戏中,玩家通常只控制一个目标单位,随着玩家控制的目标单位越来越多,基于单位的 UI 不再有效。例如在《文明》系列游戏中,城市、单位和等待时间越来越多,新手就会觉得游戏变成了一连串单调乏味的点击操作。在一次测试中,《文明 3》(图 5-41)游戏发展到 1848 年时共经历 422 次鼠标点击、352 次鼠标移动、290 次按键盘、

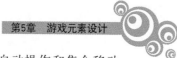

23次鼠标滚轮和18次屏幕滚动。如果不是充分利用了快捷操作、自动操作和集合移动，以上数字还要翻倍。

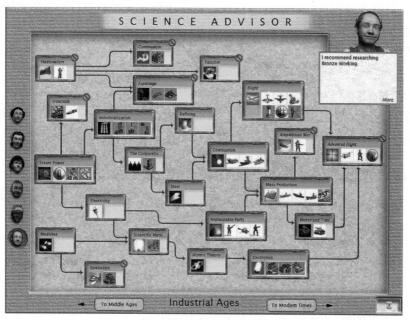

图5-41 《文明3》的科技树

为了检测哪一部分用户界面是低效率的，可以使用用户界面分析器（UI分析器）进行测试。UI分析器就像代码分析器，但UI分析器报告的是用户界面事件，将直接呈现出玩家在每部分代码中进行了多少次点击、按键以及鼠标移动。用户界面分析器可以呈现出更复杂的信息，例如表示用户落实的行动序列的图像。也许可以使用IDE分析器计算I/O事件或函数调用，但这通常都不能获取玩家将最多时间花在哪些内容上。如果让代码调用一个程序报告UI事件而启动UI分析器，便可以获取更多的信息。

如今，比起玩家真正想要控制的，计算机总是会触发更多单位，并且这一数值还将以指数级继续增长。所以，UI可能会让玩家控制一些更抽象的内容，而不是屏幕上的单位，这就要求将代码对象作为抽象对象，而不仅仅是屏幕上的单位。UI也会给予玩家一个指定离线行为的机会，从而减少需要的在线监管数量。游戏开发者可以使用分析工具，并计算包含于不同界面中的操作以评估其用户界面，还可以通过估算理论效能确切地了解是否存在完善空间。

5.6.6 界面设计文档

在明确界面设计原则和要求之后，接下来的工作就是以文档形式确定游戏中所有界面的详细设计。游戏界面的设计文档一般包括以下主要内容。

- 界面标题。界面设计的第一步既可以是文字说明，也可以是某个NPC的头像，但要体现出这是哪个界面。一方面是对玩家的信息提示，另一方面也是设计者必须首先明确的内容。不同的界面，设计功能和设计内容差别很大。

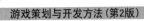

- 界面大小。在设计之初就要明确界面、显示窗口、按钮以及相关图元素材的大小。
- 界面布局。主要指界面显示区域的布局,要使用线框结构图将具体的布局规划出来,同时要使用注释性的文字对各个区域进行必要的说明,还要注意使用不同的底纹区别固定内容和可变内容。
- 按键排列。按键设置要完整,功能不能有遗落。布局要合理、直观。
- 功能实现。注释说明每个按键以及对应的操作结果和功能,方便程序实现。
- 美术效果。说明整个界面的美术效果,所有的界面风格要统一,而且要与主题相吻合。Visio、Word、Photoshop、PowerPoint 和 Flash 等工具都可以用来设计界面,但是开发组内使用的工具要统一。除了这些通用的设计软件外,现在越来越多的游戏公司针对游戏特点,基于引擎开发专用的"界面编辑器",在设计布局的同时实现界面操作和数据的调用等功能。

5.7 游戏原型设计

游戏概念设计阶段可以确定游戏的基本效果和功能,但这个阶段只是以文档的形式存在,对于开发人员和管理人员的理解来说还很不直观。为了展现游戏的实际效果或检验游戏设计是否合理,通常会进行游戏的原型设计。

5.7.1 游戏原型的特点

(1) 可操作性。游戏原型是一个可视化、可操作的可执行程序,不是详细的设计文档,是获得设计师和用户反馈最直观的方式。通过游戏原型可以进行游戏操作,用一个直观而形式化的方法考查游戏结构和功能。

(2) 适用性。游戏原型不需要美观的界面、丰富的内容和最优化的性能,快速和低成本的制作能最大程度地发挥原型的作用。

(3) 针对性。针对游戏的某个特殊部分或特殊问题做测试和应答,试验游戏的各个零碎功能,观察游戏性、动画、可用性等。一款大型游戏可能需要数十个或更多的微小原型。

5.7.2 游戏原型的分类

创建游戏原型可以提高游戏在可玩性上的品质,减少项目风险,当原型被证明可行时,后期的游戏设计、软件编程和美术设计等大量工作才有意义。游戏原型一般分为实体原型和软件原型两种,区别在于两者的实现方式不同:一个是用实物构建原型,另一个是用软件构建原型。

1. 实体原型

实体原型一般使用纸、笔、实体模型、卡片等实际物体实现,以构建和验证游戏的概念。实体原型最适合于角色扮演类、策略类或某些休闲类游戏。例如 1824 年出现的一款棋类游戏,其用掷骰子决定回合制战斗、战场地图、抽象化的士兵等最初的游戏概念。后来,这种供士兵训练使用的游戏模式开始流传,逐渐形成现代战棋游戏和 RPG 游戏。

2. 软件原型

软件原型是用软件工具或编程语言完成的,与实体原型一样,只包括完成系统功能的元素,没有装饰和声音,而且只作为最终游戏的概念性蓝图。通常使用关卡编辑器或地图编辑器,可以利用游戏元素快速组成游戏内容,还可以使用简单的可视化界面编辑简单情节,以实现一定的游戏流程。例如《孤岛惊魂》的关卡编辑器(图 5-42)和《文明 3》的地图编辑器(图 5-43)。

图 5-42　《孤岛惊魂》的关卡编辑器

图 5-43　《文明 3》的地图编辑器

另外,也可以使用低成本的游戏引擎,通过引擎工具和引擎提供的脚本语言在很短时间内创作出游戏原型。在原型通过评估之后,再采用原引擎继续开发或者直接用更高级的引擎进行深度开发,既节约成本,又可以达到建立游戏软件原型的全部目的。

5.7.3 游戏原型与游戏设计

游戏原型重点构建提供给玩家的最核心的乐趣机制,进行重点特征、规则的描述,并在这些限制条件下创造游戏运行的可行模型。然而玩法是无法完全预料的,设计能确定的是规则,而玩家通过对规则的学习、掌握和使用,会产生行为、感受、社会交流以及表意的各种各样的自生性模式。要评估和平衡这些模式,就要反复构建和测试原型,即迭代设计方法(原型设计→测试→分析→精炼)。由此可见,原型设计是迭代设计方法的基础,当然针对的设计对象可能只是整个游戏的某个部分或某个关注点。

原型不是绝对必要的,应该先执行最具风险的想法,有时一个想法在一两天内就被证明是错误的,甚至此时原型本身还没有最终完成。原型的开发过程中,最重要的事是"分解",尤其是一款复杂的游戏,需要对其各部分进行需求细分。但游戏系统又是相互关联的,如果把一个大问题分解成一些小问题分别解决,然后再把这些解答汇总,也许会发现并没有解决根本问题。问题必须整体解决,用每种原型测试游戏的不同部分时,必须留意所有其他部分。因此,原型只是一种测试工具,是严格的流程和方法论的体现。原型的设计基于一套完善、系统、量化的游戏开发规则,需要与其他开发人员达成共识。

5.8 游戏交互设计

交互设计研究人与产品如何对话,并建立彼此之间的互动方式。游戏交互设计是指游戏通过界面、流程、动效、音效、震动等视觉、听觉、触觉等方式将游戏机制传达给玩家,玩家通过操作、语音、感应器等输入方式探索和体验游戏。例如,射击游戏《APEX》(图5-44)对于弹药量的传达和反馈做得非常充分和完善,它运用了数字和颜色的提示,动效和音效的提醒,以及界面上的文字提示。通过不同的方式提醒玩家:你现在的弹药还剩多少? 你的弹药已经不多了,赶紧补充弹药。其击中效果的反馈也非常丰富,在击中物体、击碎护甲、击中身体等状态时都有不同的音效、动效和文字提示。通过各种互动方式和反馈机制让玩家对游戏进程和玩法有更强的感知。

图5-44 《APEX》弹药量显示

5.8.1　游戏交互设计原则

游戏玩家更关注游戏玩法的乐趣、游戏过程的操作和情感体验,即游戏的可玩性。游戏交互设计的目标是让玩家有更顺畅的体验,在游戏过程中更少地被打断,更有趣地感受。例如,故事化包装和合理的反馈使玩家被吸引并专注于游戏目标和任务。游戏交互设计人员要重视游戏整体的交互框架和流程体验,包括提供优秀的交互设计方案,设计合理的流程和情感体验,持续优化并推动优化方案落地,统筹交互设计的一致性等。

1. 符合心智模型

简单来说就是符合玩家的预期,是玩家长期在社会或者大环境中对已有事物的预期和假设,最好能符合这个假设做一些操作。例如,不管是应用还是游戏中,都经常看到页签,大家对页签的认知就是切换页签以后会进入游戏的另一个界面,这个界面应该是平级的,不会跳转。但如果一个游戏的页签做成了点击后打开弹窗或者进入一个全新的界面,这显然是不符合预期的。例如,《英雄联盟手游》(图 5-45)中的英雄查看界面左右下角的箭头是用来切换英雄的,如果某款类似的游戏把这个箭头做成切换皮肤或者切换技能、装备,就不符合玩家的预期。

图 5-45　《英雄联盟手游》的英雄查看界面

2. 尊重已有习惯

当针对玩家已有习惯进行更改时,一定要非常注意。可以在新体验上线后做成开关的形式,如果玩家觉得不好用,就把它关掉,不会影响已有的游戏体验。例如,《炉石传说》(图 5-46)中的"酒馆战棋"最初只是一个尝试玩法,被放在"其他模式"中,后来因为热度比较高就移动到了主界面的第二个位置。虽然看起来更方便了,但玩家在很长时间内

图 5-46　《炉石传说》的菜单界面

都会习惯性地点击最后一个入口，这就是因为更改了常用功能入口位置而导致的误操作。

3. 评估性价比

游戏项目组在进行所有体验的评估时，需要平衡版本风险、开发周期、人力安排、产品定位、用户体验等各方因素，最终评估出一个最合理的解决方案。交互设计团队可能花了大量的时间和精力修改了很多版本的稿子，但项目组最后选择了一个平平无奇的方案，甚至全盘否定了前期方案，这都是非常正常的。在日常工作中，要注意不要被动地接需求，而是要针对不同类型的工作制定更科学的工作流程，主动地做优化。要关注前期的调研分析以及创意"脑暴"工作，强调创意能力的发挥。对于普通的游戏产品需求，关注前期的需求分析评估和后期的产品持续打磨；对于即将上线、玩家马上就要体验的内容，要更强调功能、性价比评估和系统持续的迭代优化能力。

5.8.2 游戏体验设计

游戏体验设计主要分为内容与机制（偏玩法向）、展示形式（偏视觉向）、操作流程（偏操作向）三方面。

1. 内容与机制

从交互和体验的角度出发，提出玩法、内容、机制的优化内容，与策划团队一起做需求共创，帮助玩家获得更好的体验。主动了解游戏产品的目标与现状，挖掘问题和痛点并提出合理的优化解决方案。例如《和平精英》（图 5-47）的消息系统，在前期的调研中发现，游戏上线两年后有一个很大的痛点：由于游戏内容越来越多，玩家不知道游戏现在有什么重要的内容、消息和新闻，有什么奖励可以领。基于这个痛点，游戏定义了一个创新的设计目标——提供一个一站式处理消息与奖励的解决方案，方便玩家集中地处理各种消息。经过多个版本的迭代，通过一个消息系统集合所有重要信息，帮助玩家处理游戏消息、邮件、申请、奖励等内容。这个体验带来的价值比较高，而且开发成本较低，取得了很好的效果。

图 5-47 《和平精英》的商城界面

基于已有功能玩法的优化设计,例如《和平精英》游戏中的直播间会提供当前赛事的直播,而在电子竞技赛事里,粉丝效应是很强的,一些知名的战队会有很大的粉丝群体,他们非常关心自己喜欢的战队表现如何、战况如何。基于这个现象,游戏做了一个队伍频道的设计,玩家不用跟随导播的视角,可以始终只看自己喜欢的战队,增强了直播的观看体验。

2. 展示形式

在竞争激烈的游戏行业,如何才能让自己的产品独树一帜、做出特色,展示形式的设计就显得特别重要。游戏交互设计人员需要考虑如何利用新颖的动效明确目标,基于界面、包装、动效等视觉元素帮助游戏建立更直观、更有差异化的品牌印象,强化反馈,增强游戏的带入感。例如《炉石传说》(图5-48)中的倒计时,在其他游戏中玩家很容易因忘记时间而导致超时,但在《炉石传说》中,你很难超时,因为它采用了烧绳子的概念表现倒计时,用绳子越烧越短表达了倒计时即将结束的概念,绳子烧完时,倒计时就结束了。一方面是动画效果的表现很新颖,让玩家眼前一亮;另一方面是倒计时位于游戏屏幕的中间,让玩家很难忽略。《集合啦!动物森友会》的商城更倾向去营造真实、富有沉浸感的商城场景(图5-49),玩家在游戏内浏览商品时,就像自己真正在逛街购物一样。

图5-48 《炉石传说》的倒计时

图5-49 《集合啦!动物森友会》的商城界面

通过故事化包装建立一整套的故事化"脑暴"的流程,例如《最强NBA》(图5-50)是一款正版的篮球动作手游,在立项前期决定做出很大的差异化,其中一项就是主流程的故事化包装创新。该游戏对篮球直播赛事形式和内容进行深入研究,观察开赛前的氛围渲染、精彩镜头、球员介绍、数据展示、大屏幕效果等场景的处理和表现,收集了很多相关的素材寻找灵感,最后确立了一个故事主线:以"一场直播"串联整个游戏的主流程,把演

图5-50 《最强NBA》

播室、电子显示屏、媒体剪辑等元素和流程有机结合。接下来做主流程的拆分,梳理出流程中的重要节点,利用概念元素与流程进行结合。从主界面→玩法选择→组队→选人→单局体验→结算,然后将"一场直播"这个概念植入主流程的各个环节。主界面被包装成演播室的氛围,当进入玩法选择时,推进镜头到演播室的大屏幕,再通过球星剪辑的形式展示组队、选人的过程,在进入单局游戏后,通过场景氛围的渲染打造出比赛直播现场的感觉。在游戏结束时,用专业的数据播报展示球队和球员的数据。

3. 操作流程

简化操作,降低操作门槛,打磨更友好的操作和更高效的体验,分为两个部分。

一是操作设计。在做重要、核心的操作时,需要不停反问:这个操作能不能更简单? 能不能很容易地完成? 能不能更快、用更少的步骤完成? 能不能更直观地一眼就能看见功能在哪里并预期操作后的效果? 例如《和平精英》(图 5-51)投掷流程的优化,原始版本的体验有三个步骤,先要展开列表并选一个手榴弹,选中后关闭列表,再点击投掷按钮投掷出去。流程优化做法为:首先把投掷流程拆分成了两个核心体验,第一个是切换体验,例如从手榴弹切换到烟雾弹;第二个是投掷体验,把投掷物投出去,拆分后再进行各个击破。切换体验相对比较复杂,涉及道具数量不固定的问题,有时候是四个,有时候可能更多。方案 1 是保证高频投掷物在固定位置,让玩家更少地思考,但这个方案的性价比不高、体验提升不多。方案 2 结合手势操作,按住展开所有物品并滑动选择,但由于物品太多,需要展开两层显示,依靠手势很容易误操作,玩家根本选不到外面一层。最后结合前期方案的优点进行优化,即按住按钮后只展开四个高频使用的物品,其他物品依然通过原来的展开列表进行操作。因为这些高频投掷物出现在百分之八九十的场景,优先解决这些场景,最终将切换体验缩减了一步。

图 5-51 《和平精英》投掷流程的优化

投掷体验的原始体验选择和投掷步骤是分开的,必须选择一个投掷物再投出去,优化后可以点中投掷物直接投掷,节省了一步操作。最后对优化进行整合,利用手势操作(长按滑动)把三步合成一步(图 5-52)。优化过程中,对细节操作也做了很多体验优化:在收起状态时通过扇形标记直观地展示物品拥有情况;固定物品位置,并在没有物品时显示剪影,便于玩家记忆;对投掷物的使用频率进行排序,越靠近右边的使用频率越高。

二是流程设计。即通过流程的优化和简化做到缩减操作路径,减少操作步骤。主要形式为:流程简化,删除非必要的流程或合并流程以达到缩短路径的目的;建立捷径,在两个多步骤的操作之间架起一个桥梁,缩短操作步骤;智能推荐,通过智能算法让玩家直达终点,不需要任何操作;多系统快捷跳转,在多个系统之间设置友情快链,方便玩家操

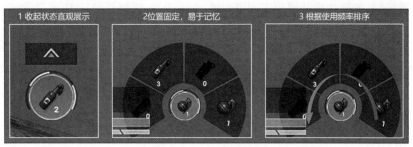

图 5-52 《和平精英》投掷手势操作

作。例如《PUBG Mobile》购买通行证的流程,在老版本中,玩家购买通行证需要在三个界面之间来回切换查看普通通行证和高级通行证的区别,再决定购买。而在新版优化时,信息进行了大量删减,只保留最重要的信息,对购买流程做了简化合并,最终简化成在一个界面内可完成所有操作和购买。《和平精英》内的一个抽奖活动在最初设计时,玩家如果想查看奖励,需要点击"奖励一览",再点击页签,最后才能对想了解的奖励进行查看。这个过程需要两步操作,而且玩家还要查找和思考。通过测试发现,玩家经常点击界面上的圆形奖励球,其实一开始游戏中并没有相应的点击事件,从调研中发现的这个现象中得到了设计优化的灵感,在奖励球上加了快捷跳转,点击就可以直接跳到对应的奖励和区域,玩家只需要一步操作,就能所见即所得地查看奖励,快捷跳转至更深层级,减少了玩家的思考成本。

《和平精英》(图 5-53)的自动拾取物资在优化前的体验是玩家拾取物资时需要先走近物资,查看哪个是自己想要的,再点击捡入背包,整个流程才算走完。优化后做了智能推荐和自动拾取两个机制,在走近物资时自动拾取高优先级的物资,从最初的两步操作变成了现在的零操作,为玩家减负。

图 5-53 《和平精英》自动拾取物资

《炉石传说》是一款卡牌游戏,在对战前必须先选择卡牌,这个时候可能会产生修改牌组的需求,老版本的体验是需要回到主界面,再进入卡牌库内编辑卡组。优化后的对战界面可以直接跳转到卡牌库,整个流程从原来的四步变成了两步。快捷跳转需要游戏交互设计人员分析当前场景的核心诉求并提供解决途径,注意是核心诉求,而不是任何诉求。如果任何诉求都加入,这个界面就会变得特别臃肿,反而失去了优化的意义。在设计快捷跳转时,既要注意从哪里来回哪里去,例如从 A 能跳到 B,就应该必须从 B 跳回 A,避免玩家迷失;又要避免死循环,在两个系统间来回跳会造成玩家错乱,还可能使程序崩溃。需要注意,不是所有操作体验都要遵循简化的理念,要区分场景和频率。例如,对于高频、重复性的操作,应该以效率为主;对于低频、不重要的操作,还有一些想要强调情感体验包装和炫耀感的界面和操作,可以牺牲一些操作体验。

5.9 本章小结

如果说制作一款游戏是在创造一个世界,那么场景、道具、音效、角色等游戏元素的设计就是这个世界的构成基础。本章对各类游戏元素的内容、作用、设计方法等进行了讲解,强调了整体的协调性和融合性,从而提升整个游戏给玩家带来的真实的沉浸感。

5.10 思考与练习

(1)简要描述游戏元素的设计原则。

(2)游戏设计中创建原型有什么意义?创建方法有哪些?各有什么特点?

(3)游戏中人物动作的设计有哪些注意事项?

(4)策划一款竞速类游戏,并设计道具、功能和效果。

(5)策划一款角色扮演类游戏,设计角色的特点和相关属性。

(6)《英雄联盟》(LOL)中的角色等级是如何设定的?

(7)尝试设计一个拍卖界面,画出其界面草图(无须考虑美术效果),并简要描述界面的操作方式。

第6章 游戏数值设计

学习目标

1. 素质目标：培养跨学科知识运用能力、计算思维能力、逻辑推理能力和良好的职业素养，树立严谨的工作态度和责任意识。

2. 能力目标：能够根据数值策划的工作流程对游戏项目的角色属性、技能系统、道具系统等进行基础数值建模；能够结合一款策略类游戏对其数值系统进行分析和描述。

3. 知识目标：了解游戏数值策划的作用；掌握游戏数值策划的工作流程；掌握游戏数值策划的内容和数值建模方法。

本章导读

数值计算的输出数据是为游戏的数据库服务的，是游戏内部数据组织最重要的一个环节。当然，数值计算的结果并不是一步到位的，这些数据无法保证不做调整即可在游戏中达到完美平衡。本章介绍游戏数值策划的作用，重点讲解游戏数值策划的工作流程、内容以及数值建模方法。

6.1 数值策划的作用

数值是游戏中数据的基石、活力的来源和维护游戏平衡的关键。在游戏世界中，数值组成了所有物体的价值。简单来说，数值策划的底层工作就是将上层策划的抽象、感性的系统描述具象化、逻辑化，成为上层策划人员和程序设计人员交流的通道。以上层策划的方案为前提，配合或指导程序设计人员制定出数据结构和算法流程，并保证其被实施。同时在策划人员和程序设计人员有需要时，迅速为双方提供各自不了解部分的内容说明，对策划人员说明程序实现，对程序设计人员说明策划思想、游戏的基本数据和具体数据流向等。

数值策划为所有游戏物体附加实际的价值意义并建立相互联系，例如角色、装备、武器、怪物、宠物等游戏元素的表现力都可以通过数值具体化、真实化。建立整个游戏系统的数值和算法框架是数值策划的重要工作之一，要将所有策划意图数据化、结构化，表述出逻辑内容，使程序设计人员不用思考如何实现策划意图，只要按照数值策划提供的表格化数据结构、公式化表述和程序式描述实现即可。

6.2　数值策划的工作流程

数值策划的工作流程一般分为以下 5 个阶段。

1. 立项阶段

在这个阶段,数值策划的工作基本上都可以由有能力的主策划完成,主要是在结构方面对整个项目核心系统的数值模型进行阐述,为项目的可行性添加筹码。如果项目中没有需要以完善的数值结构为支撑的核心系统,那么这部分工作甚至可以忽略。

2. 程序底层搭建阶段

在这个阶段,由于程序设计人员需要开始构建程序的底层结构,因此很多后续功能的关键性数据接口必须提前和程序设计人员沟通,提出具体需求。这个阶段可能会涉及数据结构、参数接口、数据采样的功能需求等几个关键工作。

3. 封测版本阶段

在项目封测版本完成之前,这个时期是非常漫长的,要做的工作也很多。首先是数值模型的构建,而数值模型是一个很抽象的概念,并非一个看得见的图形,而是由一系列数值规则及公式搭建而成的,是一整套数值运作流程。例如经验值的设计、角色的属性、装备数值的设计、采集或制造系统等,都需要经历"设计目的→数值模型→检验→修改模型至合理→数值设定→测试→再测试"这样的流程。

4. 内测阶段

这个阶段是开放测试的开始,虽然比前一个阶段的时间短,但要做的工作更多。由于之前给程序提供了数据采样的功能需求,这个阶段需要拿到这些数据并进行分析,因此数据采样的功能需求的合理性是非常重要的。

5. 公测及正式运营阶段

这个阶段即是重复上一个阶段的工作,也可能会有后继版本的新功能等相关工作。

6.3　数值策划的内容

数值策划的工作内容主要分为角色属性、技能系统、道具系统。

6.3.1　角色属性

1. 手动加点

制定一套一级属性与二级、三级属性之间的关系的公式初稿,并留出足够的参数空间,以便后期对公式进行调整。依照这套公式以及其他系统策划设计出的职业系统、技能系统、道具系统、荣誉系统等所有影响角色下线存储数据的系统,确定主角的数据结构。

针对所有一级属性进行调平,每种属性点可以让角色的生存能力增加多少,对目标造成伤害的能力就增加多少,生存能力与伤害能力之间取平均值,作为进行对比的标准数据。如果属性对不同职业的加成不同,那么就需要对每个职业的每个属性进行调整,并且职业之间也要调整,但这几乎是不可能平衡的。

调整数据包括一级属性对二级属性的影响参数,即公式中的参数;甚至可以更改公式,但不能影响数据库结构。

2. 系统加点

针对上述手动加点的方式,省去调平过程,规定出角色在各个等级的生存能力与伤害能力,由此逆推出角色在各个等级的属性点数。

系统分配加点时一般会有一个设定,即一级属性点对不同职业有不同的加成效果,需要对各职业之间的平衡做设计,可以调整每个职业的成长点数,也可以调整各职业属性的修正参数,尽量保证各个职业在各个阶段的战斗能力基本持平。例如一个加血类的职业与一个伤害类的职业之间的平衡,因为是功能不同的两个职业,在游戏世界中形成了相互依存的关系,依照经验,不要让这两种职业在这方面的能力相差太大,如果是难以弥补的差距,就要想办法在其他系统方面做弥补。角色属性方面在上述工作完成之后,如果不出意外,在测试调整之前的很长时间内都不会对其再做调整。

6.3.2 技能系统

在不考虑其他系统影响的情况下,技能系统策划可以从以下几个步骤入手。

(1)根据系统策划方案设计每个职业的所有技能。结合战斗系统本身的规则,对各个职业的技能系统做出是否可调平的判断以及难度评估。

(2)整理与技能系统相关的数据结构。尽早提出可能存在的会影响主角的数据结构,例如技能产生的角色身上的状态,甚至角色下线但仍然在计算中的状态等。

(3)针对每个技能做平衡性调整。明确角色各类技能的威力占据的角色能力的百分比和与经济能力相关的消耗成本。

(4)针对每个技能的性价比进行评估并调节参数,使每个技能的性价比可控。

(5)制定各个职业的技能学习表。即每个等级、每个玩家都能学到什么样的技能,并将调平过的数值填充进去。

6.3.3 道具系统

装备也是游戏中一个角色的最终战斗能力的一部分。如果游戏采取的方法是早期RPG类的设定方式,则游戏角色的装备从初级到高级的属性是单线的。例如,初级到顶级的鞋只增加速度和防御的属性,那么鞋的速度对战斗力的影响值就没有必要与手套上的力量值做平衡,因为两者是不同的装备,只需要鞋在属性上的值更高一些即可。而如果某个位置的装备可能在同一等级有更多种类的属性变化,那么属性换算就非常必要。

暴雪公司在《暗黑破坏神》《魔兽世界》中提出了"属性池"的概念,并将每种属性赋予一个效用值,之后在每件装备上设置一个固定的"属性池",并规定这件装备的"属性池"的大小。在这种平衡规则的体系下,可以根据一系列的演算、验证调整每种属性的效用值。只要这些效用值是合理的，那么之后的装备无论怎样变化，也不会出现太多的不平衡现象，最多只需要对一些出问题的细节进行针对性的调整。

补给品是经济系统中比较重要的组成部分。例如，战士和刺客之类的近身战斗职业很容易计算出在各个等级面对不同怪物时单位时间内生命值的消耗速度，而法师和弓箭手之类的远程攻击职业则不容易估算生命消耗的数值，最难的就是生命补给品与治疗职业之间的平衡关系。从低级角色到高级角色，在同一时间内基本上只有一个练级技能好用，这是提升伤害能力的唯一途径，这时魔法补给品的消耗就可以很轻易地被计算出来，而生命补给品的消耗又几乎是被忽略的。这样一来，某等级某职业在练级过程中对补给品的平均消耗量，或者说最小消耗量，就可以轻易地计算出来了。另外，由于只是计算魔法补给品的消耗，因此与治疗职业之间的冲突关系也就不存在了。而之后需要考虑的仅仅是玩家在组队之后的杀怪效率与药品消耗之间的关系。当然，如果说游戏是鼓励玩家组队的，那么在组队之后降低药品消耗量也是十分可行的。

6.4　游戏数值建模

6.4.1　宏观设定

在建立数值模型之前，首先需要对游戏的大致形态有充分、准确的理解，因为数值模型一旦制定并投入研发，即使预留了充分的扩展空间，也难以进行大范围改动。这就需要主策划在项目之初就制定出一份相对详细、基本确定的框架设计纲要。

例如，在MMORPG类游戏的规划设计中，为了便于梳理层次，使其清晰易读，通常需要将其拆分为社会、经济、养成、战斗四大模块。社会模块奠定社会框架，决定游戏进程，为数值的宏观设定提供必要依据；经济模块定义货币种类，构建经济体系，决定各个系统和活动的产出、投放；养成模块规划养成玩法，延续游戏周期，决定各个系统和活动的消耗设计；战斗模块规划战斗玩法，释放情绪感受，形成"战斗→养成→战斗"的正向闭环。主策划需要向全体研发成员展示游戏的宏观设定，数值策划需要从中归纳出构建数值模型所需的元素，并进行分类组装。数值作为游戏内在的脉络，与这四大模块密切相关。

6.4.2　社会体系

通过对宏观设定规划文档的解读，在社会模块中应明确以下几个关键点。

（1）角色升级完全依赖于关卡设计的主线任务，升级过程需要避免枯燥乏味，升级时间要大幅缩短。

（2）多个等级封印的存在可以使大多数玩家聚集在一起，从而缓解高级玩家背离世界、新手玩家又被世界遗弃的情况。

（3）为了避免玩家在等级封印期间大量流失，一定要确保玩家始终有所追求。"历练"取代"经验"成为玩家的主要追求目标。

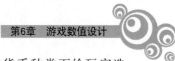

（4）注意体验节点的排布，避免因过度集中的知识点和过多的货币种类而给玩家造成认知负担。

6.4.3 经济体系

很多类型的游戏都需要建立一个虚拟的经济体系，并为不同的装备制定不同的价值。玩家在游戏中需要追求不同的目标，游戏货币作为中间枢纽之一，可以对目标的实现程度进行量化，为了获得所需的货币，玩家会参加各种活动，从而使玩家的游戏意愿得到正向驱动。游戏货币的种类要以游戏本身的特性作为依据。例如《剑网3》《征途2》等重度游戏（玩家认知程度高，付费能力强，用户群体固定，忠实度高，游戏生命周期长）的货币种类非常多，而轻度游戏（占用玩家的碎片时间，游戏操作简单易懂）则只需要一两种货币，甚至可以完全没有。

货币种类的细分使各个活动的追求更加明确，避免了某些产出相对较少的活动被玩家直接忽视。而过多的货币种类又会加重玩家的认知负担，所以要根据实际需求进行平衡，并在规划设计层面进行体验优化。

1. 货币价值

从宏观设定规划文档中可以提炼出游戏内所有的货币类型（广义）以及各自的主要产出、消耗途径。排除充值因素，游戏内的货币均是玩家消耗时间和劳动力从系统中产出的。此外，玩家的操作技巧和所处的社会环境也会对货币的获取效率产生影响。因此，为了更加准确地衡量货币的价值，同时为了便于分配系统产出，通常采用的是时间、金钱、技术、社会四重权衡体系。"时间定产"表示玩家通过个人劳作在单位时间内可稳定产出的货币数量。结合游戏的宏观设定，一般以一天为单位。"金钱兑换"表示玩家在单位时间内的个人劳作可换取的金钱收益。例如，暂定为一天10元，等价于1000黄金。"技术因素"表示玩家通过自身的操作技巧在单位时间内（一天）可获得的不稳定收益，由于规划文档中有周上限的设定，因此除以7，平均分配到每天即可。"社会环境"表示玩家及所属社会群体在单位时间内（一天）可以获得的货币数量。由于社会环境因素动态多变，因此在这里只取其上限值。

将所有货币在不同等级阶段的日产量规划统计出来之后，可以求和得出每种货币的日产量上限，也就是其价值量权重的倒数，该数字越小，表示对应的货币就越有价值。依据权重倒数，可以建立"货币度量衡"，用于量化玩家个人的劳动回报，即"100黄金＝X官银＝Y碎银＝Z修为"这类等式，该等式将在物品定价环节中发挥重要作用。需要注意的是，货币度量衡需要建立在"越少越稀有"的基础上。在定义货币时，要根据获取难度的异同给出相应的币值。例如某些稀有的货币，一天可能只产出一两个，不能主观地美化成100～200而不修改数值模型。

2. 货币规则

除了货币价值，还需要制定一些规则以说明这些价值在不同情况下会如何变化。例如，不同的商店能不能对同一个装备标出不一样的价格？某种物品的供应是否会影响到其价值？角色的声望与价格之间是否有某种关系或其本身会不会贬值？在游戏世界中这又将对贸易以及供应产生怎样的影响？

当前大多数 MMORPG 类游戏的经济系统在运营到中后期时都会产生通货膨胀问题，其原因是游戏中的虚拟货币过多，这种"多"包括两个方面：一是虚拟货币的绝对数量过多；二是虚拟货币的相对数量过多。虚拟货币绝对数量过多的原因是游戏中虚拟货币的发行不受限制，虚拟货币的消耗量远远不及其发行的增加量，这样就会使虚拟货币不断快速地累积增多。例如，在网络游戏中通常通过打怪获得虚拟货币，这样怪物就成了货币的发行者。而虚拟货币的消耗通常是玩家的生产消费或战斗中的耗费，例如补血药水，魔法药水，打造、合成以及修理装备的费用等。如果怪物掉钱的概率和数量不能随货币的需求变化而变化，那么怪物这个货币发行者是不符合实际需求的。虚拟货币相对数量过多的原因是某类物品的数量不断增多，当这种物品增多到一定程度，一般来说是这类物品完全满足了玩家的需要之后，它就不再有价值，造成游戏市场上对应的有价值的物品减少，而相对于有价值的物品来说，则是虚拟货币数量增加。

游戏中的经济基本规则是首先要控制虚拟货币的平衡。与现实世界一样，游戏世界中货币的总供给量应等于货币的总产出量。虚拟货币在游戏中生成之后，其最终流向只有两个结果：一个是作为消耗品使用，被系统回收；另一个是以虚拟物品等形式在游戏中长期存在。

6.4.4　养成体系

养成体系是延续网游生命周期的关键。玩家在网游中的投入的直接目的是通过自身属性、技能、积分、排名的提升获得与其他玩家进行交互的优势，包括在游戏中的社会地位，以及各个游戏系统带来的展示效果、便利性、战斗辅助等功能。

对于数值策划来说，在 MMORPG 类游戏的养成体系中，主要关注属性和技能。其中，属性的配给方式需要适用于全职业的各个系统；而技能的设计则需要添加各种变量，为战斗的结果提供多种可能性。因此在数值建模时，更多的是将"属性"归入养成体系，将"技能"归入战斗体系。

例如，根据一款网络游戏的整体规划设计并罗列出游戏中的所有属性，并简单介绍属性的作用及其成长、转化方式。为便于整理归类、防止遗落，可以将这些属性分为一级属性、二级属性、三级属性、附加属性、扩展属性五大层级。

（1）一级属性。为角色的基础属性，除悟性之外，均会按照一定的规则折算为二级属性和三级属性。基础属性还将作为部分装备的使用限制、武学心法和招式的学习限制。

（2）二级属性。为攻、防、血的相关属性，是大多数玩家追求的共同目标。

（3）三级属性。为命中、闪避、会心、破防等战斗变量属性，同样是玩家需要追求的共同目标，只是在概率的影响下，这部分属性将为战斗过程带来多种可能性。

（4）附加属性。附加在武学心法、武学技能、装备、经脉等系统上，玩家需要根据职业特点和个人偏好有针对性地进行专门培养的属性。

（5）扩展属性。为饮食、天气、奇遇等特殊系统，以及运营活动和各种趣味玩法所用的属性。

属性分层是为了便于沟通交流，没有绝对的标准。以上仅为其中一种分层方法，根据直接属性成长方式的不同，可以将其再进一步划分为等级成长属性、非等级成长属性、技能相关属性 3 个类别。等级成长属性是随着玩家等级而成长的属性,但这并非是玩家升级就能直接获得的,而是指玩家在该等级时属性所能达到的上限;非等级成长属性是虽然成长,但不与等级直接相关的属性,其上限或为定值,或根据自有公式计算得出;技能相关属性多指为玩家附加的临时属性。

针对等级成长属性中的"直接属性"制定"标准属性"的属性成长公式,该公式通常为线性公式。可以将公式设定为:$f(\text{Lv})=\text{Lv}\times a_n+b_n$。其中,$f(\text{Lv})$ 代表标准属性的上限;Lv 代表角色的等级;a_n 代表在当前等级段下,等级每提升一级,"标准属性"增加多少;b_n 用于修正两个等级段之间的 $f(\text{Lv})$ 值,使前后的两段曲线得到衔接。通过该公式可以直观地看到在玩家角色达到某等级时"标准属性"的上限能够达到多少。以标准属性为基础乘以相应系数,即可得出每个等级成长属性在对应等级时的属性上限。

在"战斗公式"中,需要列出游戏中用到的所有战斗公式,并说明圆桌判定规则。记录之后,无论是后续的数值建模过程,还是作为检错、沟通、测试的依据,都将带来极大的便利。例如,采用乘法将伤害公式定为:伤害=攻击×(1−防御减伤比)。"攻击"可以为直接数据,但为了美化和修饰数字表现,通常会加入一个修正系数,即(实际)攻击力=(面板显示的)攻击点数×转化系数。"防御减伤比"不能大于或等于 1,因此防御应为趋势函数,即防御减伤比虽然会随防御点数的增加而增加,但只会达到允许的最大值。趋势函数需要根据想要得到的感受设定不同的公式,可将其分为线性趋势函数和曲线趋势函数两类。

线性趋势函数可以用以下公式表示:

$$Y=C\times X/(f(\text{Lv})\times A)$$

曲线趋势函数可以用以下公式表示:

$$Y=C\times X/(X+f(\text{Lv})\times A)$$

其中,C 代表强度转化系数(影响单位"直接属性"可转化的"转化属性"的多少),A 代表等级削减系数(影响"转化属性"与角色等级的关联程度),通过对 C、A 的调节可以对曲线形状进行修正。在 $f(\text{Lv})$ 保持不变、X 递增的情况下,这两个公式的曲线分别如图 6-1 和图 6-2 所示,从中可以看到两种公式下属性各自的成长趋势。

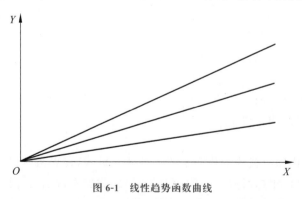

图 6-1　线性趋势函数曲线

同理,可以设定命中、闪避、会心、会意、破防、格挡、招架、御劲、化劲、识破、无双等属性的成长公式。在理想情况下,趋势函数可以无限接近某值。但外部因素并不可控,一旦误给,很容易出现超出上限的情况。为了避免风险,需要在程序代码中添加上限值,当

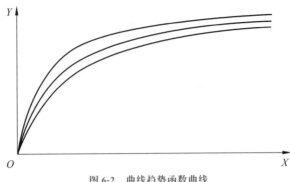

图 6-2　曲线趋势函数曲线

某一属性超过该上限时，应强制将其转换为该上限值。在大多数页游、手游中，为简化计算，通常会舍弃基础属性换算为二、三级属性的设定。总之，数值设计要从项目的实际需求出发。

6.4.5　战斗体系

从数值的角度来看，战斗就是属性、技能集合体之间的对抗。PVE（Player VS Environment）是玩家角色与 NPC 之间的对抗，PVP（Player VS Player）是玩家角色之间的对抗。作为"集合体"的玩家角色和 NPC 需要通过"属性"为之提供定量，通过"技能"为之提供变量。如果定量优势过大，则游戏就会呈现出数值碾压的局面，失去挑战的乐趣；如果变量优势过大，则养成体系的存在价值就会被大幅削弱，进而使产品营收受到影响。

在设计战斗模块时，要合理把握"变量"的"度"，使玩家角色能够达到"以正合，以奇胜"的理想效果。按操作方式划分，战斗模式可分为即时、半即时、半回合、回合制 4 种类型。

1. 即时模式

即时模式是指按玩家的实时指令控制角色行动（移动、攻击、防御等行为）的游戏方式，特点是操作反馈较为及时，操作感强烈。大多数动作类游戏采用的都是即时模式，其中交战双方同时移动单元和发起攻击，例如《暗黑破坏神 2》《战神》《魔兽争霸》《魔兽世界》等。通常玩家在这类游戏中只控制一个角色或单元，可以经过游戏场地寻找敌人、物品和目标，玩家很少有时间计划长期战略。

在即时模式下，遇敌后没有回合限制，可直接操作。取消回合的限制会使得公平性下降，但对技术的要求增加。在游戏中，战斗双方可以按照自己的想象力进行战斗规划，自由度高，没有回合制的束缚感。

2. 半即时模式

半即时模式是由即时模式变化而来的一种战斗模式，在思考阶段可以中断，例如《梦幻模拟战》《红警》等。半即时战斗一般指 RTS 类游戏加入行动力与回合的概念，但这个回合概念是在即时行动的基础上人为划分的，与通常的回合制有较大不同。部分半即时游戏还会允许玩家随时在行动阶段中断进程，改变进攻目标。

3. 半回合模式

半回合模式是指玩家在战斗前排好角色阵型，有针对性地在数百种技能组合中做出最能克制敌手的选择,是由回合制和实时制演化而来的,例如《逆天仙魔录》《大皇帝》等。在传统的回合制中,指令生效需要两个大的阶段:在指令下达阶段,一个指令在下达后并不能马上生效,需要等待所有指令都输入完毕,到达行动阶段后,才依次生效。而半回合制是行动值满即可下达指令并即时产生效果,操作的反馈更加及时,但策略性会有所下降,因为要及时掌握场上信息和采取最佳的行动策略。

半回合制避免了回合制游戏等待一方操作过程中对游戏没有实际操作的弊端,既可以主动运用技能,又可以根据对战局形势变换出招顺序,让战斗结果充满跌宕起伏的变化,增强了游戏的娱乐性。

4. 回合制模式

战争类游戏以及许多战略类和模拟类游戏等基于复杂数据的游戏需要玩家控制多个角色或单元,通常利用回合制战斗系统,例如《石器时代》《大话西游》《梦幻西游》等。

实现回合制战斗的方法主要有两种:第一种方法是任何一方首先移动并利用它的所有单元执行攻击,然后另一方才有机会做同样的事情;第二种方法是玩家一次一个地轮流激活单元,以进行移动和攻击。在玩家需要提前考虑动作并进行筹划的游戏中,采用回合制最为适合。当然,这种系统也有缺点,例如被迫使所有单元都投入战斗,而不知道敌人将如何做出反应,或者有时仅仅由于己方首先行动就会赢得胜利。

回合制游戏的节奏较慢,操作简单,玩家可以同时操作多个角色。可以加入包括宠物、召唤兽等在内的复杂系统。回合制游戏一般具有如下特点。

(1)一般都采用 2D 视角,不会过分强调战斗,而是更强调沟通与交流,给玩家的直观感受不强。

(2)依靠口碑和群体效应吸引更多玩家,简单的市场运作和广告投放在短时间内的拉动效果不明显。

(3)节奏和升级较慢,玩家体会到这类游戏的乐趣需要较长时间。

(4)通常带有一定的故事性。

(5)无法提供紧张刺激的战斗,为了提高游戏的趣味性,通常会设计许多好玩的系统以吸引玩家。

6.5　数值案例分析

6.5.1　经验值系统分析

下面以《魔兽世界》为例对游戏经验值系统进行分析。

1. 怪物经验值

1) SOLO(单挑)经验值

(1)同级怪物与标准经验值。

当人物等级和怪物等级相同,而且独自杀掉一个普通怪物(非精英、非召唤、非副本怪物)时,获得的经验值可以用以下公式表示:

$$BXP = 45 + 5 \times CL \quad (内域怪物)$$

$$BXP = 235 + 5 \times CL \quad （外域怪物）$$

上式中，CL 指人物等级，怪物等级（ML）＝人物等级（CL）。将独自杀死同级怪物获得的经验值称为此等级的标准经验值。

（2）怪物名称的颜色和等级。

怪物和人物等级的不同，会显示为不同的外观或颜色，以表示此怪物相对于人物的难度。怪物一般显示为骷髅、红色、橙色、黄色、绿色和灰色 6 个难度等级。前 5 个难度等级的差异如表 6-1 所示。

表 6-1　难度等级差异表

难 度 等 级	比　　　　较
骷髅	ML≥CL＋10
红色	ML≥CL＋5
橙色	CL＋3≤ML≤CL＋4
黄色	CL－2≤ML≤CL＋2
绿色	GML＜ML≤CL－3（GML 指灰名怪物等级）

当怪物名称显示为灰色时（灰名怪物），就意味着人物杀死这个怪物不会获得经验值。灰名怪物和人物的等级差异不是固定的，与人物等级之间的函数关系如以下公式所示。

$$GML = 0 \quad (CL \in [0,5])$$
$$GML = CL - vFloor(CL/10) + 5 \quad (CL \in [6,39], vFloor() \text{ 为向下取整})$$
$$GML = CL - 9 \quad (CL \in [40,70])$$

（3）等级差异与经验值修正系数。

杀死高于人物等级的怪物，获得的经验值如以下公式所示：

$$XP = MXP \times (1 + 0.05 \times (ML - CL))$$

这里，CL＜ML≤CL＋4。

当怪物等级比人物等级高 5 级或更多时，获得的经验值依然等于杀死比人物等级高 4 级的怪物。即使是杀死比人物等级高 10 级的精英怪物，也不能获得更多的经验值。所以 MXP×1.2 是杀死高级怪物能够获得的经验值的上限。杀死比人物等级低的怪物获得的经验值相应变少，如下：

$$XP = MXP \times (1 - (CL - ML)/ZD)$$

这里，GML＜ML＜CL。

上式中的 ZD 不是常数，其数值与人物等级的关系如表 6-2 所示。

表 6-2　ZD 的数值与人物等级的关系

ZD	CL	ZD	CL	ZD	CL
5	[1,7]	9	[16,19]	14	[48,51]
6	[8,9]	11	[20,29]	15	[52,55]
7	[10,11]	12	[30,39]	16	[56,59]
8	[12,15]	13	[40,47]	17	[60,70]

为了计算方便，这里把杀死不同等级的怪物获得的经验值统一表示为 XP＝MXP×DLM(DLM是等级差异修正系数)，则 DLM 的值可以用以下公式表示：

$$DLM = 1.2 \quad (ML \geqslant CL + 4)$$

$$DLM = 1 + 0.05 \times (ML - CL) \quad (CL \leqslant ML \leqslant CL + 4)$$

$$DLM = 1 - (CL - ML)/ZD \quad (GML < ML \leqslant CL)$$

$$DLM = 0 \quad (ML \leqslant GML)$$

(4) 精英怪物和副本怪物的经验值。

用 UnitClassification 函数能返回 5 个值：世界首领、稀有精英、精英、稀有、普通。稀有精英和精英怪物获得的经验值是普通怪物的 2 倍；杀死稀有怪物获得的经验值和普通怪物相同；杀死世界首领获得的经验值无法确定。杀死副本怪物获得的经验值是相同怪物的 1.25 倍，即杀死副本精英怪物获得的经验值是标准经验值的 2.5 倍。

2) 队伍经验值分配

(1) 两人队伍经验值分配。

两人队伍经验值分配也可以作为五人队伍经验值分配的一种特殊情况。人物等级分别为 CL1 和 CL2(其中 CL1≥CL2)的两个玩家组成的队伍杀死一个等级为 ML 的怪物，两个玩家分别获得的经验值情况如下。设两个玩家的基本经验值分别为 BXP1 和 BXP2，对于此等级怪物的等级差修正系数分别为 DLM1 和 DLM2。其中，玩家 1 获得的经验值如下式所示：

$$GXP1 = BXP1 \times (CL1 + 2)/(CL1 + CL2 + 4) \times DLM1$$

玩家 2 获得的经验值如下式所示：

$$GXP2 = BXP2 \times (CL2 + 2)/(CL1 + CL2 + 4) \times (DLM1 + DLM2)/2$$

以上两式，也可以用如下公式表示：

$$GXP1 = MXP1 \times (CL1 + 2)/(CL1 + CL2 + 4)$$

$$GXP2 = 1/2 \times (CL2 + 2)/(CL1 + CL2 + 4) \times (MXP1 \times BXP2/BXP1 + MXP2)$$

上式中的 MXP1、MXP2 分别表示两个人物单独杀死此怪物时获得的经验。以 7 级玩家和 5 级玩家组队为例，杀死 1~7 级怪物获得的经验值如表 6-3 所示。

表 6-3　杀死 1~7 级怪物获得的经验值

怪物等级	7 级人物获得的经验值		5 级人物获得的经验值	
	组队	单挑	组队	单挑
1	0	0	3	14
2	0	0	6	28
3	9	16	12	42
4	18	32	18	56
5	27	48	25	70
6	36	64	28	73.5
7	45	80	32	77

总体上，组队之后获得的经验值之和总是小于单独获得的经验值之和。而玩家等级相同时将作为一种特殊情况，两者相等。

（2）组队经验值奖励以及暴雪的取整算法。

由三人以上组队杀死怪物时，还能额外获得一部分组队经验值奖励，奖励的系数如表 6-4 所示。

表 6-4　组队经验值奖励系数

队 伍 人 数	组队经验值修正系数（GM）	队 伍 人 数	组队经验值修正系数（GM）
1	1	4	1.30
2	1	5	1.40
3	1.15		

例如，3 个等级都是 3 级的人物杀死一个 4 级怪物，如果不算队伍奖励的经验值，应该是每人获得 21 点经验值，而组队奖励就是 21×0.15，即每人实际获得的经验值为 24，战斗记录中显示为"获得 24 点经验值（4 点组队奖励）"。这里要提到暴雪在取整时的不同算法问题，在前面的所有经验值的计算中，取整时不是四舍五入，采用的算法是：如果 $y-0.5 < x \leqslant y+0.5(y \in \mathbf{N})$，那么取整后 $x = y$，即 2.5 取整后是 2；而对于组队奖励经验，值则采用进位法取整，所以上面的 21×0.15 就显示为 4 点组队奖励；而实际获得的经验值还是按照前一种取整方式，即 21×1.15＝24，而不是 21＋4＝25。

（3）三人以上队伍经验值分配。

人物等级分别为 $CL_1, CL_2, \cdots, CL_n$（其中，$CL_1 \geqslant CL_2 \geqslant \cdots \geqslant CL_n, n \leqslant 5$）的 n 个玩家组成的队伍杀死一个等级为 ML 的怪物的经验值分配情况如下。设 n 个玩家的基本经验值分别为 $BXP_1, BXP_2, \cdots, BXP_n$，对于此等级怪物的等级差修正系数分别为 $DLM_1, DLM_2, \cdots, DLM_n$，则 n 个玩家中等级最高的玩家 1 获得的经验值如下式所示：

$$GXP_1 = GM \times BXP_1 \times (CL_1 + 2)/(CL_1 + CL_2 + \cdots + CL_n + 2 \times n) \times DLM_1$$

玩家 n 获得的经验值如下式所示：

$$GXP_n = GM \times BXP_n \times (CL_2 + 2)/(CL_1 + CL_2 + \cdots + CL_n + 2 \times n)$$
$$\times (DLM_1 + DLM_2 + \cdots + DLM_n)/n$$

3）非组队合作杀死怪物经验值分配

当两个不在同一团队的人物（或者两个不同队伍、团队等），其中一个先攻击怪物并造成伤害时，另一个再制造伤害也无法获得经验值。如果把先攻击怪物的一方称为经验值所有者，后攻击的一方称为协作者，则协作者无法获得经验值。而经验值所有者获得的经验值可以分为以下两种情况。

（1）协作者对于此怪物的 DLM＞0，那么处于非组队情况下合作杀死怪物，怪物经验值所有者将获得 100% 的经验值。例如，一个 1 级玩家先攻击一个 1 级怪物并造成伤害，然后一个 2 级玩家帮忙杀死这个怪物，那么 2 级玩家获得 0 经验值，1 级玩家获得 100% 经验值，也就是 50 点经验值。

（2）协作者对于此怪物的 DLM＝0，经验值所有者获得的经验值要视协作者的协作是输出还是治疗而定。如果协作者输出了部分伤害，那么经验值所有者获得的经验值按照各自造成的伤害分配,但"过量输出"不被计算在内。例如,51 级玩家先攻击某个 51 级怪物并造成了 2000 点伤害,然后一个不在同一队伍的 60 级法师制造了 5000 点伤害,帮助这个玩家杀死了怪物,那么其经验值分配是:首先从《魔兽世界生物生命值研究》中可以查询到 51 级怪物的生命值为 2980,那么两个玩家的有效伤害分别为 2000 点和 980 点。而 51 级玩家杀死 51 级怪物的经验值为 300,所以 51 级玩家获得的经验值为 300×2000/2980。

关于协作者输出的是治疗且对于怪物的 DLM=0 的情况,测试数据很少,大致是:当有效治疗量在某个界限以下时,经验值所有者获得全部经验值;当有效治疗量大于某个数值时,经验值所有者获得的经验值很少,这个数值根据有限测试推测可能是怪物生命值。当有效治疗量超过怪物生命值时,经验值所有者获得的经验很少,大致与协作者组队获得的经验值类似。例如,协作者为 7 级人物,经验值所有者为 7 级人物,杀死 1 级怪物获得的经验值与有效治疗量之间的关系如表 6-5 所示。

表 6-5　杀死 1 级怪物获得的经验值与有效治疗量的关系

有效治疗量	获得经验值	有效治疗量	获得经验值
12	44	39	44
23	44	45	8
31	44	52	8
35	44		

2. 任务经验值

1) 任务等级与任务的基本经验值

任务有一个与其等级相对应的基本经验值,完成某个等级的标准任务,一般就会获得这个基本经验值。任务等级与任务基本经验值的对应关系如表 6-6 所示。

表 6-6　任务等级与任务基本经验值的对应关系

L	QXP	L	QXP	L	QXP	L	QXP	L	QXP	L	QXP	L	QXP
1	80	11	875	21	1650	31	2500	41	3300	51	4900	61	9800
2	170	12	900	22	1750	32	2550	42	3450	52	5100	62	10 050
3	250	13	900	23	1850	33	2650	43	3600	53	5250	63	10 400
4	360	14	975	24	1950	34	2700	44	3750	54	5450	64	10 750
5	450	15	1050	25	2000	35	2750	45	3900	55	5650	65	11 000
6	550	16	1150	26	2100	36	2800	46	4050	56	5800	66	11 300
7	625	17	1250	27	2200	37	2850	47	4200	57	6000	67	11 650
8	700	18	1350	28	2300	38	2850	48	4400	58	6200	68	12 000
9	775	19	1450	29	2350	39	3000	49	4550	59	6400	69	12 300
10	850	20	1550	30	2450	40	3150	50	4700	60	6600	70	12 650

当表中的经验值在 250 以下时,以 10 为单位取整;在 250～1000 时,以 25 为单位取

整;在 1000 以上时,以 50 为单位取整。

2) 任务类别和任务生成

每个任务都是单独定制的,并非根据公式自动生成的,所以每个任务的经验值也是单独定制的,无法根据公式计算得出。对于某个任务的经验值设定,也并非完全自由,要用次等级任务的基本经验值乘以某个系数,这个系数的值如表 6-7 所示。

表 6-7 系数值及其描述

系 数	描 述
10%	一般是引导类对话任务。例如,显眼位置的某个 NPC1 让玩家找另一个 NPC2 接任务,但直接找 NPC2 也能接到这个任务
25%	一般是系列任务中间的对话任务
50%	跑路任务、侦察任务、送信任务等
75%	一般是精英任务的对话、跑路部分
100%	标准任务
125%	精英任务、系列任务
150%	副本任务、系列任务

完成某个等级的一个任务,因此获得的经验值一般只有以上 7 种可能。但具体到实际情况,由于任务本身的差别很大,因上不能一概而论,而且在计算中所用的基本经验值也并非表 6-7 中经过取整后的数据,而是某个"原始数据"计算后再次取整得出的数值,所以会有一点误差。

3) 任务颜色和经验值

任务也和怪物一样会显示为红色、橙色、黄色、绿色和灰色 5 个难度等级。当任务显示为前面 4 个难度等级时,都能获得 100% 的经验值。关于任务颜色的说明如表 6-8 所示。

表 6-8 任务颜色说明

类 别	说 明	类 别	说 明
灰色任务	无价值	橙色任务	较难
绿色任务	容易	红色任务	很难
黄色任务	一般		

除了灰色任务,做其他颜色的任务都能获得全部经验值。当任务变成灰色时,随着等级的提升,完成任务获得的经验值会越来越少,这是为了防止玩家通过做大量容易的任务提升等级。任务变成灰色等级和怪物变成灰色等级同理。把灰色任务的最高等级用 GQL 表示,则灰色任务能够获得的经验值如下式所示:

$$QXP = 任务经验值 \times (1 - (CL - QL)/ZD) \quad (CL - ZD + 1 < QL \leqslant GQL)$$
$$QXP = 任务经验值 \times 10\% \quad (QL \leqslant CL - ZD + 1)$$

3. 其他经验值

1) 发现的经验值

发现新的区域(小区域)能获得经验值。发现大地图(例如"东瘟疫之地")并不会获

得经验值,而发现东瘟疫之地中的某个小地图(例如"斯坦索姆")就能获得经验值。这个
经验值的多少和人物等级、地图等级有关。当人物等级等于地图等级时,地图等级和获
得经验值的关系如表 6-9 所示。

表 6-9　地图等级和获得经验值的关系

L	XP	L	XP	L	XP	L	XP	L	XP	L	XP	L	XP
1	5	11	90	21	165	31	250	41	330	51	490	61	970
2	15	12	90	22	175	32	255	42	345	52	510	62	1000
3	25	13	90	23	185	33	265	43	360	53	530	63	1050
4	35	14	100	24	195	34	270	44	375	54	540	64	1080
5	45	15	105	25	200	35	275	45	390	55	560	65	1100
6	55	16	115	26	210	36	280	46	405	56	580	66	1130
7	65	17	125	27	220	37	285	47	420	57	600	67	1160
8	70	18	135	28	230	38	285	48	440	58	620	68	1200
9	80	19	145	29	240	39	300	49	455	59	640	69	1230
10	85	20	155	30	245	40	315	50	470	60	660	70	1250

表 6-9 中的经验值正好是"任务标准经验值"的 10%,即使部分数据有差异,也是因
为取整造成的。所以当人物等级和地图等级的差异在 5 以内时,打开地图能够获得
100% 的发现经验值;当人物等级和地图等级的差异超过 5 时,获得的经验值减少,修正
系数暂时不明。

2) 精力充沛经验值奖励

处于精力充沛时杀死怪物能够额外获得部分经验值,这部分经验值为杀死怪物获得
的最大经验值。例如 51 级玩家有 100 点精力充沛奖励,那么杀死一个 51 级的怪物就能
获得 300+100 的经验值。精力充沛经验值的奖励上限为 1.5 级的经验值(30 格)×
50%,以 30 格"双倍经验值"为例,15 格是杀死怪物获得的经验值,15 格是额外奖励的经
验值。在旅馆中休息 8 小时获得 1 格双倍经验值,在野外休息 24 小时获得 1 格双倍经
验值。

4. 升级所需经验值

从 CL 升级到 CL+1 所需的经验值可以用下式表示:

$$\text{XPTL} = (8 \times \text{CL} + \text{Diff}) \times \text{BXP}, \quad \text{CL} \leqslant 59$$

上式中 Diff 这个修正值并非常数,其值如下式所示:

$$\text{Diff} = 0, \quad \text{CL} \leqslant 28$$
$$\text{Diff} = 1, \quad \text{CL} = 29$$
$$\text{Diff} = 3, \quad \text{CL} = 30$$
$$\text{Diff} = 6, \quad \text{CL} = 31$$
$$\text{Diff} = 5 \times (\text{CL} - 30), \quad 32 \leqslant \text{CL} \leqslant 59$$

如果代入 BXP,那么上面的公式可以表示为以下公式:

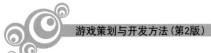

$$XPTL = 40 \times CL^2 + 360 \times CL, \quad CL \leqslant 28$$
$$XPTL = 40 \times CL^2 + 365 \times CL + 45, \quad CL = 29$$
$$XPTL = 40 \times CL^2 + 375 \times CL + 135, \quad CL = 30$$
$$XPTL = 40 \times CL^2 + 390 \times CL + 270, \quad CL = 31$$
$$XPTL = 65 \times CL^2 - 165 \times 6750, \quad 32 \leqslant CL \leqslant 59$$

60级及以后升级所需的经验值如下式所示:

$$XPTL = 155 + BXP \times (1344 - 69 - ((69 - CL)$$
$$\times (7 + (69 - CL) \times 8 - 1)/2)), \quad CL = 60$$
$$XPTL = 155 + BXP \times (1344 - ((69 - CL)$$
$$\times (7 + (69 - CL) \times 8 - 1)/2)), \quad 61 \leqslant CL \leqslant 69$$

通过上述公式计算得出的经验值以100为单位取整之后,就是游戏中显示的升级所需的经验值,如表6-10所示。

表 6-10　游戏中升级所需的经验值

等级	经验值	等级	经验值	等级	经验值	等级	经验值	等级	经验值
01	400	16	16 000	31	50 800	46	123 200	61	574 700
02	900	17	17 700	32	54 500	47	129 100	62	614 400
03	1400	18	19 400	33	58 600	48	135 100	63	650 300
04	2100	19	21 300	34	62 800	49	141 200	64	682 300
05	2800	20	23 200	35	67 100	50	147 500	65	710 200
06	3600	21	25 200	36	71 600	51	153 900	66	734 100
07	4500	22	27 300	37	76 100	52	160 400	67	753 700
08	5400	23	29 400	38	80 800	53	167 100	68	768 900
09	6500	24	31 700	39	85 700	54	173 900	69	779 700
10	7600	25	34 000	40	90 700	55	180 800	70	—
11	8800	26	36 400	41	95 800	56	187 900		
12	10 100	27	38 900	42	101 000	57	195 000		
13	11 400	28	41 400	43	106 300	58	202 300		
14	12 900	29	44 300	44	111 800	59	209 800		

6.5.2　经验值公式设计

较复杂的概念源自设计师对游戏整体的把握。例如,在设计游戏主角的成长经验值时不能随意给出公式。经验计算的基础模型成长的经验公式通常是:每级升级所需经验

＝Lv³×修正值＋修正值。但因为成长所需经验公式是为了控制玩家的升级时间，所以公式应改为玩家练级的时间公式：每级升级所需时长＝等级³×修正值＋修正值（单位为秒）。经过再次修改：每级升级所需时长＝（等级－1）³＋60，得到1～100练级所需的时间曲线，如图6-3所示。

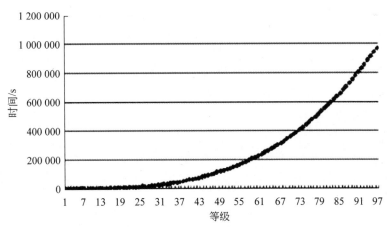

图 6-3　练级所需的时间曲线

当达到了练级所需的时间后，计算升级所需经验的方法有很多种。例如其中一种方法是：先设计怪物的经验计算公式，然后设计怪物被玩家杀死的平均时长。假如给怪物的经验计算公式设置为：杀死同等级怪物所得经验＝（怪物等级－1）×2＋60，然后将杀死同等级怪物需要的平均时长设置为5s，那么升级所需经验则为（假如游戏只能通过杀死怪物升级）：每级升级所需经验＝（（等级－1）³＋60）/5×（（等级－1）×2＋60），得到的曲线如图6-4所示。

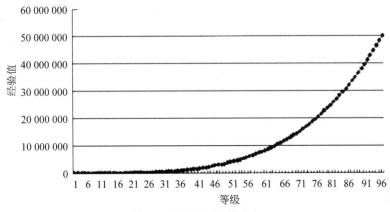

图 6-4　升级所需的经验曲线

得出的数值看起来并不优美（如表6-11所示），用函数floor进行修正后得出的经验值公式为：每级升级所需经验＝floor（（（等级－1）³＋60）/5×（（等级－1）×2＋60）＋60，50）。结果看起来更规整，所有的值均可被50整除。

表 6-11　优化后的数值列表

等　　级	经验值（修正前）	经验值（修正后）
1	720	750
2	756.4	800
3	870.4	900
4	1148.4	1200
5	1686.4	1700
6	2590	2650
7	3974.4	4000
8	5964.4	6000
⋮	⋮	⋮
88	30 820 748	30 820 800
89	32 168 310	32 168 350
90	33 559 380	33 559 400
91	34 994 880	34 994 900
92	36 475 740	36 475 800
93	38 002 902	38 002 950
94	39 577 316	39 577 350
95	41 199 942	41 200 000
96	42 871 750	42 871 800
97	44 593 718	44 593 750
98	46 366 836	46 366 850
99	48 192 102	50 070 550

修正后的数值尽管存在误差，但都在允许范围之内。以上是简单的设计方法，实际进行经验公式设计时还需要做很多验算和调整，例如还需要考虑玩家杀死高等级怪物或低等级怪物时的情况。

6.6　本章小结

通过复杂的数值计算得到的数据首先会填写到游戏的数据库中，然后通过封测、内测、公测进行多次验证和缺陷暴露，再由数值计算人员和公式总设计师共同校正游戏的公式或者修改和调整部分数据，这样不断地重复校验和修改的过程，游戏的数值才会慢慢趋于完美的平衡。本章针对游戏数值策划的角色属性、技能系统、道具系统这 3 个主要内容构建了相应的数值模型体系，并以具体游戏为例分析了经验值系统和公式设计。

6.7　思考与练习

(1) 简要说明数值策划的分类及作用。

(2) 数值策划人员应具备哪些素质?

(3) 为以下技能效果命名,并重新对技能效果描述进行完善(三国题材游戏)。

技能 1:对目标造成 121% 的武器伤害,并有 50% 的概率击退敌人。

技能 2:使用技能之后,敌方的所有伤害降低 65%,持续 5s。

技能 3:使用技能之后,和 30 码(1 码≈0.9 米)内的友军一起提升 100% 的防御力,持续 60s。

技能 4:使用技能之后,一跃而起,对目标区域 8 码内的目标造成 70% 的武器伤害。

(4) 箱子里有 5 个颜色不同的球,每次取 3 个球,一共有多少种取法?

(5) 某游戏中有 6 种属性:力量、体质、敏捷、精神、幸运、智力;5 种职业:武将、弓手、刺客、士、术士。列表写出各职业属性的初始值,并设计至少 10 个衍生属性的公式,并简单说明理由。

(6) 阐述货币、价值、价格、成本以及它们之间的关系。

(7) 有一个游戏,由于游戏币大量产出,造成游戏币过快贬值,你有什么解决的办法?

(8) 苹果同橡皮泥对战,苹果具有"酸液喷吐"的能力,橡皮泥具有"软化变形"的能力。请幻想它们之间的战斗过程,并决定其中一方获得胜利。

(9) 很多游戏的角色数据采用双层计算结构:

第 1 层——等级、力量、敏捷、智力、精神、耐力等。

第 2 层——攻击力、攻击强度、防御力、格挡、生命、法力、韧性等。

你认为两层数据之间的逻辑关系是什么? 说明这种双层计算结构的优缺点。

(10) 设计一个以海战为基础主题的策略类游戏关卡(侧重数值设计)。

第7章 游戏任务情节与关卡

学习目标

1. 素质目标：培养跨学科知识运用能力、逻辑推理能力、发散思维能力、观察想象能力和良好的人文艺术素养，强化开阔的视野和批判性思维。

2. 能力目标：能够根据游戏任务情节准确描述其采用的游戏结构；能够结合任务情节、构图原理、空间透视等设计游戏主要场景的环境构图。

3. 知识目标：掌握游戏任务情节的结构和设计方法；掌握关卡的定义、类型、设计要素、设计原则、构图层次和系统设计方法。

本章导读

游戏情节的合理运用已成为游戏设计的一个基本组成部分，没有情节的游戏只是一种抽象概念。随着游戏的发展，玩家的要求也越来越高。更多的游戏元素，更多的情节内容，更好的游戏创意，最后都要由曲折的剧情和丰富的关卡才能得以展现，这就对游戏开发方式提出了更高的要求。本章介绍游戏任务情节结构、设计与执行方式，重点讲解关卡设计的类型、要素、原则以及关卡的构图与系统设计。

7.1 游戏任务情节结构

游戏任务情节与关卡设计其实有两层含义：第一层是在游戏设计过程中考虑游戏情节，并将情节中的某些特殊点转化为游戏任务或关卡，侧重于整个游戏的结构设计，发生于游戏设计早期；第二层是使用各种游戏编辑工具编辑游戏任务与关卡，侧重于任务和关卡本身，发生于游戏开发工作的中后期。对情节形式的研究一般来源于文学和电影作品。当然，这并不是说所有情节都遵从这种形式，不是所有的游戏都需要翔实而严密的情节。例如《超级马里奥》系列的游戏通常都从简单的背景故事开始，并随着游戏的进展逐步扩充。故事情节并不会严重降低游戏的娱乐性，它为玩家提供了游戏方向，并提升了趣味层次。设计不但不会影响游戏故事情节的轻松性，还可以使玩家能够对人物性格进行塑造，从而提升游戏的趣味性。

背景故事一般用于提供任务游戏结构的框架，对大多数游戏来说，这是一个理想的方法。随着游戏复杂性的增加，与游戏娱乐性相比，情节的重要性也随之增加（但并非必须如此）。例如，在简单的游乐场游戏中，游戏的故事情节与游戏娱乐性相比，其重要性微不足道；但对于诸如角色扮演类游戏来说，故事情节的重要性就是举足轻重的。一个成功的游戏实际上应该是几种结构的混合体,所以要能灵活地掌握和使用不同的游戏结构。

7.1.1　直线型结构

直线型结构的游戏对于一次游戏经历来说只有一个可能的结局,但是在每个游戏关卡、每次任务或每段情节里,玩家还是会有构成故事主线的充分自由。直线型结构如图 7-1 所示。

7.1.2　多分支结构

多分支结构的游戏的一个分支比起一个严格意义上的直线型结构的游戏会稍微复杂一些,重点是各分支之间需要清楚的交流方式,而且要多注意细节设计。对游戏设计师来说,最大的问题是精确地决定每条线与其他线之间有怎样的主题性分歧,以及在方案中如何才能实现与多重分支之间的资源共享。例如,游戏中有 5 个分支,每个分支都有

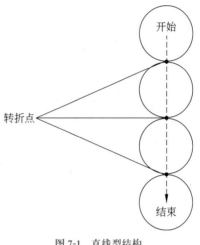

图 7-1　直线型结构

一套完全独立的世界、怪物、魔法、角色、任务以及游戏目标,那么就要创造 5 个完全不同的游戏。多分支结构如图 7-2 所示。

由于多分支游戏有若干不同结果的故事情节分支,要想让每个分支构造都能设计出令玩家惊奇的结局是很难实现的。一个简单的方法是:让转折点相对迟一些出现在游戏中,在那时再对游戏进行分支,使游戏资源中的重要部分被主要的情节共享,一直等到接近游戏结束时才彼此分开,以此减少独立开发的部分。

7.1.3　无结局结构

无结局结构的游戏没有开始也没有结局,只有一个让众多玩家进行嬉戏、交流、同怪物开战或相互争斗而一直存在的世界。从进入无结局结构的那一刻起,玩家的主要目标就不是为了解决某个世界性的威胁,而是不断地增强控制的角色。无结局结构如图 7-3 所示。

无结局结构的游戏要注重在设计上保留一定的玩家自由度,这使得大多数的游戏情节都可以依靠玩家的交互作用创造。例如,悬赏任务或自由交易就是典型的依靠玩家交互而存在的系统,这种系统只提供了一个全面的框架,却没有限制具体的内容。这样游戏设计师就可以把精力集中于制定核心性的游戏规则,使玩家可以在游戏过程中创造自己的游戏策略。

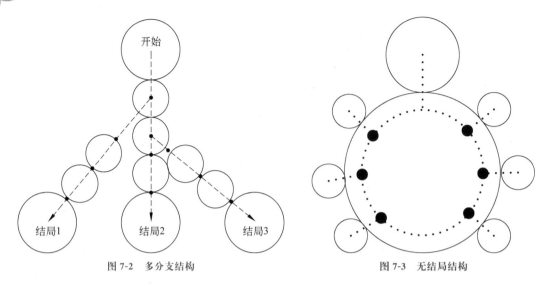

图 7-2　多分支结构　　　　　　　　　　　　图 7-3　无结局结构

7.2　游戏任务情节设计

无论采用什么样的情节结构,游戏中的情节都是逐步展开的。在情节结构设计好以后,游戏中的玩家按什么样的节奏经历哪些体验需要在任务情节设计中确定。

7.2.1　任务情节框架化

有些游戏试图将游戏的发展顺序和严格的故事情节强加给游戏玩家,或者迫使游戏玩家陷入许多不必要的对话或陈述之中,以便能找出有价值的信息,这会使玩家对游戏失去信心。玩家并不想要一个强行向其灌输影响游戏娱乐性的故事。可以引导玩家向设计者预想的主题进发,但不能强迫玩家按设计者的思路思考。在游戏的大部分时间里,玩家都渴望讲述自己的故事。因此,任务情节设计应该框架化,避免太详细,详细的情节要靠玩家自己实现。

7.2.2　任务情节障碍化

任务情节的设计要避免过于直接。例如,一个矮小的老人跑进英雄所住的旅馆并对他说:“城堡上有一个吸血鬼,你必须去杀了它。”这样安排游戏情节非常糟糕,应该尝试着这样设计:一个胆小的老人进入旅馆,并避开英雄。当英雄问老人是什么使他害怕时,老人没有回答,随后他走到一个坐在火炉边的人物那里,并向他祈求什么,但是被拒绝了。“你已经卖掉了它,你必须付钱才能要回去。”那个人物这样告诉他;英雄替那位老人付了钱,他看到了那是什么物品——一个十字架,典当商接着对英雄说:“如果你打算留在这个地方,你应该自己买一个。”

两种版本都不是卓越的文学作品,但是第二个版本因为设置了一个障碍而变得更有吸引力。与直接告诉玩家故事情节相反,玩家必须自己弄清楚故事情节,从而实现对游戏情节的认同感。

7.2.3 任务情节预示化

预示一般发生在游戏还没有开始的早期情节阶段,即提供即将来临的事情的预测。在游戏中,设计师一般会在游戏开始的介绍性片头动画中使用预见手法展示将要发生的事情。例如在《魔兽争霸Ⅲ》兽人战役的开场动画中,设计师使用梦境向玩家预示战争的来临,引导玩家进入剧情:兽人族的年轻酋长萨尔刚刚从噩梦中醒来,梦中兽人和人类的大战仍然让他心惊,此时,他听到屋外有一个声音在呼唤他:"兽人族年轻的领袖,高贵的狼族领袖之子萨尔,若想知道你们兽人族的未来,就跟着我来吧,我将告诉你兽人族的将来。"当萨尔来到山顶后见到了先知(一只鸟),那只鸟化为人形:"我是麦迪夫,我到这里是来告诉你们兽人族的未来的,不久以后,可怕的恶魔将会入侵这里,洛丹伦将会成为恶魔的乐园,没有任何其他的生物可以生存于此,你们只有去遥远的西方大陆卡利姆多,在那里才能找到你们新的家园,并且作为你们对抗邪恶的基地。""为何我要相信你这样一个人类?""人类?哈哈,我早已抛弃了人类的身份了,记住我的话,萨尔,这是你们兽人族最后的机会了。"说完,麦迪夫再次变回了鸟,飞走了。"……父亲的灵魂告诉我,应该相信这个人,难道我们最后也得向这块大陆告别了吗……"

这部分内容看起来似乎更适合放在游戏背景或故事背景中,但除了游戏开始前适合使用预示手法外,游戏中的恰当预示也可方便情节的转换。例如,当玩家完成第一阶段的任务后,可以通过一些预示手法自然地让玩家转到另一个新环境开始第二段冒险历程。

7.2.4 任务情节个性化

游戏新手可能会认为"拯救世界"是一个伟大而光荣的任务,但对于有过一些游戏经历的玩家而言,则要使任务或挑战变得更加个性化。例如在电影《星球大战》里,没有人告诉天行者必须拯救世界。事实上,电影情节要求他必须做拯救世界的英雄。但是从表面上看,他的目的是帮助一位美丽的公主完成她的祈求。"帮助公主"这个目标使"推翻银河帝国"这样宏大到不可理解的目标变得个性化。

电子游戏中最明显的个性化挑战就是"这里究竟发生了什么",例如《半条命》利用玩家的好奇心自然地推进游戏的剧情。情节设计应该尽量避免按"拯救世界"之类的口号性的目标进行组织,而应该将口号转化为每个玩家都感到亲切的人性化的"小"情节。

7.2.5 任务情节共鸣化

激起观众的共鸣是戏剧、电影中常用的手法。电影导演布莱恩·德帕尔玛(Brian De Palma)把故事的不同要素比作电线,对共鸣做过生动的描述:"当它们足够接近时,你得到了照亮情节描述的火花。相距太远，放电是不会发生的；相距太近，就会短路而得不到火花。"游戏也需要共鸣，当玩家与游戏情节发生共鸣的时候，沉浸感会显著增强。例如，《极品飞车》系列游戏中对真实驾驶环境的模拟，让有驾驶经验的玩家有了身临其境的感受。

7.2.6 任务情节戏剧化

扣人心弦的情节是能够把玩家吸引到游戏中的关键元素，而要构造能够抓住玩家心理的情节，就需要一定的戏剧手法，其中最常用的是构造冲突。冲突是优秀戏剧的核心，游戏被称为互动的戏剧，所以冲突同样属于游戏系统的中心。有意义的冲突不仅可以用来阻止玩家过于容易地实现目标，而且可以通过创造结局的紧张感把玩家从感情上拉入游戏中。这一戏剧性的紧张感对于游戏成功的重要性等同于对伟大的电影和小说的重要性。

传统的戏剧中，冲突发生在障碍产生或主角遇到妨碍其完成任务的时候。但在游戏中，主角可能是玩家，也可能是代表玩家的游戏人物。玩家遇到的冲突是玩家与玩家对抗、玩家与游戏系统对抗、玩家与多个玩家对抗、玩家队伍与队伍对抗等。当冲突发挥作用时，为了让戏剧性更加有效，应该逐级增强，逐级增强的冲突制造了紧张气氛。在很多故事中，紧张气氛在减轻前越来越增强，导致了典型戏剧性弧线（图7-4）的产生。

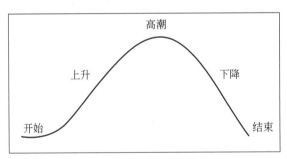

图7-4 典型戏剧性弧线

从图7-4中可以看到，故事从说明开始，在这一部分引入了环境、人物和概念，这些对于后面的行为起着非常重要的作用。当主角有一个与环境或对手相反的目标时，冲突就会产生。冲突以及主角解决这一冲突的尝试导致一系列产生上升作用的事件发生。上升作用发展到一个高潮顶点，在这里有某种决定性因素或事件被引入。在顶点发生的事件决定了戏剧的结局。在顶点之后是下降阶段。在这个过程中，冲突开始被解决，而在决定阶段，冲突被彻底解决。

值得注意的一点是，如果要仔细分析游戏与戏剧在冲突设计上的细微差别，那么游戏的冲突往往下降得更快，具体表现是：当最大的敌人被打败后，很多游戏就立即结束。虽然片尾动画能延缓这种下降，但其实片尾动画播放的时候游戏交互就已经结束了。

7.3　游戏任务情节执行方式

任务的执行方式设计是现代游戏设计中最多变、也是最需要创造力的范畴。从设计者和玩家两方面的动机出发,可以把任务分成 6 个大类以及一个灵活的附加类。

7.3.1　移动型任务

移动型任务是所有任务形式中最原始的,目的是让玩家移动,展示游戏内容,一个移动任务的结束地点通常是一个固定点。例如《魔戒》(图 7-5)的"到魔多销毁戒指",《西游记》(图 7-6)的"到西天取经",《超级马里奥》要从左到右突破所有关卡等,都是典型的移动型任务。

图 7-5　《魔戒》

图 7-6　《西游记》

对玩家来说,完成移动任务的目的是看到更多没有看过的新内容。对设计者来说,移动任务的目的除了展示新鲜的设计内容之外,还要起到控制任务复杂度、关卡和脚本位置、调试等设计规范化的重要作用。同样,移动任务也可以降低测试和调试人员的工作复杂度。

以下几种方式都是移动型任务。

(1)在一段要求玩家必须跑两遍的路径上产生不同的、无法跳过的敌人以制造差异性。

(2)有一个大关卡必须要求玩家先到最里面,然后再出来,在进去的时候是一个移动型任务,在出来的时候是一个强制推进的移动型任务,可能有时间限制、炸弹、毒气、洪水等。

(3)希望控制玩家按照特定的路径移动,或者交代重要的 NPC 剧情和性格,把移动型任务改成护送任务,这是移动型任务的子类型;让 NPC 沿着事先设好的固定点移动,同时控制玩家不能离开 NPC 过远。

(4)不在乎玩家怎么移动,但希望玩家看到这个区域内所有的重要点,把移动型任务改写成一个多段的物品收集或地点到达任务。

(5)设定几个操作点,让玩家完成特定的操作,同时完成区域的交代工作。这种任务虽然以收集、解谜甚至重复的形式出现,但本质上还是移动型任务。

(6)有一个复杂的关卡,但希望玩家能按顺序完成这个关卡,把一个单一目标的移动型任务改写成一个连续而拥有多段目标的移动型任务。

实际上，不管是出于叙事考虑、设计考虑还是测试考虑，几乎每个任务的第一步都是移动型任务。

7.3.2 重复型任务

早在卷轴滚动技术出现之前，就出现了各种只有一个固定画面的游戏，并且在这个固定的画面上用几个像素点对抗另外一些像素点组成的太空侵略者；然后出现各种动作游戏和射击游戏，这些游戏的主题基本都是打怪；接着是角色扮演游戏，除了打怪之外还有升级。总之，80%的游戏都有打怪的内容设计。那么，打怪能得到什么呢？对这个问题的思考产生了重复型任务。通常认为，只要在"打怪"和"练功"两者之间建立联系的任务就是重复型任务。如果在广义上将其放宽到"所有需要反复熟练操作的游戏"，那么重复型任务几乎能覆盖100%的游戏类型。

重复型任务的核心就是"重复"和"回报"。任务要做好，关键问题是游戏打怪部分设计必须有趣，而且有深度。深度可以分成两个方面：一是玩家的技术可以提高，例如角色数值、操作能力和对游戏的认知等；二是这个提高必须有用，要对游戏进程或游戏效率产生影响。要做到这两点，设计的游戏就会拥有一张"成长阶梯表"，重复型任务的设计目的就是成为引导玩家通向这张成长表的桥梁。

要做出游戏深度，并不一定要把重复型任务做得很难或者很复杂。单纯地提高难度和提高操作复杂度都不可取，只需要保证"相应的难度有相应的回报"即可。让没有技能或者厌恶复杂度的玩家接受低风险的回报，让喜欢挑战和提高技能的玩家面对高风险和高回报，这样就能顺利地把玩家分开档次。

7.3.3 解谜型任务

解谜型任务最初的设计目的是智力挑战和由此带来的愉悦感，是用来调剂节奏和拖延游戏时间的成本最低的方法。在网络时代，解谜型任务主要有两种模式：一是以操作为中心，把"智力"简化成简单重复操作的考验，例如《字谜探险》（图7-7）、《愤怒的小鸟》（图7-8）等。

图7-7 《字谜探险》

图7-8 《愤怒的小鸟》

二是以任务为中心,最主要的设计目的不是"智力挑战",而是"用户交流"。最简单的交流性谜题自然是"多人合作"解谜任务。在任务里强制玩家以多人协作的方式解除机关,再进一步就是让玩家在战术或移动层上经过配合完成解谜任务。促使玩家强化彼此之间的关系等级,构建出一些要求比野队、随机副本或者组团更高的任务内容。

"寻求帮助"也是一种很好的交流性任务。大多数有任务的游戏都有不止一种职业,可以通过这种需要其他职业能力的任务强化沟通。如果把这种任务放大到关卡或者副本的层面,还可以发掘出更多变的用法:例如某个副本要求一个5人队伍中有4个战士才能完成交流性解谜任务,这就在无形之中提供了整个副本的另外一套强制打法。

再往上一层的目的就是想办法引导玩家进行游戏外的讨论,这通过普通任务是很难做到的。要让一个任务在玩家中造成分歧,用"隐藏"或"推理"等寻常方法是没用的,最多能制造一些"某地还差两个任务没完成就不能求助"这样的低水平讨论。因此,只有争论才是制造分歧和掩盖谜题真相的最有力武器。要让玩家在直觉和逻辑之间产生矛盾,就必须做到两点:一是隐藏一部分数据和逻辑;二是构造虚假的线索。

7.3.4 挑战型任务

挑战型任务的设计目的是"玩家分层"和"虚荣心",让绝大多数玩家只能部分地完成任务。难度变化几乎是每个游戏都有的基础,变更数量、变更敌方属性、变更敌方行动规律等同样的内容,改变数值和容错率就能提供完全不同的难度,都是最常见的挑战自我和挑战他人的形式,这就需要把一些有难度变化的任务展示给一般玩家。如果想让玩家挑战不同难度的相同任务,首先要控制难度种类,然后尽量让玩家认为这是一次通关顺序上的不同内容,也可以让玩家挑战自己和其他玩家的极限。

目前,被广泛使用的低成本的挑战型任务设计主要有以下3种方式。

1. 精确操作

精确操作通常有两种表现形式:一种是"操作得越准越好",另一种是"操作得不出错就好",前者考验反应,后者考验意识。对非网络游戏来说是常用的设计手段,但对网络游戏来说却有一个棘手的延时问题,同时也衍生出了外挂问题。选择哪种形式取决于玩家需要的游戏类型,前者更适合做分数排行榜,设计毫无失误的连击;后者更适合做网络游戏和展现各种超凡的意识和飘忽的操作技巧。

2. 时间限制和时间统计

时限任务是最好做的挑战任务,无论什么内容都可以加一个时间限制。倒数计时可以强化紧张感,顺序计时可以用来做用户水准评价。但要尽量少用倒计时,可以把倒计时任务放在关键位置和某些可选任务里,尽量不要做全局化的计时任务系统,否则会破坏整个游戏的节奏感。如果打算大量使用与时间相关的设计,则可以考虑对其他的方式进行变通处理,例如限定时间的道具或可选设置等。

3. 探索与意外发现

探索与意外发现是和时间设计正好相反的挑战要素,时间相关挑战对应那些快、准、狠的玩家,而完成度相关挑战对应那些细、慢、精的玩家。这个类型的挑战任务做得越多越好,这样就能引导玩家看到更多的设计细节,前提是游戏有足够多的设计细节。

7.3.5 叙事型任务

叙事型任务由其他所有类别任务复合而形成，并无固定的形式，在所有任务类型中最需要灵活的想法。对于游戏来说，叙事三要素是环境、情节、人物，实现顺序和其他媒体不同，任务制和情节是相互抵触的，正确的发展方向只能是"关键情节连贯化"。当情节上需要进行关键部分时，要尽一切可能进行连贯化。任务执行本身要和叙事结合起来，把游戏时间、难度甚至玩家失败的可能性也考虑进整个叙事流程当中。当然，出于成本和周期的考虑，不可能所有任务都这样设计，因此可以舍去那些不重要的任务。

7.3.6 收集型任务

收集型任务的设计核心是"标准化与列表化"，把杂乱无章的物品合并组织成有逻辑的收集表，把相同的物品组织成收集内容，在内容的基础上产生逻辑，把过大的列表分成多级别的小表。收集任务的设计目的是利用玩家的收集欲，最典型的设计就是成就系统。

游戏设计几乎都针对某一种人性的弱点。收集型任务收集的并不一定是装备或者道具，收集装备或者道具的任务也并不一定是出于收集目的。例如，最简单的"打某种怪物随机掉落专属物品"这类任务，其形式上是收集型任务，但本质上是重复型任务的一种变化形式。"到若干固定地点取得特定任务物品"也同样不是收集型任务，而是移动型任务。但如果这种掉落品有其特殊的规律和值得研究的多样性，就又可以成为收集型任务的一部分。因为在收集型任务的设计中，最重要的就是"收集欲"，所有不能激发收集欲的任务都不是好的收集型任务。

关卡同样可以做成一种收集型任务，一点点解锁、凭票制、时间制、积分制都是可以考虑的设计。几乎每个音乐游戏都有用颜色清晰标明的不同难度及其评价，打开这个界面本身就是一种收集性质的激励。同时，收集设计也是"隐性装备"，也就是从数值角度按照装备设计，却并不写明的装备。在收集品过多的情况下，可以考虑用这个思路进行设计。另外，游戏中的制造体系也是一种收集，例如，怎么安排生产的装备？如何引导玩家在获得各种不同来源的道具之后投入制造？怎么安排制造业的阶梯性？用收集的理念设计比用简单的公式合成或者复杂的真实系统制造理念具有更加丰富的游戏体验。

7.3.7 狩猎型任务

狩猎型任务的设计目的和考验玩家没有任何关系，设计高难度的任务不是为了让玩家通不过，而是为了让玩家的辛苦练习和成长有用武之地。狩猎型任务设计对应的是玩家的消费和投资，但这两者在游戏中就和在现实经济中一样难以区分。也就是说，如果其他类型的任务起到的是积累的作用，那么狩猎型任务就要起到消费的作用，即在其他内容中取得的技能、等级和消耗品在这里被用掉，并变成玩家最爱的回报和装备。

狩猎型任务主要有以下两个问题。

（1）门槛。保证玩家大多数的资产都能在某个狩猎型任务中用上，让不同的狩猎型任务之间需要的门槛错开。有些难关可能是硬性的数值门槛，有些可能是队伍组成或技能熟练门槛，有些可能是特殊装备门槛、时间门槛甚至用户的资产门槛。

（2）随机性。与现实中的彩票设计模式越相近，随机性的设计就越令玩家舒服。

7.4　什么是关卡

当游戏情节设计完成后，游戏设计师应该根据情节和冲突的发展设计玩家玩游戏的"节奏"，也就是将完整的游戏情节拆分为不同的部分，各部分相互联系但又保持独立性。这样做至少有两点好处：一是让玩家比较容易控制玩游戏的进度；二是让游戏开发者可以合理地分配开发计划。

关卡就是为游戏情节拆分服务的概念，现在的游戏关卡在形式上有很大的范围，在不同的游戏中有着不同的定义，例如射击类游戏中的一张地图、赛车类游戏中的一个赛道等。而网络游戏有特定的设计模式，关卡的概念变得比较模糊，有时单独的场景不能被视为一个独立的关卡，或者可以说，整个网络游戏本身就是一个大的关卡，这种类型的网络游戏一般是以练级为主。而另一类网络游戏较多地以任务为主，例如在《魔兽世界》和《无尽的任务》这样的网络游戏中，与某一任务相关的部分地形场景也可以看作是一个单独的关卡。由此，组成关卡的要素不仅仅是"场景"，还有"任务"。任务属于关卡的另一个重要组成部分，是游戏可玩性得以体现的关键环境。

一个关卡拥有的特征应当包括分界线、入口、出口、一定的目标、一个开头和一个或多个结局。一般而言，关卡都会有场景、关卡的任务、敌人、人工智能、谜题、音乐、音效等要素，而"任务"中又会包括任务目的、任务情节、任务道具、任务NPC等。

综上所述，游戏流程根据难度的递增被分成几部分，称为关卡或任务。实际上就是一个适合发生游戏故事情节的容器，简单说就是设计好场景、物品、目标和任务，提供给玩家（游戏人物）一个活动的舞台。在这个舞台上，玩家表面上拥有有限的自由。关卡设计师通过精心布置把握玩家和游戏的节奏与引导，最终达到预设的目的。

7.5　关卡设计类型

游戏关卡设计一般包含以下4种类型。

（1）标准关卡。游戏中的基础关卡，大部分游戏中会有90%的关卡是标准关卡。

（2）枢纽关卡。连接其他所有关卡的关卡。

（3）核心关卡。一款游戏的终极关卡，通常是游戏最有挑战性的部分。

（4）奖励关卡。通常和整个游戏故事没有什么关系，是对玩家努力的一种额外奖励。开发者经常在游戏中加入一些隐藏内容，这些内容被称为"彩蛋"。

7.6 关卡设计要素

关卡设计出色的游戏未必能让玩家都觉得好玩，但一个关卡设计糟糕的游戏肯定会让玩家都觉得不好玩。关卡结构设计和关卡运行设计息息相关，构成了关卡设计师的全部工作内容。

关卡设计的要素主要有以下几个。

（1）地形。指室内或者室外的建筑和地貌，抽象出来就是用多边行拼接在一起的供玩家漫游的空间。母空间之内又可以分为几个相互连接的子空间。关卡设计要对空间进行规划，特别是建筑物内部的空间。除了几何形体外，还要考虑内部装饰、灯光效果和游戏角色等在一个三维空间内的感觉和行为模式。

（2）边界。关卡不可能无限大，必然要有边界，部分边界还可以作为关卡之间相连的纽带。关卡的大小和完成关卡需要的时间有着直接关系。一般来说，关卡之间不是连通的，只有完成限定的任务才能顺利进入下一关。

（3）物品。在关卡中，武器、增力、补血等各种物品的安排和布置可以对游戏起到很重要的平衡作用。这些物品的安置完全是靠经验，通过不断调整才能获得最佳效果。

（4）敌人。同物品一样，各种敌人在关卡中出现的位置、次序、频率、时间决定了游戏的节奏和玩家的手感。早期动作类游戏中，其行为被预先设定得很死板，每次都在同样的地点或者同样的时段出现。在三维射击游戏出现以后，随着 NPC 的概念和人工智能技术的不断发展，敌人出现的时机和行为在一个大的行为系统和人工智能的指导下具有一定的变化和灵活性。这时，游戏设计师对关卡中敌人的行为已经不能完全控制，必须和人工智能程序员合作，使得游戏既富于令人惊奇的变化，又具有一定的平衡性。

（5）目标。一个关卡要有一个明确的目标，即希望玩家通过此关卡而达成的任务。也可以有一些子目标，子目标相互之间为串联或并联关系。

（6）情节。情节和关卡之间的关系可以多种多样。可以通过转场动画交代情节背景或使玩家明确一个关卡的任务；也可以在关卡进行中加入故事要素，使玩家在游戏过程中得到某种惊喜或意外。

（7）大小。关卡的大小不仅是玩家眼中关卡的复杂度，更重要的是实际文件的大小。因为这涉及关卡最终能否被实现，特别是会影响游戏的实时性能。

（8）视觉风格。关卡的视觉风格体现在地形设计、材质绘制、光影效果以及色彩配置的组合等方面。

（9）设计流程。关卡设计与一切设计活动一样需要一个流程，其作用是保证每个关卡能按时完成，使游戏具有连贯性，并且利于协作交流。

① 目标确定。关卡设计的第一步是确定目标，目标基于关卡需要玩家达成的任务，可以是多角度、多方面的。目标是从设计者的角度看问题，而任务是从玩家的角度看问题。除了确定目标外，还需要初步了解技术上的限制，例如材质文件的大小、多边形数量的限制等。除了技术上的限制外，还有其他非技术的限制，例如进度要求、时间规定等。

② 集体讨论。在明确了关卡的总体目标和具体限制后，就进入了集体讨论阶段。一

般是由所有组员(包括关卡设计师、美工和程序员)就关卡的地貌、标志性建筑、关卡中的各种物品、敌人的特性等进行讨论。在集体讨论阶段要鼓励各种奇思妙想,对这些想法要马上做出取舍和判断,并记录在案,留到下一个阶段。

③ 设计概念。概念设计是把设计师头脑里的设想可视化。在集体讨论后,关卡设计师对得到的想法和受到的启发进行初步的取舍和综合。这个阶段,关卡设计师和美工可以使用概念速写、二维平面图、关键地段不同角度的整体效果渲染图等方式完成设计。

④ 观念评估。在各种概念速写完成后,对关卡进行初步的评估,发现有无明显的问题和疏漏。

⑤ 使用关卡编辑器。经过反复几次概念设计和概念评估后,关卡设计师可以使用关卡编辑器构建关卡。一般来说,每个公司都有自己的美工制作流程,关卡设计师需要和三维美工(制作三维模型)、二维美工(绘制材质)做好工作衔接。

⑥ 游戏障碍。障碍通常分为阻挡玩家前进的障碍、对玩家造成伤害的敌人、陷阱障碍、让玩家停下来思考的谜题障碍 4 种类型。组合这些障碍就可以获得一个关卡的框架。利用障碍可以引起玩家和游戏的交互,延长游戏体验。

⑦ 技能设计。技能是玩家与关卡交互的方式,可以是简单的移动、跳跃、攀爬,也可以是攻击。技能从展开角度可以分为基础技能、新技能、组合技能 3 个阶段。随着游戏进行,玩家期望获得更多的单项和组合技能。

⑧ 测试。关卡设计完成以后,必须经过反复调节和测试,以求达到最好的效果。

7.7　关卡设计的原则

关卡设计与制作是非常有创造性的工作,但这并不意味着可以完全自由,关卡设计工作中必须遵守一些基本的设计原则。

7.7.1　明确目标导向

对于关卡设计来说,目标的实现要明确。在关卡里要做什么和怎么做都要有清晰的表达,否则玩家只能在关卡里漫无目的地游走。正如《半条命 2》的关卡设计师马克·雷德罗说的那样:"没有明确的目标,所做的一切都毫无意义可言。"关卡里的每样元素无论多么曲折,都要和关卡的任务相关联,并始终考虑游戏的娱乐性。

7.7.2　注意关卡步调

步调是冲突和紧张感的节拍。由于游戏的互动性,要在关卡中引入一个特定的步调是很困难的。玩家总喜欢背离设计者的初衷,可能不按设计者的规矩去做,或者是消磨太多时间。关卡设计师需要在不将互动性消磨殆尽的前提下对这些情况做出预防或是改进。

控制节奏的方法一般有两种。一是可以在关卡中放入人为的时间限制,例如限制任务完成时间、解谜的倒计时或回合时间限制等；也可以放入实时的时间限制，例如特定的敌人或援军到达特定地点的时间点，或是敌人最终击垮防御的时间点。时间限制带来的紧张感是玩家能够立刻察觉到的，能够迫使玩家更快地移动。二是在空间上进行限制，玩家在一个回合内能够移动的距离或速度也能够极大地影响游戏节奏。一般而言，地形会影响速度，例如在沼泽地形中的行动速度会降低，给玩家一辆缓慢的重型坦克会迫使玩家的整个队伍服从这个速度等。使用不同的方法控制速度，设计师就可以在关卡里面控制玩家的节奏。

7.7.3　逐步展开内容

要想让玩家长久地留在游戏中，就要一点一点地展现游戏的资源。游戏的资源包括地形物体、敌我单位、科技树、谜题等。所有游戏的资源都是逐步提供给玩家的，以保持玩家进入下一个关卡的乐趣。

在关卡设计中，应该对关卡中可能出现的新元素进行生动的介绍，努力将这些新元素作为关卡或游戏过程中的核心部分。例如，如果想在游戏中引入一种可以使玩家隐身的新技能，那么就应该保证隐身的技能会成为这个关卡的关键部分；如果想引入一种会飞的怪物，那么就安排一个场景，在这个场景内只有这种怪物会攻击玩家，以便突出"飞行"这种能力的优势。

关卡内资源的位置有特殊的重要性，布置的特殊物品、战利品为玩家指明了前进的方向。位置的摆放常常构成了对玩家的挑战。用心设置的物品，例如炮塔、桥、炸弹等，能够让玩家在整个关卡中始终保持探索的乐趣。

7.7.4　控制任务难度

关卡设计师的工作需要巧妙地挑战玩家，所以必须提供可以考验玩家勇气和智慧的内容。要迎合不同的需要，既包括普通玩家，也包括对这款游戏很熟悉、具有高级技巧和知识的核心玩家。

在一些游戏中，关卡被集合成关卡组。由于关卡组的难度总是递增的，所以一个关卡组中的最后一个关卡的难度通常比下一个关卡组中的第一个关卡的难度高，这是为了给玩家一个缓冲的机会。

游戏中的玩家具备的技巧和熟练程度不一，设定关卡难度时一般会采取中庸之道，即玩家的一般水准就是设计关卡的起点，在此基础上，关卡设计师可以决定低难度关卡及高难度关卡的状态。如果在测试时发现某个关卡的难度与游戏的当前进度不符，即使在其他方面设计得很好，但如果会让之前或之后的关卡显得太难或太容易，就必须改变这个关卡的难度或调整此关卡在游戏中出现的位置。

7.7.5　善用任务提示

不要指望所有玩家都会通读游戏中的对话或任务说明，更不要认为玩家的观察技巧、预知能力或逻辑推理能够使他们明白应该在关卡中做什么。因此,在关卡设计中,要通过醒目的标志提示、场景任务地图、物体摆放方式等告诉玩家更多信息。

例如,某个任务中,玩家在河边,敌军在对岸执行护送任务。玩家必须在敌军脱离之前摧毁他们,使用快速地跳跃或抓住战略要点是完成任务的关键。如果任务一开始,玩家远离河边和敌人,没有阅读任务说明或者不喜欢看小地图和任务目标,那么玩家将没有任何关于目标的线索,也不知道该如何行动。直到玩家探索、发现、进行了一些战斗后才会明白自己失败的原因。当玩家一开始就能在视野中看到敌人并发现了河对岸的问题时,然后会试图过河,了解敌人会因为试图攻击玩家而减慢速度,玩家会同敌人展开一场渡河竞赛并在他们逃离以前截住他们。仅仅依靠视野、位置和敌军的行动,所有的目标和游戏的核心玩法都在数秒内不通过任何语言、没有任何混乱地传达给了玩家。

7.7.6　满足玩家期待

根据在生活中看到或听到的,甚至是受电影的影响,玩家会对游戏的关卡有所期待。对于玩家而言,这就意味着乐趣和挑战,所以要注意玩家的期望,做出符合玩家期望的关卡。如果给玩家建立了一定预期却没能实现,这个关卡就会显得混乱且无法理解。例如,告诉玩家处于一个城市中,可是他们却遇不到任何其他的人物角色,玩家就会变得困惑不安,他们会想自己是否走错了地方。除非令玩家吃惊是游戏设计内容之一,否则最好还是改变任务描述或者放入一些人物角色。

7.7.7　时间就是质量

反复的测试是验证关卡质量最可靠的方法,对关卡的测试贯穿关卡设计的始终,应当仔细观察玩家尝试打通关卡的过程。这样不仅可以看到玩家对游戏的反应,而且可以观察玩家是否达到了游戏关卡想要达到的效果。对玩家测试的观察能够帮助关卡设计师了解对于普通玩家而言这个关卡有多困难,借此发现关卡中的哪些地方缺少趣味性或存在困难,也可以发现关卡为玩家提出的难题还有哪些意料之外的解决方案,这些捷径是将关卡变得更困难还是更简单。总会有一个玩家能够找到关卡设计师没有想到的办法完成游戏任务,当遇到这种情况时,玩家会主动提供改进关卡的最好建议。

7.8　关卡构图设计

设计关卡时,可以用需要的任何物体构造虚拟环境,不必适应自然或建筑的现成元素,这也是关卡设计师与风景摄影师的区别。关卡设计师的工作相当于画家,如果将关卡视为画廊,关卡远景就是图画,这意味着玩家可以从一个构图穿越到另一个构图。构图是场景元素的安排,运用构图原则的场景呈现了一个易于理解且不会让玩家困惑的和谐理念。和谐的构图会自然而然地将玩家的视线依照计划引向图片元素。为了实现和谐的场景,可以运用色彩、光照、比例、方向和位置设置场景元素或突出其中一些元素。

7.8.1　构图种类

构图用来安排空间以产生富有吸引力的画面,例如树叶只是背景,没有必要为之构图,除非是一堆需要玩家注意的树叶。大自然在创造美丽的构图,应该模仿自然的力量而非伪造自然。

1. 环境构图

环境构图兼具视觉和玩法区域展示的功能,是玩家可以看到的一切大图。可以构造一个走廊和房间、城镇、景观、远处地平线和美妙的背景。这种构图通常只能从少数角度观看,这可以让构图规划更容易。

2. 环境元素构图

环境元素构图包括装饰物、细节和物体组合等大图的组成部分。例如垃圾桶旁的废弃物、地面上的岩石以及桌上的东西等,这种构图可以从任意角度观看。

3. 视觉反馈和导航

视觉反馈和导航用于突出物体,呈现走向物体的路径,引导玩家穿过特定区域,或者向玩家呈现相关路径,这样可以运用构图原则突出那些可能抓住玩家注意力并更改其行走路程的东西。

7.8.2　构图层次

构图可以划分为 3 个主要层次(图 7-9):前景、中心点和背景。除此之外,还可以在构图中加入画中点景的层次。

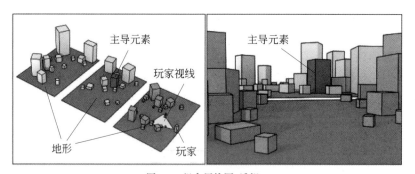

图 7-9　组合层构图(透视)

图 7-9 中除主导元素外,其余方块均为构图元素。

1. 前景层次

距离观众最近的层次作为前奏,为构图的主导元素创造框架(图 7-10)。前景用于让玩家注意到最重要的层次——中心点。前景的构图元素必须与构图中的其余元素具有逻辑上的联系。提亮前景物体可以将这个层次从其他层次中分离出来,从而创造一种场景隔离的效果;暗化前景物体则可以创造一种空间感,因为它与其余层次的对比更加鲜明。通常情况下,在这个层次只能看到物体的轮廓,并不需要显示细节和色彩。

图 7-10　组合层构图（前景层次）

2. 中心点

中心点是构图主导元素所处的位置。主导元素是构图的焦点，不能与场景中的其余物体相混合，但仍然要与这些物体保持一致性。中心点应该更为明亮，并处于具有优势的位置，以便从其他元素中脱颖而出。有了主导元素，就可以快速为场景的主题命名，例如"在山间含有中世纪警戒塔废墟的冬季场景"，其中的"中世纪警戒塔废墟"就是主导元素，山峰则是背景元素。可以用主导元素讲述一个场景的故事，并为该场景创造独特的标识。

必须规划好构图，以便主导元素能够成为玩家第一眼就能注意到的物体的。要确保没有严重遮盖该主导元素的障碍物，但也无须担心与其他层次的物体的重叠。中心点可以有一个以上的主导元素，构图中的另一主导元素称为平衡点。例如，一幕"市集广场边有一个破损坦克的喷泉"，场景中的喷泉是首个主导元素，但坦克残骸也同样引人注目。

3. 背景层次

背景层次是为构图收尾的层次（图 7-11）。多数背景层次的主要内容是地平线和天空，通常采用平静而细节较少的物体，这有助于玩家将注意力集中到主导元素上，创造有视觉深度并减少场景隔离感的印象。这个层次要避免使用强烈的色彩、犀利的线条和太多的细节。

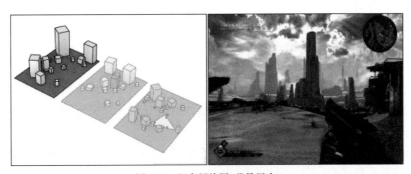

图 7-11　组合层构图（背景层次）

4. 画中点景

画中点景是具有活跃元素的可选层次（图 7-12），例如极端天气、人类行为或动物形象等。画中点景多数用来作为场景转移、比例参照或引导视线的元素。

图 7-12 构图可选层次(画中点景)

7.8.3 观察参数

从玩家观察构图的观察点(地点或区域)入手,在添加观察点之前,首先了解玩家观察构图的垂直和水平角度,以及玩家能够触及多少个观察点。

1. 视角

视角决定了玩家如何观察主导元素(图 7-13)。可以通过修改主导元素的大小、高度或位置更改视角,以便实现更强的效果。

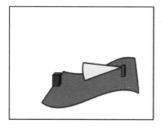
(a) 低角度

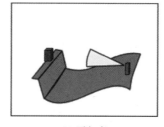
(b) 平角度

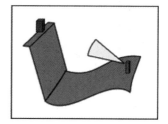
(c) 高角度

图 7-13 玩家观察视角

- 低角度。从上往下看主导元素,以显示深度和透视感。这个角度可以让玩家在构图层次上获得更多的可见度,可以作为玩家的优势,并允许玩家规划自己的战略或探索路径。
- 平角度。从水平线看主导元素,这种场景让人感觉平淡和无趣。一般与强大主导元素和高构图视角并用,可以通过适当降低玩家与主导元素之间的地形高度修饰透视感和深度。
- 高角度。从底部看主导元素,主导整个构图,给玩家一种在主导元素的对比之下自觉渺小的感觉。

2. 构图角度

通过更改玩家观察构图层次的角度,可以调整场景的透视感和深度(图 7-14)。

- 前角。当构图层次远离玩家时,这个角度效果最佳。例如,地平线上的山脉可以直达玩家的视线,当位于不同层次时就会呈现出良好的深度;而靠近玩家的构图因为没有透视感,可能会变得平庸而单调。

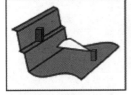  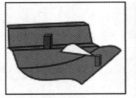 

(a) 前角　　　　　　(b) 半前角　　　　　　(c) 半边角　　　　　　(d) 边角

图 7-14　玩家观察构图层次角度

- 半前角。开始能够看到透视感的角度，是用于狭窄场景的极佳角度。
- 半边角。可让透视感发挥最佳效果的角度，也是运用最普遍的角度。
- 边角。可以完美显示富有距离感的模式，但如果没有强大的主导元素模式，就会显得很单调。

3. 观察点

当玩家不动时，创造构图就很简单，如果玩家可以自由切换场景，则必须确保玩家能够从安排的位置看到构图，玩家看到构图时站立的地方称为观察点（图 7-15）。为了引导玩家，可以使用阻塞点或漏斗方法。这两者都属于类似走廊空间的类型，这些地点实际上并未发生特殊情况。通过漏斗可以使玩家不关注无关事件或细节，在这类空间中，玩家只会沿着路径寻找有趣的事物。如果可以在一个走廊中抓住玩家的吸引力，就可以流畅地更改其角度，将玩家的视线引向构图的主导元素，这个方法最适合用于线性关卡。

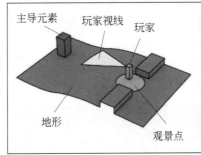 

图 7-15　玩家观察点（漏斗方法）

图 7-15 中，屏幕和背景中的塔与屋顶线条、城市广场的形状相得益彰。例如，在玩家离开火车站的时候，通过引导玩家透过漏斗——车站唯一的大门实现完美的观察角度，这时的构图看起来效果最佳。

在半线性关卡中，必须考虑多个观察点，构图应该以一种从各个观察点看起来都具有吸引力的方式创建。例如，《毁灭战士 BFG》（图 7-16）中的主导元素如同导航辅助器。

在开放世界关卡中，观察点会很多，所以检查玩家可以观察构图的所有角度是极为烦琐的工作。某个构图从不同角度看可能存在完全不同的视觉效果。在还不知道玩家会从哪里出现的时候，就很难使用小型构图元素。即使是这样，还是有可能将主要构图原则运用于突出的主导元素。突出构图中最大元素的对称性和平衡性，总能挑选到一些主要路径，并创造一个从主要路径上挑选观察点的构图（图 7-17）。

图 7-16 《毁灭战士 BFG》的多个观察点

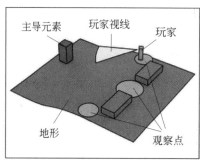

图 7-17 主要路径观察点

4. 构图元素的定位

主导元素的位置可能在很大程度上改变构图的接受程度，必须遵从一些基本原则以确保实现想要的效果。绘画或摄影中有一系列关于如何创造构图的原则，可以选择黄金比例作为辅助。

（1）静态（对称）构图：主导元素设置于画框中央，构图看起来好像经过软件的合成处理，主导元素较为突出（图 7-18）。强调模式或建筑时可以采用这种方法。

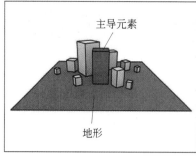

图 7-18 静态（对称）构图

图 7-18 中的方块除主导元素外均为构图元素。

（2）动态（不对称）构图：主导元素不在画框中央，由定位规则决定其位置。构图看起来是自然形成的，较为凌乱（图 7-19）。可以用这种方法模拟自然场景，确保在主导元素和屏幕边缘之间留有一定的空间。

图 7-19 中的方块除主导元素外均为构图元素。

图 7-19 动态(不对称)构图

7.8.4 视觉平衡

构图元素的位置是由平衡性决定的,为了平衡场景,需要决定每个对象的视觉比重,包括色彩亮度和强度、大小和细节。视觉比重虽然可以感知,但只有与相关元素的参数相比较,才能感觉到有轻重之分。

(1) 重视觉比重:大规模,细节丰富,暗色,强烈色彩,对比鲜明。

(2) 轻视觉比重:小规模,刻板形象,浅色,软色,对比不鲜明。

主导元素和弱小元素分别获得最高和最低比重,这意味着主导元素的比重应该与构图中的多个低比重元素相当。可以让物体沿着构图画框移动达到想要的平衡感(图 7-20)。

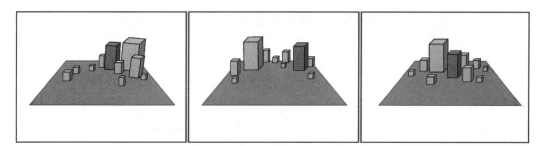

(a) 极不对称组合   (b) 对称和均衡组合   (c) 优化平衡组合

图 7-20 视觉平衡

图 7-20 中的方块除主导元素外均为构图元素。图 7-20(a)为极不对称组合,可以看到,平衡急剧转向右边的框架;图 7-20(b)为对称和均衡组合,两边元素都不同,但视觉上较为平衡;图 7-20(c)为优化后的平衡组合,是最佳的视觉角度。

7.8.5 视觉中心

确保构图主导元素获得必要的关注,通常需要使用一些额外技巧吸引玩家的注意。

1. 细节密度

细节密度方法与细节和平淡空间的对比有关,细节丰富的地点可以轻松获得玩家注意力,可以通过细节考虑应该在哪个地方使用更多的物体或更丰富的纹理,还可以使用标记、文本、海报、涂鸦、绘画和雕像等吸引玩家的注意力(图 7-21)。

(a) 使用文字 　　　　　　 (b) 使用标志性建筑 　　　　　　 (c) 使用牌匾

图 7-21　吸引玩家注意的细节

2. 绘制线段

通过设置构图中的元素,在特定方向绘制线段可以引导玩家的注意力,这种线段称为引导线,即使是对玩家位置或摄像视角的小范围调整,也可能极大地改变场景的接受度。

构图中的线段主要有以下 6 种类型。

(1)实际线段。通过边缘和构图元素绘制出来的可视线段。

(2)虚拟线段。在构图上并不明显,由绘制中点景物视线方向的构图元素组成。构图元素通常会绘制出一条引向主导元素的线段,但有些开放式构图中的线段也会在不显示主导元素的情况下柔和地引导场景。这些线段多位于背景或前景层次,硬线条和边缘是为主导元素或其他重要构图元素所保留。

(3)水平线。用于为场景塑造宽度和深度,适用于地平线,可以用来创造令人印象深刻、广阔和没有变化的场景(图 7-22),要避免在前景和中心点层次使用大量的水平线段。

(4)垂直线。用于突出构图的高度和强度,并创造一种庞大或庄严感的印象(图 7-23),可以用于那些让玩家难忘的物体。

图 7-22　构图中的线段(水平线) 　　　　　　 图 7-23　构图中的线段(垂直线)

(5)曲线。一种弯曲如 S 形流过构图的线条,可以让构图看起来柔和而自然(图 7-24)。

(6)有角线段。可以让玩家产生一种动态场景的印象(图 7-25)。

图 7-24 构图中的线段（曲线）

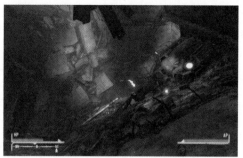

图 7-25 构图中的线段（有角线段）

3. 色彩语言

色彩是向玩家传递信息的重要方法之一。选择一种强烈的色彩或对色彩进行鲜明对比可以给构图或关卡导航创造深刻的印象。确保选择一种适合构图的颜色，并且不要让它与游戏的视觉语言相冲突。要想抓住玩家的眼球，就需要选择一种稍微有别于游戏主色调的色彩（图 7-26）。

4. 光线对比

光照与阴暗表面的对比可以塑造场景的基调和深度，没有光线对比的构图会很无趣和缺乏生气。可以用光线对比突出一些构图元素，例如点亮物体的前面或者轮廓令物体浑身发光。但要适当地点亮最重要的物体，构图中的其余元素应该被阴影掩盖或只能有较小的光亮，因为多数玩家不习惯从暗处寻找有趣之物，因此要确保光的强度、色彩和方向之间有明显的区别（图 7-27）。用于突出物体的光应该遵从方向、配色方案和场景照明原则，这样就可以将玩家引向出口或者向玩家显示可拾取的道具。

图 7-26 构图设计（色彩语言）

图 7-27 构图设计（光线对比）

5. 比例变化

更大的构图元素会比场景中的其他物体更显眼，如果所有物体都大小相同，就会产生一种嘈杂感和单调感。可以更改每个物体的比例，用更大的物体吸引玩家注意；还可以颠倒过来，将构图中最小的物体作为最重要之物（图 7-28）。但这种做法有点冒险，一般来说，占据更大屏幕空间的大型元素更容易受到玩家关注。

6. 运动元素

可以通过添加构图中的移动元素增强主导元素，例如，可以是一面旗帜、一柱烟火、一只飞鸟、一个行人或者一列火车等（图 7-29）。

图 7-28　构图设计（比例变化）

图 7-29　构图设计（运动元素）

7.8.6　空间元素

游戏空间的垂直性可能成为确立壮观场景的一个重要元素。玩家会本能地直接奔向下一个行动场景，而不是暂停下来探索游戏环境。虽然关卡的场景艺术可以表示压缩或张弛的结构，但游戏艺术本身却并非如此。同理，许多游戏关卡不是由游戏引擎中的刚体对象决定的，因此不会因为引擎的物理系统而崩溃。但是，许多观察法在其当前形式下也可运用于游戏关卡，或者可以稍微调整使之符合需求。

1. 形式遵从核心机制

游戏设计可以通过核心机制这个理念表现形式遵从功能。核心机制通常被定义为玩家在整个游戏过程中执行的基本操作。如果将核心机制视为玩家在游戏中的基本动作，就能够理解构造每款游戏独特体验的基本元素。

各个关卡都应该遵从游戏的核心机制，但也可以确定关卡核心机制，从而使每个关卡都呈现出独特性。例如《军团要塞 2》（图 7-30）的"恶水盆地"关卡的规划如图 7-31 所示。

图 7-30　《军团要塞 2》

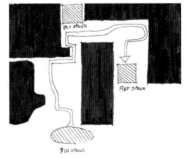

图 7-31　《军团要塞 2》的"恶水盆地"关卡规划

图 7-30 上标注了 RED（红）队和 BLU（蓝）队的基地，以及这两个基地之间的主要循环区域和检查点。在这个关卡中，BLU 队必须通过轨道上的一辆矿车向 RED 队的基地投掷一枚炸弹。有效载荷模式的矿车采用了《军团要塞 2》基于团队的第一人称射击机制的标准并进行了一些调整，这不但改变了玩法机制，还改变了关卡空间的几何条件。例如关卡中的隧道，在关卡的第一个原型中，设计师用其他基本地图的标准宽度制作矿车

隧道,但在测试含矿车机制的关卡时,发现隧道必须加宽才能同时容纳玩家和矿车通过。这个小调整可以避免玩家因被矿车堵塞在隧道中而产生愤怒情绪,并且不会削弱攻击方团队的玩法。

当关卡空间可以舒适地容纳参数时,玩家就能够比较轻松地穿越关卡。针对玩法设计关卡不仅要考虑尺寸的问题,还要针对特定角色的能力(如特殊攻击或行动模式)进行设计。例如,《合金装备》的玩家角色"固体蛇"拥有一种隐藏在墙壁之后并查看角落的能力。与其他动作游戏相比,这极大地改变了90°角落的含义,使之变成了战略性隐藏地点而不仅仅是关卡空间。这并非基于尺寸或参数的设计,而是基于角色自身机制的布局,其玩法动作创造了角色如何行动或与环境交互的一系列可能。

许多游戏引擎允许设计师在消极的二维或三维空间中创造具有积极性的图像元素。游戏空间通常是使用积极元素,基于通过消极空间的移动机制而形成的。在其他机制中,在固定形式中塑造空间可以创造出房间、走廊以及玩家可以奔跑、隐藏、追逐的其他空间。除此之外,设计师还可以通过暗示性的边缘或强调性的空间向玩家传递信息。在游戏中,这种增减方法可用于创造隐藏空地、秘密走廊、伏击点甚至关卡目标。

关卡设计不仅是一种对比艺术,还是光线、路径以及玩家何去何从的歧义性的艺术。所有元素构成了"到达"体验,即首次进入某个空间感觉。通过到达某个空间来向玩家传递信息,这也正是空间促使玩家走向下一个目的地或为玩家提供路径选择的方式。进入一个空间的体验来自前一个空间提供的条件:如果进入一个大型空间,那么引导进入空间之前应该是狭窄的,这样才能让新空间显得更大;同理,明亮的空间之前对应的应该是阴暗的空间,例如《塞尔达传说:时之笛》(图 7-32)中的"时间神殿"草图设计(图 7-33)。

图 7-32 《塞尔达传说:时之笛》

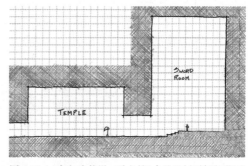

图 7-33 《塞尔达传说:时之笛》中的"时间神殿"草图

2. 策略性关卡设计中的空间度量

透视图是关卡设计中的一个常用方法,即玩家在特定时间与其所在空间的关系。许多采用这种方法的设计并没有更多地考虑玩家、其他代理和环境的动态关系。为了用理性方法设计三维游戏空间,需要鉴定一系列度量。改变难度的一个主要度量就是玩家的视线,玩家的视线越长,就越能够提前做好计划,以策略性思维应对游戏世界。

可以使用几何视野形成的角度和图像分辨率保真度这两个关键法则衡量视线,这样就可以知道玩家实际的视野距离。

1)几何视野与显示视野

处理 3D 空间渲染问题时,主要考虑的是几何视野。几何视野是最广为讨论的视野度量类型,这个视野就是玩家的摄像镜头,其广度就是衡量视线锥体水平跨度的角度,远处的截面就是游戏引擎可以停止渲染的结束点,即所谓的"绘制距离"概念(图 7-34)。

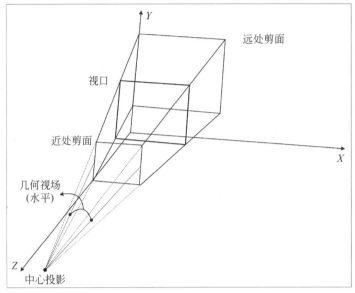

图 7-34　几何视野(3D 空间)

2)入口、闭塞口和视线

入口是指可以让玩家获得比正常情况更长的视线的游戏装置。可以将围绕在一个工厂水平面更高层的平台视为一种入口,因为玩家在此可以使用开放的建筑平面图看到自己所处位置之下的状况(图 7-35),这也是常看到玩家在某个战略性场景中处于"高地"的原因,因为比起位居地图低处的地带,位居高处更能了解周围的形势。窗户以及门廊也可作为游戏关卡的入口。

图 7-35　游戏中的入口

闭塞口也能更改图像保真度,并随之限制周边视觉或者玩家的视距。《毁灭战士 3》中使用的手电筒就是一个出色的闭塞装置,它兼具这两方面的特点。从立体视图角度来看,手电筒效果让小型空间看起来被人为地扩大了,并促使玩家探索房间或关卡的各个部分。

3)行动的能力以及行动的可能性

解决三维空间的合理设计问题时,要清楚控制界面是如何让玩家在三维空间中的行动变得更为困难或简单。当玩家掌握了大量的空间情况时，就有更多的机会决定是要与敌人交战还是逃避。空间也是塑造游戏过程的基础，最好通过水平几何空间的大小变化让玩家看到自己所处环境的反差。

4）将空间与视线相结合

即使更大的空间可以为玩家创造更多的机会，有限的视野也会让这一空间带来的优势荡然无存。当玩家视野的截锥足够大时，就会掌握更多优势（图7-36）。将空间与视线这两种元素结合在一起，要考虑到游戏空间的大小总会被玩家视野截锥过滤。因此从难度的度量分级来看，虚拟空间总是居于次位，毕竟玩家最终是通过摄像机系统感知游戏世界。

虚拟空间是玩家判断行动可能性及埋伏可能性的一个权衡途径，理解这个权衡方法的最简单方式就是考虑视野、虚拟空间和敌人接近向量之间的关系。有3个方法有助于理解接近向量如何对游戏难度产生影响。接近向量的难度取决于敌人是否占据玩家当前视野的截锥，玩家是否需要移动视野，或者是否需要移动视野并改变所处位置与敌人交战。

- 最容易的接近向量：指玩家无须调整所在位置或视野，就能直接通过视野看到敌人（图7-37）。
- 中级接近向量：指玩家需要改变自己在三维世界中的视野位置，但不一定改变所处的世界位置，就可以看到敌人（图7-38）。
- 最困难的接近向量：需要玩家改变当前位置，最大化地调整视野才能看到敌人（图7-39）。

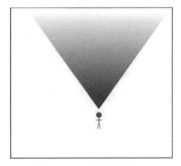

图7-36 玩家视野（截锥）

图7-37 最容易的接近向量

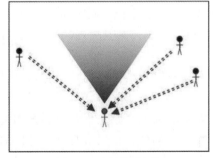

图7-38 中级接近向量

图7-39 最困难的接近向量

当一个敌人的接近向量需要玩家改变视野和所处位置时,玩家就会有犯错的可能,这也就增加了提高游戏难度的可能性。

7.9 关卡系统设计

当游戏的一些系统彼此相互联系时,就会创造出具有游戏性的新系统,由于新系统是由老系统与其他系统结合而成的,所以这个过程被称为"自然出现的游戏性"。在游戏设计中,要保证各个系统之间能良好地运作,而且不引起大的死循环和矛盾。这些相互联系的系统类型给游戏带来了现实生活的气息,但有时也会消除一些已经展现的游戏性。

7.9.1 游戏性

不同类型的游戏具有不同风格的游戏性,例如《虚幻竞技场》的游戏性是四处奔跑和尽可能地参与竞赛,《魔兽争霸》的游戏性是控制军队并且击败敌人。当制作一款游戏时,必须确定哪种游戏性会使游戏具有尽可能多的乐趣。

7.9.2 挑战类型

挑战通常是游戏性的中心,取决于目标和妨碍玩家达成目标的障碍。以下是一些标准的挑战类型。

(1)时间挑战。玩家只能在一个确定的时间内完成任务,这是最老的挑战之一。在现在的游戏中,它常常和其他挑战结合在一起。最简单的例子就是一个必须在规定时间内跑完的赛跑。例如,《瓦里奥制造》采用休闲类游戏简单、轻松的玩法风格,让玩家在5s内体验到游戏带来的紧张及好玩的乐趣。

(2)技巧挑战

技巧挑战要求玩家必须完成一些需要技巧性的表演。在现在的游戏中,一个技巧性的挑战可能是用手枪射击一个目标。这不是物理性的技巧,而是智力上的挑战,玩家需要快速做出决定以突破面对的障碍。

(3)耐力挑战。是与时间挑战相反的类型,不要求玩家在限制时间内完成一个任务。耐力挑战是要测试玩家在坚持不住之前能走多远。例如,《保卫战》和《吃豆人》等类型的游戏就是耐力挑战。

(4)记忆或智力挑战。需要玩家了解一定的信息才能赢得胜利。例如,《危机》就是这种类型的挑战。

(5)机智或逻辑挑战。类似于智力挑战,需要玩家破解原先不知道答案的谜题。例如,《古墓丽影》和《夺宝奇兵》系列游戏中包含了用不同的按钮组合打开一道门的这种机智类的谜题。

(6)资源控制挑战。很多游戏把资源的控制作为挑战。给予玩家一定数量的资源,并要求玩家必须在资源耗尽之前完成一个任务。例如《跳棋》《国际象棋》《魔兽》等策略类游戏,玩家必须利用有限的资源赢得游戏。

7.9.3 设计挑战

游戏中任何结构的挑战都能相互结合,通过正确的结合方式可以创造出更加复杂的游戏性。例如,《GT赛车》是将时间挑战与技巧挑战相结合,《拼字游戏》将资源控制挑战与知识挑战相结合。在设计一个挑战时,要始终让游戏的类型可控。

要善于发明挑战,把挑战分解成几个基本的部分,然后用不同的方法重新组合并创造出一些独有的挑战。但不要太偏离基本的游戏类型,例如把一个文字冒险类型的谜题放到一个死亡竞赛的竞技场中就会让玩家感到迷茫。

挑战的植入也非常重要,不仅要让玩家看到这个挑战,还要让玩家明白处理这个挑战的第一步应该做什么。要确保在玩家知道有一个挑战之前,不能让挑战杀死玩家。例如,一个不合理的挑战设计是在玩家掉进去以后才看到陷阱的,这样会让玩家产生只有被杀死之后才知道那里有危险的误解。另一个差的挑战设计是:玩家必须按下完全在视线之外的按钮才能打开入口的大门。如果玩家在问题和解决方法之间无法建立脑力上的连接,那么玩家可能会感到失落并停止游戏。

挑战应该都是可通过的,但有时可能会不经意地创造一些无法通过的挑战。例如,为了战胜一个挑战,玩家必须拥有一定数量的物品,而这个物品是得不到的,那么这个挑战就变得没有意义了。例如,玩家操纵冒险家角色,如果把一把钥匙放在一个不恰当的地方,玩家就很容易错过这把钥匙,然后进入下一关。在那里被一道锁着的门挡住去路,这时需要放置在上一关的钥匙,但是现在却无法回到上一关,使玩家不得不重新启动游戏。

在游戏中,挑战比其他任何东西更要求完美,不可能在第一次尝试中就创建出顺利的挑战。这需要反复调试,不断完善。一旦创建好了一个挑战,更要反复运行以确定一切是否正常。在创建完所有挑战之后,就需要确定这些挑战设置的地点。在一些游戏中,挑战是不变的,例如《俄罗斯方块》《太空侵略者》等都是固定的挑战。而在以故事为中心或关卡目的多样的游戏中,玩家从一个挑战到下一个挑战,中间会有段间隔,这种"挑战—休息—挑战"的模式决定了游戏的节奏和流程。

7.9.4 节奏与流程

设计师通常只看游戏整体,而不会太注意玩家面对的独立挑战,而关卡设计师就要时刻注意玩家花费在关卡中的每一分钟将会面对什么。一个好的游戏节奏一定会有一个对应的游戏流程,使玩家在紧张和松弛交替中通过整个游戏。在一些游戏中,使用挑战和休息设立游戏的节奏和速度,这个节奏很容易估计。例如《保卫战》《吃豆人》等,玩家要在规定时间通过一个关卡,在载入下一个关卡时会有一个短暂的停顿。这些短暂的休息和实际的游戏性同样重要。然而,停顿也会破坏玩家的投入感,并且很难使其再次投入。

1. 开头

首先，只要玩家开始进入一个新的游戏，就进入了一个新的世界。玩家对于任何事情都只有一个模糊的想法，所以要尽可能快地使玩家度过训练阶段。如果采用其他游戏类型中类似的操纵方式，玩家在开始时就会觉得很适应，在掌握一个新的界面时不需要花费任何时间。作为游戏设计师，必须教会玩家新的游戏环境，给玩家足够的快乐使其继续玩下去。

很多游戏会采用一段介绍性动画作为开头，尽管玩家在这段动画中做不了什么，但可以获得游戏世界概况和所要操纵角色的大体情况。通常，这段动画介绍是游戏中最具观赏性的部分，用于说明一些游戏的设置并展示了一些玩家将会经历的游戏性，尽量给玩家提供足够的信息。

2. 注意

现在的玩家一般不会阅读游戏说明书，所以通常是用简单的隐蔽练习让玩家接受一个接一个的操作教程。如果能使玩家在无形中完成所有训练，玩家就会有兴趣发现一些他们之前不知道的隐藏技能。

3. 中间

游戏的中间部分将会包括大多数的游戏性，这里就是放置所有关卡的地方，例如曲折的情节和丰富的物品等一切想放到游戏中的东西。

连贯性是游戏中非常主要的概念，在游戏世界里，不管是一场拳击比赛还是小型赛车比赛，都需要一个内在的连贯性。但在平衡游戏的时候，连贯性是很难维持的。例如，当发现游戏中的几个关卡过于简单时，设计师可能会自然而然地调整敌人的武器伤害度或者增加敌人的防御力。即使这个调整是轻微的，但玩家还是会很快注意到有力量减弱的感觉。大多数游戏都非常重视成长性的设计，因为玩家在打通游戏的过程中会变得越来越擅长这个游戏。在现今的游戏中，防止玩家觉得无聊的标准方法是递增关卡中的挑战的难度，让玩家时刻准备好行动，因为前面还会有更难的挑战。玩家能力的成长性就像玩家操作的角色变得强大一样是有人为因素的。例如，在很多第一人称射击类游戏中，随着游戏的前进，玩家会得到越来越强大的武器和弹药；角色扮演类游戏允许角色的成长，使角色的攻击能力和防御能力日益强大；即时战略类游戏会给予玩家新的单位；格斗类游戏会出现新的移动方式；赛车类游戏会让玩家驾驶更好的车辆。

游戏的关卡难度应该是递增的。如果突然把难度提得很高，会使玩家觉得沮丧；如果突然变得太简单，又会使玩家感到无聊。为了确保难度是逐渐增加的，设计师需要反复测试游戏以保证协调性。

4. 结局

游戏的终点既是设计中最简单的部分，也是最复杂的部分。说简单，是因为不再需要训练玩家，再也不需要担心玩家如何完成最后的挑战；说复杂，是因为结局需要让玩家满意，玩家需要感觉到克服最难的挑战的成就感。因此，在最后一幕需要收起放置在游戏中的策划好的所有"钩子"。

结局由高潮和结尾两个部分组成。高潮是最激动人心的，所有情节汇聚在一起并在某种程度上做出解答娱乐玩家。结尾是高潮后面的部分，这里会揭露一些秘密情节或做一些说明。例如，在《星球大战》中，高潮是天行者卢克炸毁死亡星的时候，结尾是之后的授奖典礼。

7.10　关卡结构分析

关卡设计的主要工作分为设计结构(空间、地形、网格等)和设计关卡运行(路径节点、脚本、人工智能等)两个部分。关卡设计的结构是根据需求而变的,不能违反游戏的总体风格。

7.10.1　典型竞赛关卡结构分析

典型的竞赛关卡结构主要有竞技场型、循环型、直线型、定位型和主题型 5 种风格,其中最常用的是前 3 种风格。同一个关卡可以同时拥有多种风格,不同的风格有时也具有相同的特征。

1. 竞技场型

竞技场型关卡通常有一个中心地区,集中了大部分的比赛或战斗,并且大部分走廊和通道都通向这个中心地区。这种类型的地图很少再有其他重要的空间或区域,玩家很清楚自己的位置,不会在通道上迷路。例如《毁灭战士 2》(图 7-40)中就有这种类型的地图。要注意的问题是尽量不要使竞技场的建筑过于复杂。复杂的建筑能美化画面,但却会让游戏速度减慢,所以这个区域的建筑要尽可能简约明了。竞技场型关卡示意如图 7-41所示。

图 7-40　《毁灭战士 2》

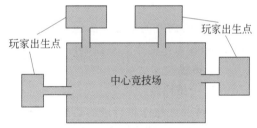

图 7-41　竞技场型关卡示意

2. 循环型

循环型地图是一种使玩家在主要通道上不断回转而无须停止的地图类型(图 7-42)。对于这种地图,死胡同要尽量少,最好没有。另外,核心地方的入口、出口都要尽可能多,以确保游戏流程自由。武器配置要合理,双方力量要持平。由玩家自己开发的《反恐精英》(bloodstrike)地图草图如图 7-43 所示。

3. 直线型

直线型地图中的主要战斗场所是道路口,例如《幽灵行动 OL》(图 7-44)中有大量直线型地图(图 7-45)。建筑物变成了路标,指示玩家所在的位置。空旷的野地、宽阔的大道等都是玩家进行角逐的场所,甚至武器装备也会决定玩家的进退。

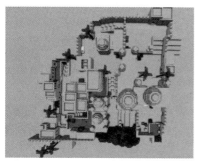

图 7-42　循环型地图

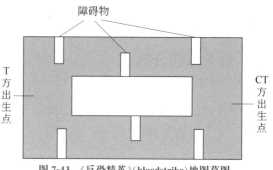

图 7-43　《反恐精英》(bloodstrike)地图草图

图 7-44　《幽灵行动 OL》

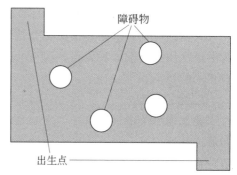

图 7-45　直线型地图草图

7.10.2　塔防游戏关卡结构分析

塔防类游戏的核心玩法包括为关卡所需配置的一些元素（路线、场景、防御塔位置、怪物等）和玩家防守所需控制的一些元素（塔、魔法、英雄等）。

1. 路线

1）一维路线

一维路线指怪物行进的道路只有前后，没有左右。例如《魔兽争霸3》（图 7-46）里的一个塔防地图采用的就是这类路线。而如今塔防类游戏发展迅速，有越来越多的新元素加入，使得塔防游戏变得玩法多样，趣味十足。塔防已经发展到各种路线，虽然怪物还是在指定路线上通过，但是多种多样的进攻路线为玩家建造防御塔增加了很大的策略性，例如《皇家守卫军》（图 7-47）中的"田"字形路线。

多样形关卡布局的好处有两个：一是玩家需要对路线进行猜测，然后决定哪一条为主进攻路线，方便投入更多资源进行防守；二是多路线容易形成交汇点。例如《植物大战僵尸》（图 7-48）在路线上设定为五路并行，让玩家在资源分配上拥有更多的选择策略。

2）二维路线

虽然看上去二维路线只比一维路线中的怪物行进方向多了一个左右移动的维度，但在实际效果上却大幅增加了策略意义。例如，《部落冲突》（图 7-49）中的布局将塔防类游戏带进了新的时代。

图7-46　《魔兽争霸3》

图7-47　《皇家守卫军》

图7-48　《植物大战僵尸》

图7-49　《部落冲突》

这种开放式路径的塔防游戏在防守策略上有了很大的扩展,调动了玩家的积极性(针对策略型玩家)。同时舍弃了固定的刷怪点和防守点,玩家决定出怪点,然后把防守点分配到每个建筑上,让防守玩家有所取舍。

2. 场景

1) 场景物品

在塔防类游戏的发展上,要考虑每一寸空间的利用,从最开始的大片空地到逐渐加入一些小的陪衬景物,再到把景物变成游戏中重要的激励元素,都是为了增加游戏的策略性和趣味性。例如,《保卫萝卜》(图7-50)的游戏前期让玩家有充分的操作时间探索场景物品带来的奖励。

2) 场景建筑

也有一些设计者选择把场景物品加入玩家的战斗中。例如,最开始给玩家设定一些破损的建筑,玩家需要用资源修复该建筑,然后这个场景建筑会给玩家提供一定程度上的帮助。例如《皇家守卫军》(图7-51)中的猎手大厅,玩家修复它后可以召唤弓手以在路线上进行防御。

3) 场景限制

并不是所有场景都可以顺利地布置防御,有时候还会给玩家设置建造限制,主要分为两类:一是建筑限制;二是视野限定。这些限制要求玩家有很强的应变性,玩家需要预测或者贮存资源作为应急手段。

图7-50 《保卫萝卜》

图7-51 《皇家守卫军》中的猎手大厅

3. 防御塔位置

1）固定位置

固定位置是指防御塔只能建造在路线旁的指定位置上，但是这个位置并不是随意设定的。固定位置的设定需要注意三点：一是数量上要足够，不要出现玩家把所有位置都建造满了还是无法通关的死局；二是位置上要精巧，不能遗落重要的交汇点，但也不用过于精确，因为有些空位只是为了布局的美观或给玩家提供多种选择；三是要结合数值，例如最后一波怪物的战斗力是否小于防御塔战斗力总和等。

2）任意位置

任意位置主要有两种：一种是可以在路边随意建造防御塔；另一种是高策略性、玩家自行布阵的模式。当然，任意位置在增添策略性的同时也有计算困难的弊端。策略性高就代表着可控性低，策划在计算的时候容易出现很大的偏差，只能给出一个合理的范围。

4. 怪物

1）种类

怪物的设计不能千篇一律，要有各种特点，才能产生不同的策略需求。怪物主要分为以下几类：均衡类、肉盾类、强攻类、急速类和密集类等。分别对应的防御塔为初级塔、穿透塔、肉盾塔、射速塔和区域塔等。

2）波次

每波怪物的总战斗力的配置要小于已通过波数总资源加初始资源转化为防御塔的战斗力，简单说，就是之前打怪物获得的钱购买的塔必须能消灭这一波怪物，否则就是玩家对策略资源分配的失误。

3）特点

除了最基本的分类，当然还需要一些特殊的怪物或者给一些特殊的怪物配置一些独有的技能。例如，《植物大战僵尸》中有各种各样的僵尸，玩家需要根据不同的僵尸种植不同的植物，以及及时替换植物以进行应对。

5. 塔

1）分类

首先，防御塔的分类是与怪物基本对应的，同时根据防守路线或位置的不同也要放置不同类型的防御塔，让防御塔的效果达到最大化。例如，某个角落的防御塔范围与进攻路线交集较小，就更适合建造兵营，因为兵营和射程没有太大关系，它只负责在路线上放置士兵。

2）消耗

玩家在资源分配上会考虑两种情况：一是升级原有防御塔；二是建造新的防御塔。玩家一般都会优先选择建造新的防御塔，因为建造新塔反馈给玩家的视觉效果更直接，而升级原有防御塔只有在低级防御塔效果太差或者位置不够的情况下才会进行。

3）性价比

性价比是玩家在建造或者升级防御塔时的不同选择，而这种选择的依据一般是根据下一波怪物的提示进行的。但也有怪物关卡类型的变化不是很明显的情况，所以仅剩的一点策略就是建造顺序，主要还是让玩家轻松地获取游戏体验。

6. 魔法

魔法一般分为进攻类和防御类两种：进攻类魔法主要用来消灭汇聚在交叉路口的怪物群，每局有时间或者次数限制；防御类魔法用于在道路上阻碍怪物进攻或让怪物停滞在释放点，以使防御塔的输出最大化。

7. 英雄

1）作用

英雄系统在塔防类游戏中出现得越来越多，从策划角度来看，这会增加玩家的操作内容，根据该系统在游戏中所占位置和重要性的不同，操作量也会有所改变。例如《兽人必须死》（图7-52）中，玩家主要以操作英雄为主。

图 7-52 《兽人必须死》

2）表现

在策划层面上要给英雄提供在战斗中使用的各种操作和互动方式，例如最基本的移动和技能使用等。还可以在英雄系统中设立消耗机制，例如在关卡中死亡后，玩家需要花费资源或等待较长时间复活。另外，如果对英雄的操作方法不够熟悉，那么最好用数量弥补，否则会让玩家觉得可玩性低。

7.11 本章小结

关卡设计的重要性在于它是游戏性的重要组成部分，游戏的节奏、难度阶梯等方面在很大程度上要依靠关卡控制。本章针对关卡设计的目标，结合游戏规则、任务设计等关卡设计理念,构造了完整的游戏活动和玩法,最后通过对典型竞赛关卡、塔防类游戏关卡的结构进行分析,使读者了解了关卡设计的精华。

7.12　思考与练习

（1）游戏任务情节结构有哪几种典型类型?

（2）将你设想中的游戏设计情节结构拆分成关卡,写出关卡概要说明。

（3）列出你曾见过的最好的 3 个游戏关卡,分别分析它们的优点。

（4）为你设想中的游戏编写关卡详细说明,要求设计出大部分细节。

（5）关卡设计的原则有哪些?

（6）假设现在有一款网络游戏以战棋类游戏为蓝本,角色在战斗时根据速度先后在一个棋盘上进行移动和攻击等,你认为这样的游戏在设计时有什么样的难点? 为什么? 这样的游戏如果能够设计完美,有什么样的优点? 为什么?

（7）2D 回合制 RPG 类游戏在进行大型 BOSS 战及群体 PK 时要怎样才会好玩? 请陈述你的看法。

（8）试分析一款经典 3D 射击类游戏的关卡结构。

第8章　游戏设计文档

学习目标

1.素质目标:培养自主学习能力、文献检索能力、文案编排能力及资料的归纳、分析、综合运用能力。

2.能力目标:能够根据游戏设计文档模板整理游戏策划案;能够结合游戏文档结构要求为熟悉的某款游戏编写创意设计文档。

3.知识目标:了解游戏设计文档的作用;掌握游戏设计文档的常用格式和基本结构。

本章导读

游戏设计文档主要是将游戏设计人员的创意和构思用文档的形式表达出来,用于表述游戏的内容、规则、实现机制、开发技术以及游戏的各个子系统的实现等内容。详细而流畅地编写文档是游戏策划与开发工作的一项基础技能。本章讲解游戏设计文档的功能、类型、风格以及结构设计。

8.1　设计文档功能

游戏设计文档是一份对游戏的每个方面(包括游戏玩法、结构、风格、游戏资产、计划等)进行深入剖析的完整、详尽的参考资料和需求文档,起到防止设计偏离主题、保证项目的连接性、指导游戏开发以及保障项目顺利进行等作用。游戏设计文档有如下作用。

(1)投资人通过游戏设计文档找出游戏的卖点和值得投资开发的切入点。

(2)投资商根据游戏设计文档中的内容与开发商签订开发合同,并根据设计文档中拟定的里程碑计划向各个分阶段支付开发费用。

(3)管理人员根据游戏设计文档了解游戏的各个组成部分,进而编制精确的人力资源规划、项目预算和开发计划等。

(4)设计人员根据游戏设计文档理解哪些内容需要进一步补充、修改或者细化说明。

(5)关卡设计人员根据游戏设计文档创建满足游戏需要、符合游戏主题的游戏关卡。

在整个开发过程中,游戏策划起着非常关键的作用,从设定游戏的大纲到规划所有的细节,再到整个开发过程的全程协调和监控,都属于游戏策划的工作范畴。游戏设计文档确定的是整个游戏开发的标准和要求,后续的所有开发环节和工作都是围绕游戏设

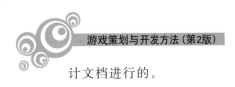

计文档进行的。

8.2　设计文档关键词

一个完整的游戏设计文档通常具有以下几个关键词。

1. 设计目的

游戏想要到达到一个什么样的效果？为什么要达到这样的效果？如何才能做到？将这些要求描述出来，可以让游戏开发人员以及其他看策划案的人了解设计者的设计目的。

2. 简述

向游戏开发人员以及阅读策划案的人简单介绍策划案中的内容。

3. 流程图

策划设计的系统是如何运作的，开始的第一个步骤是什么，接下来会发生什么，程序需要进行怎样的判定，判定之后又会产生什么样的结果，这些都需要通过流程图进行描述，通过流程图开发人员就可以比较清晰地了解策划人员设计的这个系统将如何运作，这对程序开发有很大的帮助。

4. 定义说明与规则

在设计一个游戏系统时，会定义一些系统涉及的概念，例如角色系统中的生命值，聊天系统中的世界频道等。这些概念定义都代表了什么意思，各自有着什么样的作用，遵循着什么样的规则，这些在文档中都需要进行详细的说明。

5. 过程规则

过程规则是指用文字对流程图以及流程图表达不出来的规则进行描述，并详细地描写系统的每一个操作过程以及每一个操作涉及的所有规则。过程规则是程序逻辑实现的重要依据，过程规则是否详尽、仔细、完整会直接影响程序开发的进度。

6. 操作规则

操作规则就是系统中涉及的鼠标操作及键盘操作的规则。例如，单击会发生什么，右击会发生什么，双击又会如何，键盘中的某些按键是否会对系统中的某些功能产生响应，这些规则都要在这项内容说明中进行详细设定。

7. 显示规则

一个游戏（系统）需要通过一个表现形式展示在玩家的面前，系统要如何展示，相关的显示规则都会在这个内容项中进行描述。例如对显示的字体字号是否有要求，应该显示在什么地方，会显示出什么样的颜色，怎样显示等，这些在文档中都要进行详细描述及定义。一个系统即使设计得再出色，但如果没有把握好向玩家展示的效果，也会令游戏在玩家的印象中大打折扣。

8. 与游戏中其他系统的关系

一款游戏是由游戏所需的各种游戏系统组成的，一个系统除了会起到自身的主要作用之外，还可能会对其他系统产生影响。例如，一个游戏的战斗系统展示出来的战斗动作属于动作系统的一部分。如果战斗中可以召唤宠物，那么宠物的 AI 则属于游戏中人工智能系统的一部分。战斗之后怪物掉落的物品会涉及物品系统的掉落概率部分等。

没有一个游戏系统是完全独立存在的,都会与游戏中的其他系统产生联系,而策划人员如果将这些联系在这一部分内容中列出来并进行简单地说明,则可以帮助游戏开发人员对游戏代码进行整体规划和设计,进而可以减少因为整体规划没有做好而引起的反复修改。

9. 系统 UI 设计

一个游戏系统需要通过 UI 使系统与玩家产生交互,UI 设计包括用户交互设计、图形界面设计以及架构设计 3 部分,策划方面的 UI 设计主要涉及用户交互设计以及架构设计两方面,图形界面则多数由美术师进行设计。

UI 架构设计主要是指一个 UI 中将会有多少功能会表现出来,这些功能都有什么样的作用,具体的规则该是如何等。UI 的用户交互设计则主要是指根据具体功能将相关内容的显示、各种操作按钮的位置根据玩家的使用习惯进行摆放,一个好的用户交互设计会令玩家在使用 UI 的时候感觉十分顺手和舒服。系统 UI 设计主要以图形方式进行描述,同时也要根据需求进行相应的文字描述。

10. 系统资源整理

游戏资源包括程序代码、美术资源以及音乐音效三大部分。其中,由于程序代码无法通过策划进行整理和统计,所以一般指美术资源和音乐音效这两个资源部分。

完成一个游戏系统的设计之后,要对系统需要制作的所有美术图片以及音乐音效进行整理和统计。为了明确美术资源以及音乐音效的工作内容和工作量,通常这种整理和统计会通过表格进行描述,进而可以对这部分工作需要的时间进行粗略估算。

11. 功能列表

在策划案的最后,策划人员可以根据游戏程序开发人员的阅读习惯将系统涉及的所有功能以列表的形式列出,同时对功能进行较为详细的说明,这样可以使游戏开发人员更快速地了解策划案中涉及的功能,同时也可以使设计人员在做列表的时候检查是否有遗落的地方,以便及时补充,最后还可以根据这个功能列表对程序开发人员的工作进行跟进,准确地掌握系统的开发进度。

8.3 常用文档类型

在早期的游戏开发中,开发团队的成员人数较少,开发成员经常面对面地进行沟通和交流,对游戏开发各个阶段(包括提出构思、游戏设计等)都非常熟悉,所以大家对于设计文档的需求不大,对游戏设计文档的简洁易读和清晰性也要求不高。而今天,许多开发团队都拥有上百名成员,所以迫切需要创造一份设计文档以推动团队成员之间的交流,并帮助每一个成员(包括制作人、程序员、美工、音乐家、市场营销人员以及测试人员等)明确游戏的发展方向。

事实上,不同的游戏公司对于设计文档的期望值都不尽相同,甚至在同一家公司中也会出现不同的看法。通常情况下,一份合格的设计文档要符合以下要求。

(1)简洁的版面,一目了然的主题和文章结构。

（2）准确、清晰的表达。

（3）良好的分支主题。

（4）适当的图形示意。

（5）少量、适当的醒目标记。

（6）清晰的版本信息和写作人信息。

（7）10 页以上的文档应包含目录。

8.3.1 提案式文档

在游戏策划文档的开头要有一个简洁的游戏设计概述，有助于出品人、行政人员、市场营销人员或新加入这个项目的团队成员等获得对游戏的总体印象。概述的主体文字中主要包括游戏名称和游戏类型。最后，应当对整个概述做一个总结，要特别强调这个游戏最无法让玩家抗拒的是什么，这个游戏能唤起玩家的哪种情绪，玩家能从这个游戏中得到什么，这个游戏有哪些元素是其他游戏没有的。

8.3.2 概念设计文档

概念设计文档对游戏设计的整体内容做提纲式的描述，其内容包括游戏设计思想、市场定位、预算和开发期限、技术应用、艺术风格、游戏开发的辅助成员和游戏开发初期需要等。主要目的是让开发商同意支持这个游戏开发项目，同时该文档也是项目策划文档的重要组成部分。其次，概念设计文档要包括游戏软件的可行性分析、市场同类产品对比分析、风险评估等。

概念设计文档主要由开发小组中的游戏制作人、首席游戏设计师、首席软件工程师、美术总监和市场开发人员编写。在这个阶段，游戏设计师记下自己能想到的游戏灵感，并写出游戏概念设计文档。注意，这还不是完整的游戏设计文档，只是游戏的一个简要说明。当然，很多时候游戏概念设计文档最后会加以修改，作为游戏设计文档的第一部分。

要想将游戏创意变成完整的游戏概念设计，游戏设计师需要认真考虑，并回答以下问题，这些也将是在游戏概念设计文档中需要描述的，可能不必特别精确或详细，但游戏设计师必须有一个大致的想法。

- 玩家将面对什么挑战？将采取一些什么行动克服挑战？
- 游戏的获胜条件是什么（如果有）？玩家要争取获得什么？
- 玩家控制的角色是什么？玩家要扮演什么人物？具体任务是什么？
- 游戏的场景如何？在什么地方进行？
- 玩家的交互模式是什么？
- 游戏的主要视图是什么？玩家如何在屏幕上查看游戏场景？视图是否不止一个？
- 游戏的一般结构是什么？每种模式中会发生什么？每种模式中将加入什么功能？
- 游戏是竞赛性的还是协作性的，是基于团队的还是单人的？如果允许多人，是使用同一台机器的不同控制器还是网络上的不同机器？
- 游戏进行时有叙述说明吗？

- 游戏是否属于已有的某种类型？
- 游戏能吸引哪种类型的玩家？

当对上面的大部分问题都有了确定的答案时，就可以撰写游戏的概念文档了。不同游戏的概念文档也不尽相同，但一般都包括以下要素的部分或全部。

- 标题，即游戏的名称。
- 平台，即游戏适合的平台。
- 种类，即游戏的分类。
- 基本进程，即游戏的进行模式、玩家的控制模式等。
- 基本背景，即游戏相关的背景故事。
- 主要角色，即游戏的角色（主要角色可能要附以草图）。
- 开发费用，即游戏开发的估计费用。
- 开发时间，即游戏开发的估计时间。
- 开发团队，即游戏开发团队的主要角色和应该拥有的素质和相关经验。

8.3.3　游戏设计文档

在撰写游戏设计文档时，构建游戏的人（包括制作人、主策划或者任何相关人员）不要将视角延伸到游戏内部，而是要集中思考以下问题。

- 游戏世界呈现给玩家的样子是什么？在内部如何运行？
- 玩家扮演哪些角色？可以进行什么活动？
- 玩家与这个世界或者玩家彼此可以发生哪些交互行为？游戏的主线进程是怎样的？
- 游戏内容会在什么节点发生什么变化？

一般的游戏设计文档包括以下内容。

- 玩家的游戏进程规划。
- 游戏玩法。
- 设计目的和定位、玩法系统、机制三者之间的关系。
- 资源的流通闭环、独立功能罗列、重要数据项等相关规则的定义。
- 游戏场景和故事片段描述。
- 关于目标用户类型、偏好和付费模式。

8.3.4　市场评估与测试计划

目标市场一般是由游戏的类型及其运行平台决定的，具体的类型以及运行平台已经在游戏概念设计文档里提出。因此，可以通过引用一些目标市场的专题文章评价目标市场估计的准确性。这些文章的最重要之处是可以指出这个市场的大小及其生命力。同时，描述该市场的主要玩家年龄段、性别以及其他一些重要特性，例如该群体玩家的经济承受能力、核心玩家与轻量级玩家的相对比例等。如果这个游戏涉及某些特殊的授权或者是另一款游戏的续集，则必须描述这些已经存在的特殊市场。

8.4　游戏设计文档模板

游戏设计文档通常被视为一部开发指南,是一本所有团队成员都必须熟读的参考工具书。一般情况下,游戏设计文档至少应包括如下内容。

(1) 封面。

(2) 版本信息。

(3) 目录。

(4) 游戏概述。

(5) 游戏性。

(6) 游戏故事(可选)。

(7) 游戏角色(可选)。

(8) 游戏世界(可选)。

(9) 游戏界面。

(10) 媒体资源。

(11) 附录。

8.4.1　标题页

标题页要包含明确的游戏基本信息。

• 游戏名称(设计文档名):"××××游戏设计文档"(或"××××游戏策划案")。

• 作者、开发小组、公司名和版权声明。

• 文档版本号。

• 文档写作或更新日期。

• 游戏类型(一句话的简介,例如"基于 PC 仙侠题材,3D MMORPG")。

标题页格式如图 8-1 所示。

××××游戏设计文档

游戏类型:××××

作　　者:×××

Copyright® 201× by ××公司/开发小组

201×年×月×日

版本号:×.×

图 8-1　标题页格式

8.4.2　文档结构

目录是查阅设计文档的最佳手段,可以快速定位信息的位置。为设计文档生成一个详尽、便于使用的目录是非常重要的。目录必须包含章、节、小节,甚至还有小节的进一步分节。游戏设计文档要使用粗体字标题以方便查阅。除了提供简单的目录,还可以通过添加标签和链接的方式区分每个部分。

游戏设计文档的结构主要包括以下内容。

1　游戏世界观

叙述游戏世界观、整体规划。

2　功能概况

2.1　设计目的

2.1.1　为什么需要这些设计

文档设计目的,突出重点,深入思考后得出结论。

2.1.2　系统之间的关联性

依赖于哪些系统,被哪些系统依赖,这些系统之间具体的影响关系。

2.1.3　设计原则

为达到设计目的,需要遵循哪些原则,注意哪些问题,列举可以考虑到的因素。

2.2　期望玩家效果

2.2.1　此设计带给玩家的感受

玩家在参与过程中的心理感受,期望带给玩家的效果。

2.2.2　对玩家的吸引点

玩家在游戏中切实体会到的游戏亮点,以及玩家能够被设计吸引的理由。

2.2.3　期望玩法策略

期望玩家如何进行游戏,进行优势策略分析。

2.3　流程简述

若为底层基础功能,则可在此附上流程图;若是游戏内的活动,则需要简洁地分条列出游戏名称、参与条件、活动范围、活动时间、活动内容、活动奖励等基础信息。

2.4　设计重点

该设计内容的重点可以用关键词表现,按照设计者认为的优先级和重要程度排序,高的在前,低的在后。

2.5　待定设计

设计者认为容易引起争执的内容,设计者无法确定结论的部分,设计者的奇思妙想,只要与此设计相关的内容皆可列于此处,要求言简意赅,能够给人启发。

2.6　参考设计

分析其他游戏相关设计的优缺点,作为设计参考。

2.7　功能玩法简述

以功能点为主,在此列举设计实现的功能、框架、重点规划等。

3 文本规范

文档完成并上传时可删除此部分内容。

4 正文

4.1 相关定义

功能涉及的名词解释，一些基本规则的简单说明。

4.2 流程说明

若功能涉及玩法或操作的判断流程，则可在此用文字或流程图列出。

4.3 玩法规则

4.3.1 玩法包装

该活动/玩法的剧情包装，需要符合游戏世界观。

4.3.2 关卡/活动地图

描绘包含玩法内所有功能点的场景设计图和相关说明。

4.3.3 副本玩法

- 限时杀怪
- 夺旗
- 保护 NPC
- 护送
- 其他

······

4.3.4 活动流程

（1）活动开始

- 参与条件：填写本活动的参加条件是什么。
- 活动范围：填写本活动的范围，例如全部服务器/某个国家/某个区域开放。
- 活动时间：填写本活动的开始时间和结束时间。
- 活动时间注释：活动时间的相关注释，例如活动开始时需要启动的功能/模块，活动结束时需要关闭的功能/模块。

（2）参与条件判定

- 是否满足要求条件一：若是，则进行何种判断；若否，则进行何种判断。
- 副本数量是否达到上限。
- 系统公告：提前公告（开始/结束日期，每日具体播放时间，具体公告文字内容）；定时公告（开始/结束日期，每日具体播放时间，具体公告文字内容）。

4.3.5 注意事项

写明一个活动或功能在制作中可能遇到的问题，越全面详细越好，以减少功能或活动制作后可能出现的漏洞或缺陷，列出一些注意事项，设计者在文档撰写过程中可持续进行补充。

- 活动过程中每日更新数据的时间应尽量避开整点时间段，防止服务器在同一时间因处理大量数据而出现异常。
- 若有活动道具，则说明活动结束后的处理方式。

- 上下线的更新问题。
- 边界问题,如等级上下限。

4.4　操作规则

4.5　UI 表现

给出界面示意图。

4.6　关联模块

5　数据规则

需要在此列出文档涉及的数值和参数(如等级、概率、属性值、时间等),以供后面进行调整,必要时制作数据调整表并附路径。

6　美术需求

(1) NPC 角色需求:若功能需要新增 NPC/怪物等模型资源,则在此列出名称、外形描述、参考设计等内容。

(2) 场景需求:若功能需要新增场景,则在此列出场景名、场景风格简述、场景内的必需功能点等内容,格式如表 8-1 所示。

表 8-1　场景需求表

名　　称	场景风格简述	场景功能点 1	场景功能点 2	场景功能点 3
野外场景名称 1	…	(x,y) 处需要一座 z 类型的建筑等	…	…
副本名称 2	…	…	场景内有一棵巨树/一座雕像等	…
副本名称 3	…	…	…	场景内通路从左上至右下

(3) 图标需求:若功能需要装备/道具,则在此列出需要制作的图标信息,格式如表 8-2 所示。

表 8-2　图标需求表

名　　称	图标类型	等　　级	描　　述
装备名称 1	装备/道具	装备/道具的等级	简单的外形描述
装备名称 2	装备/道具	装备/道具的等级	…
装备名称 3	装备/道具	装备/道具的等级	…
道具名称 1	装备/道具	装备/道具的等级	…
道具名称 2	装备/道具	装备/道具的等级	…
道具名称 3	装备/道具	装备/道具的等级	…

(4) UI 需求:需要附上界面设计图以供 UI 设计师参考。

7　音乐音效需求

音乐音效的选择标准及规范说明。

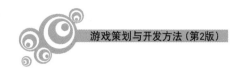

8.5　文档的格式和风格

　　游戏设计文档并没有固定的格式，不同类型的游戏由于侧重点不同，设计文档也各具特色。但是一份好的游戏设计文档应具备便于查阅、避免重复、有血有肉、主次分明、深入细节、切实可行、保持更新、版本统一等优点。

　　文档编写过程中，应该尽量避免如下问题。

　　（1）过于简单，缺乏必要、有用的细节。

　　（2）措辞欠严谨明确。

　　（3）长篇大论地描写背景故事。

　　（4）试图描绘出游戏的所有细节，显得过于烦琐。

　　（5）没有考虑实现的可能性。

　　（6）在实际发生变更时没有及时更新。

8.6　本章小结

　　游戏设计文档最重要的是传达游戏的设想，好的文档规范有助于游戏开发。本章对常用的策划文档类型进行了讲解，以模板大纲的方式说明了策划文档各个部分的内容、规范以及注意事项。

8.7　思考与练习

　　（1）常用的设计文档有哪些？

　　（2）游戏设计文档的功能有哪些？

　　（3）为你熟悉的某款现有游戏编写游戏设计文档。

　　（4）游戏设计文档有固定的格式和风格吗？为什么？

　　（5）将你的创意写成5～10页的概念设计文档。

第9章 游戏开发方法

学习目标

1. 素质目标：培养跨学科知识运用能力、团队协作能力、文献检索能力、软件操作能力和程序设计能力，树立良好的科研素养、工程伦理和社会责任感。

2. 能力目标：能够使用地形编辑器、事件编辑器、声音编辑器、物体编辑器、战役编辑器等工具软件完成游戏项目的相关工作；能够运用游戏开发工具进行游戏的场景开发、系统集成、角色开发等具体工作；能够描述游戏中使用的人工智能算法的基本思想、执行步骤和状态机制。

3. 知识目标：了解常用的游戏编辑器的功能和经典的游戏引擎；掌握游戏开发的理念、流程、常用算法和设计模式；掌握游戏开发的版本与里程牌的制定；理解游戏开发的具体方法和实现模式；掌握游戏中人工智能的基本元素和状态机制。

本章导读

在现代游戏设计中，游戏开发更具专业化、模块化和平台化。本章主要讲解游戏开发的理念、流程、常用算法、设计模式以及游戏中人工智能的基本元素、设计目的与状态机制，并对游戏引擎的基本功能和著名游戏引擎的特点进行介绍。

9.1 游戏程序开发理念

游戏是一个不断按某种逻辑更新各种数据（画面、声音等）的过程，基本流程是一个连续的循环，不断按某种逻辑绘制新的图像，并刷新画面。游戏如同一个带有前置终端的实时数据库，该终端实时接收用户（玩家）输入的各种交互指令，取出相应的数据，并将这些数据以各种形式（视觉、听觉等）展现给玩家，具体流程如图9-1所示。

游戏也是一个由"逻辑"和某些"数据"构成的结合体，主要体现为以下三点。

(1) 数据驱动理念。

"逻辑"是游戏的灵魂，主要由游戏设计人员负责完成；"数据"起到描述和修饰的作用，主要由程序设计人员处理。这样的主次关系决定了只有高效、灵活地处理这些"数据"部分，才能让游戏设计人员把更多的时间和精力花费在"逻辑"部分。游戏编程人员必须把这些"数据处理"工作变得简便和快捷，才能保证游戏开发的成功。

(2) 数据驱动的基本策略。

游戏程序设计人员需要经常针对当前游戏为团队中的艺术创作人员专门设计和实

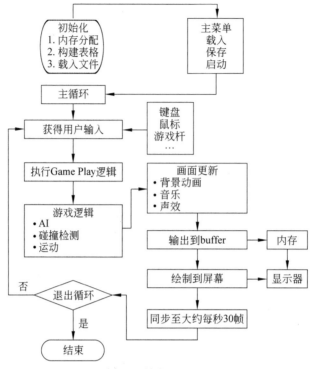

图 9-1　游戏运行流程

现一系列的"数据"获取和管理工具,包括声音的处理程序、绘画工具等,以提高艺术创作人员的工作效率。游戏程序设计人员在编写代码时要采用容易修改游戏数据的方式,以保证游戏数据可以动态调整。游戏开发是一个不断修改完善的过程,游戏的设计人员经常需要访问或修改那些影响游戏不同实体行为的数据。

（3）软件工程中的原型法都是设计游戏软件的有效方法。

可玩性测试的原型系统专门用于检验游戏设计的合理性和用户的可接受程度;用户界面的原型系统检查玩家如何与游戏进行交互;各个子系统的原型系统测试该子系统的功能,并检查各个子系统的交互关系和数据接口;算法测试的原型系统用来检查各种算法,尤其是特定领域的一些复杂算法需要通过原型系统进行不断的改进和提高。

9.2　游戏项目开发流程

开发具有网络服务器端的游戏一般分以下 4 个阶段。

（1）筹备阶段。筹建团队,确定项目的基本方向。

（2）原型阶段。实现游戏原型,发布 Alpha 测试版(玩家到开发场所测试),以验证和调整预定的方向。

（3）发布阶段。发布游戏的 Beta 测试版(在一个或多个玩家的场所测试),供内部封闭测试,做上线前的最后准备。

（4）迭代阶段。完成对 Beta 测试版的修改,上线后按迭代周期持续开发和调优

产品。

在以上阶段中,要注意以下问题。

(1)角色。定义一些角色,规定其工作权力和责任,避免过度讨论或盲进。

(2)交付物件标准。按照一定标准交付每个角色的工作成果,避免在工作链条中出现过多误差。

(3)工作方法细节。游戏开发是一个涉及多个专业的复杂过程,所以必须遵守过程中的规范和要求,否则会严重降低开发效率。

9.2.1　筹备阶段

1. 角色定义

- 投资人。根据市场状况和投资预期,提出商业目标和项目邀约,和制作人讨论并审核确定产品方向,制定投资计划,按计划安排资金投放,并承担投资风险。
- 制作人。根据投资人的商业目标整理和组织市场调查数据和竞品资料,制定产品方向。根据投资计划组建核心团队。在有些项目中,投资人和制作人是同一个人。
- 核心团队。一般由制作人和首席软件工程师、首席游戏设计师、美术总监组成,有时还包括项目经理。在有些项目中,制作人可能由核心团队中的任何一个人兼任。
- 项目经理。负责制定工作计划和监督进度,安排各种资源。初期可能会有很多秘书工作需要担任。在有些项目中,项目经理可能由核心团队中的任何一个人兼任。

2. 交付物件

- 投资计划。由时间、金额、项目进度检查标准组成的一个表格,需要附带修改日志和完成记录。
- 产品方向。一个具体的文档,用来记录产品概念依据的市场状况(数据)、竞品的情况(数据);也记录了项目产品的基本情况:游戏的题材、游戏的玩法、游戏收费方法的基本概念,以及市场推广和运营的基本思路。
- 竞品资料。罗列所有主要竞争对手的产品情况,包括产品市场数据、开发方案(能搜集到的)、评测资料和用户反馈等。需要由制作人持续更新关注并随时整理添加。

3. 重点注意

1)产品概念讨论方法

- 针对用户特性。游戏产品具有非常丰富的形态和细节,在讨论设计时必须根据既定的用户群体做判断,避免大而全或进入死角。在各种"调查报告"无效的情况下,可以邀请几个目标玩家直接沟通,不用担心"代表性"不够,因为共性往往是比较明确的部分。
- 针对竞品。在用户、市场情报不够充分的时候,竞争对手能提供最直接的产品信息。通过分析竞争对手的产品,特别是跟踪竞争产品的变化,就能判断出用户和

市场的反馈。即使产品的竞争对手不多，方向相似度不高，只要是目标玩家群体接近，也可以通过竞争产品的玩家感受了解玩家心理。

- 不应该深入的部分。在筹备阶段，容易陷入头脑风暴，所以不应深入讨论产品的开发过程、开发工具、开发人员。不用关注产品细节，尽量用一些简单明确的概念代替。

2）团队缺人对策

- 招聘渠道。首选朋友圈，其次是毕业生和培训机构，最后是网上投递简历和各种高校的招聘会。猎头也可以考虑，但对候选人需要仔细甄别。
- 培训准备。对新入职的人员进行基础能力的培训，例如 SVN 和 BUG 跟踪系统的使用，基础的开发技术、美术、策划文档标准等。这些培训都是需要多次进行的，所以应该先准备好培训资料，避免新成员在入职时措手不及。

3）时间控制

- 会议。筹备阶段大概有一半的时间是在做沟通，因此会议时间需要特别控制，明确议题，严格遵守议题议程。如果有遗留问题，应有专人搜集整理并跟进，而不是在会上解决。
- 招聘期限。在具备核心团队的情况下，从组建团队到项目正式启动一般需要几个月。如果在时间期限前没有明显进展，应该和投资人反映，并研究解决方案。

9.2.2　原型阶段

1. 角色定义

- 项目主策划。提出产品原型的概念，交付《项目总体设计》，并协助原型开发，突出产品特点。
- 项目主程序。选择技术方案，定义美术、策划资源的技术标准。搭建开发环境，编写产品原型。在客户端开发方面，和美术同事合作，调整原型效果以达到测试的目的。
- 项目主美工。选择美术风格，在策划和技术的共同讨论下确定各美术组件的基本技术标准，例如大小、尺寸、容量等，并确定美术资源的格式。
- 项目经理。有些团队由制作人或者主策划兼任。此阶段，在明确游戏原型后，需要将产品、技术、美工人员各自开发的内容整合到一起。项目经理负责组织信息共享，一起讨论和评审各阶段产品，以确保工作顺利开展。

2. 交付物件

- 项目总体设计。规定游戏的题材、玩法、收费模式等，确定游戏的重点乐趣和表现特点，列出游戏的长期开发计划需要的系统、关卡、内容纲要，作为后续策划工作的总需求列表。
- 美术风格指导。用实例原画图规定整体美术风格。
- 美术资源格式标准。对游戏原型的美术资源格式做出标准规定，包括美术文件的格式、尺寸、精度标准、命名、SVN 路径规则等。
- 技术方案选型方案。开发游戏所用的客户端和服务器端引擎、框架版本；程序的基本模块代码结构;项目文件目录规范;测试和 CI 方案;技术难点的预设解决方案。

- 可运行的原型产品。突出表现游戏核心玩法和美术风格的程序,可以是一个单独的游戏关卡。
- 开发环境。SVN 服务器地址、BUG 跟踪系统地址、IDE 选择产品和版本、开发和测试的内网服务器和演示用外网服务器。

3. 重点注意

原型开发阶段的主要目的是验证产品的题材和玩法的融合是否合适,美术风格和技术实现是否能达到策划初始目标,有没有一些难以解决的基本障碍等基本问题。需要特别注意开发原型需要耗费的资源制作和逻辑编写时间,因为这反映了游戏后期持续更新需要消耗的成本。

另外,由于游戏原型的制作也会引出制作环节的沟通问题,所以从一开始就要积累和确立各工序的交付标准,例如策划案应该包含图量表、测试方案等。需要预先沟通美术草图规范并签名,需要确定美术资源格式,需要设置游戏原型的测试环境。

9.2.3　发布阶段

1. 技术开发团队

- 客户端开发。开发和优化客户端代码、单元测试用例和相关文档。完善客户端程序打包、发布的 CI 流程。
- 服务器端开发。开发服务器端代码、单元测试用例和相关文档,维护项目数据库,安装和部署测试环境。
- 测试开发。维护和管理 CI 系统,监督运行单元测试用例。开发专项测试,例如性能测试、自动化测试等。

2. 交付物件

- 策划需求文档。重点说明要达到的产品目标,使用的主要设计手段。
- 策划案。包括游戏流程图、GUI 草图和需要配置的游戏数据项目、美术图量表以及风格参考等。
- 草图。包括美术风格参考和 UI 构图。
- 技术设计方案。包括代码模块命名以及职责、代码结构模式及关系和重点技术问题的解决方法。
- 美术资源格式。包括文件名和路径规则、文件格式、精度、尺寸或其他更细节的内容。
- 游戏数据格式。包括库名、表名、字段解析和字段内容结构等。
- Bug 报告单。包括策划案 ID、重现步骤和现象等。

3. 重点注意

建立稳定完整的版本开发流程,最重要的是各交付件标准的严格遵守和流程监控。项目经理需要组织对于流程、标准的讨论和最终确定,并且监督执行。根据不同游戏的差异随时应对不同的策划案,建立流程标准。另外,需要安排宣传资料、测试环境、运维工具等工作。在发布前至少安排一周时间与运营、运维、客服人员做好沟通和交接准备。

9.2.4 迭代阶段

1. 开发团队

依照迭代标准开发所需内容。

2. 运维团队

- 运营人员。负责推广、发行工作，给运维人员提供产品部署的技术资料，关注产品数据和运营情况，给开发团队反馈意见。
- 客服人员。辅助游戏推广，负责玩家咨询、故障报告、投诉处理、事故安抚等工作，需要运营人员和开发团队进行持续的信息共享。
- 运维人员。负责游戏的部署和监控，开发管理运维工具，准备硬件资源和运行环境。在有些游戏团队中由服务器端程序员兼任。
- 运营开发人员。开发客服系统、数据统计报表、活动系统、官方网站等给运营人员使用。在有些游戏团队中由服务器端程序员兼任。

3. 交付物件

- 版本发布计划。每个版本开始开发前都需要编写此计划。列明版本内需要开发的内容、预计时间以及开发设计人员名单。此计划需要提交给运营人员，因此要提早准备运营计划中的推广活动和安排推广资源。
- 版本发布说明。每个版本进入内测后，由开发团队编写并提供给运营人员，包含版本在产品上的所有变更细节，供运营人员自己做测试或培训客服，可以作为运营计划的材料。
- 运营计划。运营人员根据每个版本提交此文档，包括运营活动内容、所需的推广资源、资金支持和此次运营预计要达到的商业效果和衡量手段。
- 产品部署、升级方案，由开发人员提供给运维人员的技术部署方案。包括如何部署安装进程、设置 CDN 或 DNS、运行 SQL 或修改配置文件。有些团队会开发自己的产品部署工具，用来自动化处理运维工作。
- 产品统计需求。由运营人员提交给运营开发人员，定义统计报表的格式和统计周期，描述每个表头的含义。运营开发人员根据此需求文档开发统计程序，需要包括自动、定期反馈数据报表。

4. 重点注意

通常，游戏的持续更新需要遵循版本设定规范，如图 9-2 所示。

图 9-2　游戏版本设定规范

由于开发的内容有长有短,因此开发过程中的代码必定要维护多套版本分支(图9-3),这需要在SVN上做严格的定义。

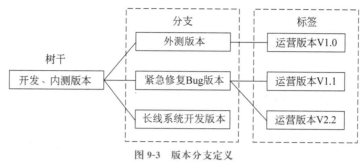

图 9-3　版本分支定义

9.3　游戏编辑工具

在设计和开发游戏的过程中,需要用到搭建场景、处理模型、动画特效、管理声音等各种各样的工具。如果项目规模比较大,开发周期比较长,甚至要有专门开发的版本控制与管理工具。

9.3.1　地图编辑器

地图编辑器是一种"所见即所得"的游戏地图制作工具(图9-4),用于创建、编辑、存储和管理游戏地图数据。游戏程序(客户端和服务器)通过地图数据构建游戏场景,然后将其呈现给玩家。

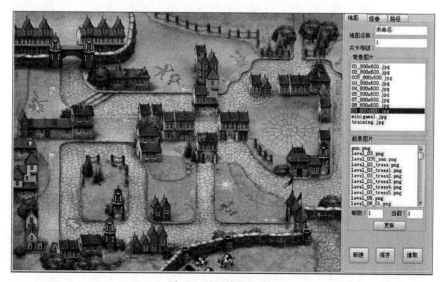

图 9-4　地图编辑器界面

1. 功能

地图编辑器的主要功能包括地图制作和地图资源管理两部分。地图制作主要包括地表生成、物体摆放、属性设置和地图数据输出；地图资源管理包括地图物体（地表、树木、房屋、精灵等摆放在游戏地图上的图片和动画资源等）编辑、地图物体属性设置和资源数据输出。在地图编辑器中，开发人员可以方便地摆放地图物体，构建和修改地图场景，自动判断遮挡关系以及设置地图事件等。

地图编辑器的资源管理功能使地图资源可以在多个地图中复用，极大地减少了制作和修改地图的工作量。因此，很多游戏开发商在项目初期开发了专用的地图编辑器，用于提高游戏的开发效率，以减少地图搭建阶段花费的时间，缩短项目周期。

2. 应用

地图编辑器是用计算机图形技术对游戏虚拟环境的模拟实现，一般建立在游戏引擎之上，编辑器的对象模型和资源格式会受到游戏引擎的限制。由于不同游戏引擎的数据格式不同，所以构建在特定游戏引擎上的地图编辑器通常无法跨越多个引擎运行。

3. 地形编辑器

地形编辑器是地图编辑器的主要模块（图9-5），用于设计和编辑地形、放置单位和装饰物，主要分为地形面板、单位面板、地形装饰物面板、镜头面板和地区面板。

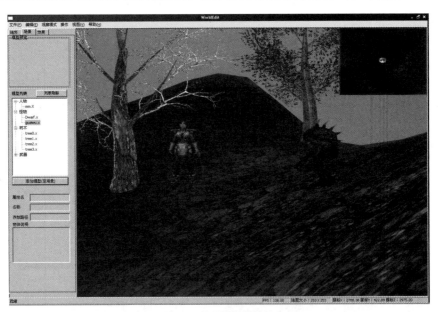

图9-5　地形编辑器界面

- 地形面板。制作出高地、低谷、斜坡、水、起伏地面等各种地形地貌。
- 单位面板。在地图上放置所有玩家及各种建筑单位、生物单位及物品。
- 地形装饰物面板。在地图上放置各种地形装饰物，包括金矿及树木资源、建筑、物品道具、地图控制触发器等。
- 镜头面板。依附触发器而存在，在地图上放置镜头可以制作过场动画。
- 地区面板。在地图上划分一块区域，以设置区域属性。需要引用触发器，否则在游戏中没有任何效果。

4. 通用编辑器

1）Tiled Studio

Tiled Studio 用于创建和编辑 2D 游戏地图，其最大的特点是可以编辑区块。除此之外，还支持自定义地图（2D 地图）输出格式和地图层次划分等功能，但不支持 2.5D 地图。因为没有提供资源管理的功能，每次创建一个地图都必须重新导入和编辑全部区块资源。通过插件读写地图数据，用户可以方便地自定义地图的输出格式。不仅支持地图分层，可以为每个层次添加各种属性，还支持自定义对象图层，可以在该层上添加各种数据，这对地图的事件触发设置提供了较好的支持。此外，Tiled Studio 将所有图片都以最小单位区块的大小进行切割，以损失地图美观为代价，避免了深度排序和图片偏移等复杂的计算。

2）Mappy

Mappy 是基于区块的通用地图编辑器，支持 2D 和 3D 地图。在 2D 方面，Mappy 的功能和 Tiled Studio 类似，但没有区块管理功能。Mappy 将地图保存为 FMP 文件，所以使用 Mappy 时首先要解决的问题是如何读取 FMP 文件。另外，Mappy 虽然提供了多种开发语言版本，但缺少相关文档，难以根据实际情况进行扩展。Mappy 缺少快捷工具栏，使用起来很不方便且运行速度慢，在编辑较大的地图时的易操作性较差。

3）Mepper

Mepper 是基于区块的 Java 开源地图编辑器，当前仅支持 2D、2.5D、整图地图和分块地图。Mepper 的功能和 Tiled Studio 类似，有功能比较完善的资源管理系统，能够方便地将地图资源复用于多个游戏地图。支持复合区块，可以在一个区块上添加另一个区块。自带边缘生成算法，用于地表边缘的自动生成。

9.3.2 触发事件编辑器

触发事件编辑器是地图编辑器中最高级和最强大的部分（图 9-6）。游戏中的各种事件、任务、电影、声音等全都是用触发器制作的，如果想制作一个有剧情的 RPG 地图，就必须使用触发事件编辑器。

在触发事件编辑器中，用户可以控制游戏中的所有效果。一个触发器包括 3 部分：事件、条件和动作，一个触发器的动作在触发了事件并满足条件之后才会执行。

- 事件。是处理触发器的开始，当事件发生时，如果满足条件，就会产生动作。
- 条件。是触发器执行动作必须满足的前提，只有在这个条件为真的时候才能产生动作。
- 动作。是触发器的结果，允许设计成完全控制游戏中的一切。

触发事件编辑器上的右键菜单命令如下。

- 新类（仅用作给触发器分类）。
- 新触发器（在分类中建立一个新的触发器）。
- 新触发器注释（仅用作分隔及注释触发器）。
- 允许触发器（允许使用此触发器）。
- 初始打开（初始触发器为打开）。

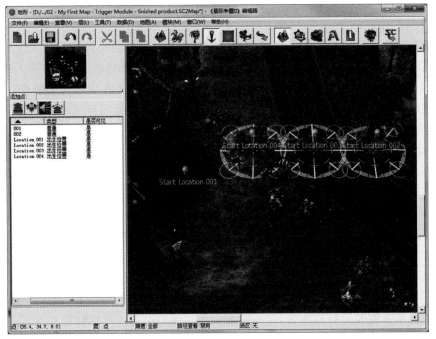

图 9-6　触发事件编辑器界面

- 分类是注释（将分类变成注释类型变量）。

此外，还有一些关于触发器的常见内容，包括变量、函数、预先设置和数值。

- 变量。在触发器中起着重要的作用，了解变量才能轻松地使用触发器设计事件。变量用一个名称指向一个内存地址，内存地址中的内容是可以被随时改变的，只要调用这个变量，就调用了变量相对应的内存地址中当前存储的内容，变量管理器则用于管理游戏中的变量。在世界编辑器里，变量可以用来存储一个或多个对象，因此可以通过变量的名字引用这些存储对象。
- 函数。触发事件编辑器包含很多函数，允许更加灵活地控制触发事件，这些函数通常和变量一起使用，可以用来代替放在单位变量中或者代替已经放置在地图上的单位。
- 预先设置。是编辑器内建的一种数据，无法修改。
- 数值。数值区域能够修改，允许直接输入信息，无须再新建一个变量或者函数。

9.3.3　声音编辑器

声音编辑器的作用是管理声音，用于提供给触发事件编辑器使用（图 9-7）。

声音编辑器中的声音分为两类：内部声音和外部声音。内部声音是包括在游戏内的声音，可以直接使用，并且不会增加地图的大小。外部声音是游戏中没有包含的声音，需要先用声音编辑器导入，保存地图时，声音文件将会打包在地图文件中，因此会造成地图文件变大，不利于联网游戏。

声音编辑器的菜单命令如下。

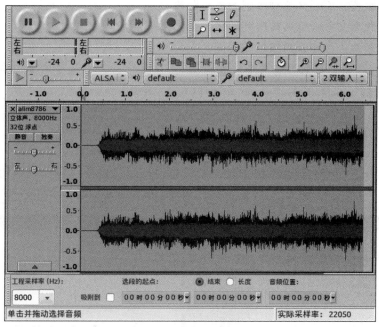

图 9-7　声音编辑器界面

- 播放(播放当前声音)。
- 停止所有回放(停止当前正在播放的声音)。
- 用作声音(将当前编辑的声音用作游戏声音)。
- 用作音乐(将当前编辑的声音用作游戏音乐)。
- 替代内部声音(使用当前编辑的声音替代游戏内部声音)。
- 输出声音(将当前编辑的声音另存为文件,当作游戏声音、音乐)。

如果要编辑声音或音乐的属性,可以在右侧的列表上双击或者右击该声音,并在快捷菜单中选择"声音属性"选项。声音属性包括以下选项和信息。

- 文件。声音或者音乐的文件名。
- 格式。声音的最大千赫,MP3 文件的比特率或者 WAV 文件的采样率,以及 WAV 文件的声道数和 MP3 文件的压缩方法。
- 长度。声音或者音乐的播放时间。
- 变量名。在触发器编辑器列表中显示的声音的名称,这个选项只对 MP3 文件有效。
- 循环。声音文件将重复播放,直到被命令停止。
- 3D 音效。声音文件播放的时候具有 3D 效果。
- 超出范围则停止。在玩家离开有效范围的时候停止播放。
- 音量。增加声音播放的音量。
- 淡入率。声音淡入的速度,数值越高,淡入速度越快,默认是直接。
- 淡出率。声音淡出的速度,数值越高,淡出速度越快,默认是直接。
- 播放速度。增加数值会加快声音的播放速度。
- 效果。在声音上还可以添加一些特殊的效果,但只对特定的声卡有效。

- 最小距离。声音能够被听到的最小距离。
- 最大距离。声音能够被听到的最大距离。
- 淡出距离。声音开始淡出的距离。

使用这些声音必须通过触发事件编辑器，当导入声音或者选择内部声音之后，进入触发事件编辑器，选择"播放声音"或者"播放音乐"选项。

9.3.4　物体编辑器

物体编辑器又称对象编辑器（图 9-8），其允许自定义单位、物品、装饰物、技能和升级。这些对象可以放置到地图上，或者导出后用于战役编辑器、AI 编辑器等。

图 9-8　物体编辑器界面

设计师通常将对象分为如下几大类。

- 单位，包括英雄、单位、中立生物等。
- 物品，即英雄使用的物品。
- 可破坏，包括所有可被破坏的东西，也包括建筑物。
- 装饰物，即放在地图上作装饰的物体。
- 技能，包括所有英雄技能、单位技能。
- 升级，包括建筑升级、技能升级、防御升级、攻击升级等可升级项目。

在物体编辑器中，所有对象的属性都可以修改，这给了设计师一个发挥想象力的空间。

9.3.5　战役编辑器

战役编辑器允许用户自定义和管理通用战役选项，包括读入画面、屏幕界面、自定义对象和导入文件（图 9-9）。

图 9-9 战役编辑器界面

战役中的每张地图都会集中访问对象文件，这里的所有单位、物品、装饰物、能力和升级都可以在战役中随意使用。先制作好地图，然后将地图导入战役编辑器，设置好次序、剧情和属性后保存即可生成战役。

9.4 游戏开发算法

9.4.1 游戏常用算法

算法是问题求解过程的精确描述，一个算法由有限条可完全执行、有确定结果的指令组成。指令正确地描述了要完成的任务和执行顺序。计算机按算法描述的顺序执行指令应能在有限的步骤内终止，或终止于给出问题的解，或终止于指出问题对此输入数据无解。通常，求解一个问题有多种算法可供选择，选择的主要标准是算法的正确性、可靠性、简单性和易理解性，其次是算法需要的存储空间更少和执行速度更快等。

在游戏开发中，常用的算法有如下几种。

1. 快速排序算法

快速排序算法使用分治法策略把一个数列（list）分为两个子数列（sub-list），该算法可以在大部分架构上高效实现。

算法步骤如下。

步骤 1：从数列中挑出一个元素（称为"基准"）。

步骤 2：重新排序数列，所有比基准值小的元素摆在基准前面，所有比基准值大的元素摆在基准后面（相同的数可以放到任一边）。在这个分区退出之后，该基准就处于数列的中间位置，称为分区操作。

步骤 3：递归地对小于基准值元素的子数列和大于基准值元素的子数列进行排序。

2. 堆排序算法

堆排序算法是指利用堆数据结构设计的一种排序算法。堆是一个近似完全二叉树的结构,同时满足堆的性质:子节点的键值或索引总是小于(或者大于)它的父节点。

算法步骤如下。

步骤 1:创建一个堆 $H[0\cdots n-1]$。

步骤 2:把堆首(最大值)和堆尾互换。

步骤 3:把堆的尺寸缩小 1,并调用 shift_down(0),目的是把新的数组顶端数据调整到相应位置。

步骤 4:重复步骤 2,直到堆的尺寸为 1。

3. 归并排序算法

归并排序算法是建立在归并操作上的一种有效的排序算法,是采用分治法的一个非常典型的应用。

算法步骤如下。

步骤 1:申请空间,使其大小为两个已排序的序列之和,该空间用来存放合并后的序列。

步骤 2:设定两个指针,最初位置分别为两个已经排序的序列的起始位置。

步骤 3:比较两个指针指向的元素,将相对小的元素放入合并空间,并移动指针到下一位置。

步骤 4:重复步骤 3,直到某一指针到达序列尾。

步骤 5:将另一序列剩下的所有元素直接复制到合并序列尾。

4. 二分查找算法

二分查找算法是一种在有序数组中查找某一特定元素的搜索算法。

算法步骤如下。

步骤 1:搜索过程从数组的中间元素开始,如果中间元素正好是要查找的元素,则搜索过程结束。

步骤 2:如果某一特定元素大于(或小于)中间元素,则在数组大于(或小于)中间元素的那一半中查找,而且与开始一样从其中间元素开始比较。如果在某一步骤数组为空,则代表找不到。

这种搜索算法的每次比较都会使搜索范围缩小一半。

5. 线性查找算法

线性查找算法从某 n 个元素的序列中选出第 k 大(或第 k 小)的元素,保证在最坏情况下仍为线性时间复杂度。

算法步骤如下。

步骤 1:将 n 个元素每 5 个一组分成 $n/5$(上界)组。

步骤 2:取出每一组的中位数,可采用任意排序方法,例如插入排序。

步骤 3:递归调用 selection 算法查找上一步中所有中位数的中位数,设为 x,偶数个中位数的情况下,设定为选取中间小的一个。

步骤 4:用 x 分割数组,设小于或等于 x 的个数为 k,大于 x 的个数即为 $n-k$。

步骤 5:若 $i=k$,返回 x;若 $i<k$,在小于 x 的元素中递归查找第 i 小的元素;若 $i>k$,在大于 x 的元素中递归查找第 $i-k$ 小的元素。终止条件:当 $n=1$ 时,返回的即是第 i 小的元素。

6. 深度优先搜索算法

深度优先搜索算法沿着树的深度遍历树的节点,尽可能深地搜索树的分支。当某一节点的所有边都已被探寻过,搜索将回溯到发现节点的那条边的起始节点。这一过程一直进行到已发现从源节点可达的所有节点为止。如果还存在未被发现的节点,则选择其中一个作为源节点并重复以上过程,整个进程反复进行,直到所有节点都被访问为止。

深度优先搜索算法属于盲目搜索,是图论中的经典算法,利用深度优先搜索算法可以产生目标图的相应拓扑排序表,利用拓扑排序表可以方便地解决很多相关的图论问题,例如最大路径问题等。一般用堆数据结构辅助实现。

算法步骤如下。

步骤1:访问节点。

步骤2:依次从节点的未被访问的邻接点出发对图进行深度优先遍历,直至图中有路径相通的节点都被访问。

步骤3:若此时图中尚有节点未被访问,则从一个未被访问的节点出发,重新进行深度优先遍历,直到图中所有节点均被访问过为止。

7. 广度优先搜索算法

广度优先搜索算法是一种图搜索算法,同样属于盲目搜索。从根节点开始,沿着树(图)的宽度遍历树(图)的节点。如果所有节点均被访问,则算法中止。一般用队列数据结构辅助实现。

算法步骤如下。

步骤1:将根节点放入队列。

步骤2:从队列中取出第一个节点,并检验它是否为目标。如果找到目标,则结束搜寻并回传结果,否则将所有尚未检验过的直接子节点加入队列。

步骤3:若队列为空,则表示整个图都已检查过,即图中没有欲搜寻的目标,此时结束搜寻并回传结果。

步骤4:重复步骤2。

8. Dijkstra算法

Dijkstra算法使用广度优先搜索算法解决非负权有向图的单源最短路径问题,最终得到一个最短路径树,常用于路由算法或作为其他图算法的一个子模块。

算法步骤如下。

步骤1:初始时令 $S=\{V_0\}$，$T=\{其余节点\}$，T 中节点对应的距离值定义如下,若存在 $<V_0,V_i>$，$d(V_0,V_i)$ 为 $<V_0,V_i>$ 弧上的权值;若不存在 $<V_0,V_i>$，$d(V_0,V_i)$ 为∞。

步骤2:从 T 中选取一个其距离值为最小且不在 S 中的节点 W，加入 S。

步骤3:对其余 T 中节点的距离值进行修改,若加入 W 作为中间节点,从 V_0 到 V_i 的距离值缩短,则修改此距离值。

步骤4:重复步骤2、步骤3,直到 S 中包含所有节点,即 $W=V_i$ 为止。

9. 动态规划算法

动态规划算法是通过把原问题分解为相对简单的子问题的方式求解复杂问题的方法,适用于有重叠子问题和最优子结构性质的问题。子问题重叠性质是指在用递归算法自顶向下对问题进行求解时,每次产生的子问题并不总是新问题,有些子问题会被重复计算多次,最优子结构性质为动态规划算法解决问题提供了重要线索。

算法步骤如下。

步骤1:找出最优解的性质,并刻画其结构特征。

步骤2:递归地定义最优值(写出动态规划方程)。

步骤3:以自底向上的方式计算出最优值。

步骤4:根据计算最优值时得到的信息构造一个最优解。

步骤1~3是动态规划算法的基本步骤。在只需要求出最优值的情形下,步骤4可以省略,步骤3中记录的信息也较少;若需要求出问题的一个最优解,则必须执行步骤4,步骤3中记录的信息必须足够多,以便构造最优解。

10. 朴素贝叶斯分类算法

朴素贝叶斯分类算法是一种基于贝叶斯定理的简单概率分类算法。贝叶斯分类的基础是概率推理,就是在各种条件的存在不确定,仅知其出现概率的情况下完成推理和决策任务。概率推理是与确定性推理相对应的,而朴素贝叶斯分类器是基于独立假设的,即假设样本的每个特征与其他特征都不相关。

朴素贝叶斯分类器依靠精确的自然概率模型,在有监督学习的样本集中能获取非常好的分类效果。在许多实际应用中,朴素贝叶斯模型参数估计使用最大似然估计方法。

算法步骤如下。

步骤1:根据具体情况确定特征属性,并对每个特征属性进行适当划分,然后人工对一部分待分类项进行分类,形成训练样本集合。这一阶段的输入是所有待分类数据,输出是特征属性和训练样本。分类器的质量在很大程度上由特征属性、特征属性划分及训练样本质量决定。

步骤2:生成分类器,主要工作是计算每个类别在训练样本中的出现频率及每个特征属性划分对每个类别的条件概率估计,并将结果记下来;其输入是特征属性和训练样本,输出是分类器。

步骤3:使用分类器对待分类项进行分类,其输入是分类器和待分类项,输出是待分类项与类别的映射关系。

11. A* 算法

A* 算法是一种静态路网中求解最短路径的最有效的直接搜索方法。估价值与实际值越接近,估价函数取得就越好。公式表示为:$f(n)=g(n)+h(n)$,其中,$f(n)$ 是从初始点经由节点 n 到目标点的估价函数,$g(n)$ 是在状态空间中从初始节点到 n 节点的实际代价,$h(n)$ 是从 n 到目标节点最佳路径的估计代价。

要想找到最短路径(最优解),关键在于估价函数 $f(n)$ 的选取:估价值 $h(n)$ 应小于或等于 n 到目标节点的距离实际值,这种情况下,搜索的点数多,搜索范围大,搜索效率低,但能得到最优解。如果 $h(n)=d(n)$,即距离估计 $h(n)$ 等于最短距离,那么搜索将严格沿着最短路径进行,此时的搜索效率最高。如果估价值大于实际值,则搜索的点数少,搜索范围小,搜索效率高,但不能保证得到最优解。目前有很多预处理算法(ALT、CH、HL 等)的在线查询效率相比 A* 算法大幅提高。

算法步骤如下。

步骤 1：将起点添加到开启列表，如果开启列表中有节点，则取出第一个节点，即最小 F 值的节点。

步骤 2：判断此节点是否是目标点，是则表示找到，跳出。

步骤 3：根据此节点取得 8 个方向的节点，求出 G、H、F 值。

步骤 4：判断每个节点在地图中是否能通过，不能通过则加入关闭列表，判断每个节点是否在关闭列表中，是则跳出。

步骤 5：判断每个节点是否在开启列表中，是则更新 G、F 值，更新其父节点；若不是，则将其添加到开启列表中，计算 G、H、F，添加其节点。

步骤 6：把此节点从开启列表中删除，再添加到关闭列表中。

步骤 7：在开启列表中按照 F 值最小的节点进行排序，最小的 F 值在第一个。

步骤 8：重复步骤 2～4，直到目标点在开启列表中，即找到；目标点不在开启列表中，开启列表为空，即未找到。

9.4.2 游戏算法设计

在游戏开发中常用的设计算法主要有迭代法、穷举搜索法、递推法、递归法、回溯法、贪婪法、分治法、动态规划法等。另外，为了以更简洁的形式设计算法，又经常采用递归描述算法。

1. 迭代法

基本思想：是一种不断用变量的旧值递推新值的过程，与迭代法相对应的是直接法（或称一次解法），即一次性解决问题。迭代法利用计算机运算速度快、适合做重复性操作的特点，通过计算机重复执行一组指令（或一定步骤），在每次执行这组指令（或这些步骤）时都从变量的原值推出它的一个新值。

基本步骤如下。

步骤 1：确定迭代变量，在可以用迭代算法解决的问题中，将一个可以由旧值不停（直接或者间接）变换出新值的变量作为迭代变量。

步骤 2：建立迭代关系式，建立变量从前一个值推出其下一个值的公式（或关系）。

步骤 3：对迭代过程进行控制，迭代过程的控制通常可分为两种情况，一是迭代次数固定过程，通过构建固定次数的循环过程实现；二是迭代次数不固定过程，通过外加结束控制条件实现。

【例】 用欧几里得算法求两个数的最大公约数。

分析：a 可以表示成 $a=kb+r$，则 $r=a \bmod b$。假设 d 是 a、b 的一个公约数，则有 $a\%d==0$，$b\%d==0$；而 $r=a-kb$，因此 $r\%d==0$，因此 d 是 $(b, a \bmod b)$ 的公约数。同理，假设 d 是 $(b, a \bmod b)$ 的公约数，则 $b\%d==0$，$r\%d==0$，但是 $a=kb+r$，因此 d 也是 (a, b) 的公约数。

欧几里得算法实现的过程就是一个反复迭代执行，直到余数等于 0 才停止运行的步骤。实现过程中可以采用迭代控制的第二种方法，即通过非固定次数的循环实现。基本函数算法的实现过程如下：

```
int Gcd_2(int a,int b)
{
    if (a<=0 || b<=0)
        return 0;
    int temp;
    while (b > 0)
    {   temp=a %b;
        a=b;
        b=temp;
    }
    return a;
}
```

从上面的程序可以看到，a、b 是迭代变量，迭代关系是 temp＝a ％ b；根据迭代关系即可由旧值推出新值，然后循环执行 a＝b，b＝temp，直到迭代过程结束（余数为 0）。

2. 穷举搜索法

基本思想：根据题目的部分条件确定答案的大致范围，并在此范围内对所有可能的情况逐一进行验证，直到全部情况验证完毕。若某个情况验证符合题目的全部条件，则为本问题的一个解；若全部情况验证后都不符合题目的全部条件，则本题无解。

穷举法的基本方法有以下 3 种。

（1）顺序列举。指答案范围内的各种情况很容易与自然数对应，甚至就是自然数，可以按自然数的变化顺序列举。

（2）排列列举。列举所有答案所在范围内的排列（有时答案的数据形式是一组数的排列）。

（3）组合列举。当答案的数据形式为一些元素的组合时，往往需要用组合列举（组合是无序的）。

【例】 将 a、b、c、d、e、f 这 6 个变量排成如图 9-10 所示的三角形，这 6 个变量分别取 1～6 的整数且均不相同。求使这个数字三角形 3 条边上的数字之和相等的全部解。

图 9-10 穷举法示例

分析：程序引入变量 a、b、c、d、e、f，并让它们分别顺序取 1～6 的整数，在互不相同的条件下，测试由这 6 个数排成的三角形 3 条边上的变量之和是否相等。如相等，则输出满足要求的排列，当这些变量取尽所有的组合后，程序就可以得到全部的可能解。

实现代码如下：

```
#include<stdio.h>
void main()
{
    int a,b,c,d,e,f;
    for (a=1;a<=6;a++)
```

```
        for (b=1;b<=6;b++)
        {
          if (b==a) continue;
          for (c=1;c<=6;c++)
          {
              if (c==a)||(c==b) continue;
              for (d=1;d<=6;d++)
              {
                  if (d==a)||(d==b)||(d==c) continue;
                  for (e=1;e<=6;e++)
                  {
                      if (e==a)||(e==b)||(e==c)||(e==d) continue;
                      f=21-(a+b+c+d+e);
                      if ((a+b+c==c+d+e)&&(a+b+c==e+f+a))
                      {
                          printf("%6d",a);
                          printf("%4d%4d",b,f);
                          printf("%2d%4d%4d",c,d,e);
                          scanf("%*c");
                      }
                  }
              }
          }
        }
      }
```

扩展思考：利用穷举法编写的程序有一定的局限性，有时候不适应有变化的情况。例如，若将问题改成用 9 个变量排成三角形，每条边有 4 个变量的情况，则程序的循环数就要相应改变。因此，对一组数穷尽的排列可以采用另外一种方法，步骤如下。

步骤 1：将一个排列看作一个长整数，则所有排列对应着一组整数。

步骤 2：将这组整数按从小到大的顺序排列成一个整数（从对应最小的整数开始）。

步骤 3：按数列的递增顺序逐一列举每个排列对应的每个整数，这样能更有效地完成排列的穷举。

例如，针对序列 1,2,4,6,5,3，令其对应的长整数为 124653，要寻找比其更大的排列，可以从该排列的最后一个数字顺序向前逐位考察。当发现排列中的某个数字比其前一个数字大时，例如本例中的 6 比前一位数字 4 大，则说明还有对应更大整数的排列。但为了顺序地从小到大列举出所有的排列，就不能立即调整得太大，将数字 6 与数字 4 交换得到的排列 126453 就不是排列 124653 的下一个排列。为了得到排列 124653 的下一个排列，应从已经考察过的那部分数字中选出比数字大但又是它们中最小的那一个数字。例如数字 5 与数字 4 交换，该数字也是从后向前考察过程中第一个比 4 大的数字。5 与 4 交换后，得到排列 125643。在前面数字 1、2、5 固定的情况下，还应选择对应最小整数的那个排列。为此，还需要将后面那部分数字的排列顺序颠倒，例如将数字 6、4、3 的

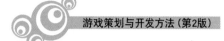

排列顺序颠倒,得到排列125346,这才是排列124653的下一个排列。

实现代码如下:

```c
#include<stdio.h>
#define SIDE_N 3
#define LENGTH 3
#define VARIABLES 6
int A,B,C,D,E,F;
int *pt[]={&A,&B,&C,&D,&E,&F};
int *side[SIDE_N][LENGTH]={&A,&B,&C,&C,&D,&E,&E,&F,&A};
int side_total[SIDE_N];
void main{}
{
    int i,j,t,equal;
    for (j=0;j<VARIABLES;j++)
        *pt[j]=j+1;
    while(1)
    {
        for (i=0;i<SIDE_N;i++)
        {
            for (t=j=0;j<LENGTH;j++)
                t+=*side[i][j];
            side_total[i]=t;
        }
        for (equal=1,i=0;equal&&i<SIDE_N-1;i++)
            if (side_total[i]!=side_total[i+1])
                equal=0;
        if (equal)
        {
            for (i=1;i<VARIABLES;i++)
                printf("%4d",*pt[i]);
            printf("\n");scanf("%*c");
        }
        for (j=VARIABLES-1;j>0;j--)
            if (*pt[j]>*pt[j-1])
                break;
        if (j==0)
            break;
        for (i=VARIABLES-1;i>=j;i--)
            if (*pt[i]>*pt[i-1])
            break;
        t=*pt[j-1];*pt[j-1]=*pt[i];*pt[i]=t;
        for (i=VARIABLES-1;i>j;i--,j++)
        {
            t=*pt[j];*pt[j]=*pt[i];*pt[i]=t;
```

```
        }
    }
}
```

3. 递推法

基本思想：递推法用来解决物体与物体发生多次作用后的情况，即当问题涉及相互联系的物体较多且有规律时，可以根据题目特点应用数学思想将研究的问题归类，然后求出通式。根据多次作用的重复性和共同点把结论推广，然后结合数学知识求解。

递推法的阶梯步骤：设要求问题规模为 N 的解。当 $N=1$ 时，解或者是已知项，或者能非常方便地得到解。当得到问题规模为 $i-1$ 的解后，由问题的递推性质，能从已求得的规模为 $1,2,\cdots,i-1$ 的一系列解构造出问题规模为 I 的解。程序可从 $i=0$ 或 $i=1$ 出发，重复由已知至 $i-1$ 规模的解。通过递推，获得规模为 i 的解，直至得到规模为 N 的解。

【例】　阶乘计算。编写程序，对给定的 $n(n \leqslant 100)$，计算并输出 k 的阶乘 $k!$（$k=1$，$2,\cdots,n$）的全部有效数字。

分析：由于待求的整数可能大大超出一般整数的位数，所以程序中使用一维数组存储长整数，该数组每个元素只存储长整数的一位数字。例如，有 m 位长整数 N 用数组 $a[]$ 存储：$N=a[m] \times 10^{m-1} + a[m-1] \times 10^{m-2} + \cdots + a[2] \times 10^1 + a[1] \times 10^0$，数据存储时采用 $a[0]$ 存储长整数 N 的位数 m，即 $a[0]=m$。按上述约定，数组的每个元素存储 k 的阶乘 $k!$ 的一位数字，并从低位到高位依次存于数组的第 2 个元素、第 3 个元素……例如，$5!=120$，在数组中的存储形式为 3 0 2 1，其中元素 3 表示长整数是一个 3 位数，接着从低位到高位依次是 0、2、1，表示整数 120。

计算阶乘 $k!$ 可采用对已求得的阶乘 $(k-1)!$ 连续累加 $k-1$ 次后求得。例如，已知 $4!=24$，计算 $5!$，可对原来的 24 累加 4 次 24 后得到 120。

实现代码如下：

```c
#include<stdio.h>
#include<malloc.h>
#define MAXN 1000
void pnext(int a[ ],int k)
{
    int * b,m=a[0],i,j,r,carry;
    b=(int *) malloc(sizeof(int) * (m+1));
    for (i=1;i<=m;i++)
        b[i]=a[i];
    for (j=1;j<=k;j++)
    {
        for (carry=0,i=1;i<=m;i++)
        {
            r=(i<a[0]? a[i]+b[i]:a[i])+carry;
            a[i]=r%10;
            carry=r/10;
        }
```

```
            if (carry)
                a[++m]=carry;
        }
        free(b);
        a[0]=m;
    }
void write(int * a,int k)
{
    int i;
    printf("%4d!=",k);
    for (i=a[0];i>0;i--)
        printf("%d",a[i]);
    printf("\n\n");
}
void main()
{
    int a[MAXN],n,k;
    printf("Enter the number n: ");
    scanf("%d",&n);
    a[0]=1;
    a[1]=1;
    write(a,1);
    for (k=2;k<=n;k++)
    {
        pnext(a,k);
        write(a,k);
        getchar();
    }
}
```

4. 递归法

基本思想：递归是一个过程或函数，在其定义或说明中有直接或间接调用自身的一种方法，把一个大型的复杂问题层层转化为一个与原问题相似的规模较小的问题后求解，递归策略只需要少量的程序就可以描述出解题过程需要的多次重复计算。

基本步骤：递归算法的执行过程分为递推和回归两个阶段。

(1) 在递推阶段，把较复杂的问题（规模为 n）的求解推到比原问题简单一些的问题（规模小于 n）后求解。例如求解 fib(n)，将运算推到求解 fib($n-1$) 和 fib($n-2$)。即为计算 fib(n)，必须先计算 fib($n-1$) 和 fib($n-2$)，而计算 fib($n-1$) 和 fib($n-2$)，又必须先计算 fib($n-3$) 和 fib($n-4$)，以此类推，直至计算 fib(1) 和 fib(0) 分别能立即得到结果 1 和 0。在递推阶段，必须要有终止递推的情况，例如在函数 fib 中，当 n 为 1 和 0 的情况。

(2) 在回归阶段，当获得最简单情况的解后，逐级返回，依次得到稍复杂问题的解。例如得到 fib(1) 和 fib(0) 后，返回得到 fib(2) 的结果……在得到了 fib($n-1$) 和 fib($n-2$)

的结果后,返回得到 fib(n)的结果。在编写递归函数时要注意,函数中的局部变量和参数只局限于当前调用层,当递推进入"简单问题"层时,原来层次上的参数和局部变量便被隐蔽起来。一系列"简单问题"层中都各有自己的参数和局部变量。

【例】 编写计算斐波那契(Fibonacci)数列的第 n 项函数 fib(n)。

分析:斐波那契数列为 $0,1,1,2,3,\cdots$,即 $fib(0)=0, fib(1)=1, \cdots, fib(n)=fib(n-1)+fib(n-2)$(当 $n>1$ 时)。

实现代码如下:

```
int fib(int n)
{
    if (n==0)
        return 0;
    if (n==1)
        return 1;
    if (n>1)
        return fib(n-1)+fib(n-2);
}
```

由于递归引起了一系列的函数调用,并且可能会有一系列的重复计算,因此递归算法的执行效率相对较低。当某个递归算法能较方便地转换成递推算法时,通常按递推算法编写程序。例如,计算斐波那契数列的第 n 项的函数 fib(n)应采用递推算法,即从斐波那契数列的前两项出发,逐次由前两项计算出下一项,直至计算出要求的第 n 项。

【例】 组合问题。找出从自然数 $1,2,\cdots,n$ 中任取 r 个数的所有组合。例如 $n=5$,$r=3$ 的所有组合为[5、4、3]、[5、4、2]、[5、4、1]、[5、3、2]、[5、3、1]、[5、2、1]、[4、3、2]、[4、3、1]、[4、2、1]、[3、2、1]。

分析:分析所列的 10 个组合,可以采用递归思想考虑求组合函数的算法。设函数为 void comb(int m,int k)为找出从自然数 $1,2,\cdots,m$ 中任取 k 个数的所有组合。当组合的第一个数字选定时,其后的数字是从余下的 $m-1$ 个数中取 $k-1$ 个数的组合,这就将求从 m 个数中取 k 个数的组合问题转化成求从 $m-1$ 个数中取 $k-1$ 个数的组合问题了。设函数引入工作数组 $a[]$存放求出的组合的数字,约定函数将确定的 k 个数字组合的第一个数字放在 $a[k]$中,当一个组合求出后,才将 $a[]$中的一个组合输出。第一个数可以是 $m,m-1,\cdots,k$,函数将确定组合的第一个数字放入数组后有两种可能的选择,一是未确定组合的其余元素,继续递归确定;二是已确定组合的全部元素,输出这个组合。

实现代码如下:

```
#include<stdio.h>
#define MAXN 100
int a[MAXN];
void comb(int m,int k)
{
    int i,j;
    for (i=m;i>=k;i--)
```

```
    {
        a[k]=i;
        if (k>1)
            comb(i-1,k-1);
        else
        {
            for (j=a[0];j>0;j--)
                printf("%4d",a[j]);
            printf("\n");
        }
    }
}
void main()
{
    a[0]=3;
    comb(5,3);
}
```

【例】 背包问题的解决。有不同价值、不同重量的物品 n 件,求从这 n 件物品中选取一部分物品的方案,使选中物品的总重量不超过指定的限制重量,但选中物品的价值之和最大。背包物品重量限制为7,物品重量和价值如表 9-1 所示。

表 9-1 物品重量和价值

物品编号	重量	价值	物品编号	重量	价值
0	5	4	2	2	3
1	3	4	3	1	1

分析:设 n 件物品的重量分别为 $w_0,w_1,\cdots,w_{n-1}$,物品的价值分别为 $v_0,v_1,\cdots,v_{n-1}$。采用递归可实现物品选择方案的列举。设前面已有多种选择方案,并保留其中总价值最大的方案于数组 option[],该方案的总价值存于变量 maxv。当前正在考察新方案,其物品选择情况保存于数组 cop[]。假定当前方案已考虑了前 $i-1$ 件物品,现在要考虑第 i 件物品;当前方案已包含物品的重量之和为 tw;至此,若其余物品都被选择,则本方案能达到的总价值的期望值为 tv。算法之所以引入 tv,是因为一旦当前方案总价值的期望值也小于前面方案的总价值 maxv,继续考察当前方案就会变成无意义的工作,应终止当前方案,立即考察下一个方案。因为当方案的总价值不比 maxv 大时,该方案不会被再考察,这同时保证函数找到的方案一定会比前面的方案更好。对于第 i 件物品的选择考虑有两种可能,一是考虑物品 i 被选择,这种可能性仅在不会超过方案总重量限制时才是可行的,选中后,继续递归地考虑其余物品的选择;二是考虑物品 i 不被选择,这种可能性仅当不包含物品 i 也有可能找到价值更大的方案的时存在。

实现代码如下：

```c
#include<stdio.h>
#define N 100
double limitW,totV,maxV;
int option[N],cop[N];
struct {
    double weight;
    double value;
}
a[N];
int n;
void find(int i,double tw,double tv)
{
    int k;
    /* 考虑物品 i 包含在当前方案中的可能性 */
    if (tw+a[i].weight<=limitW)
    {
        cop[i]=1;
        if (i<n-1)
            find(i+1,tw+a[i].weight,tv);
        else
        {
            for (k=0;k<n;k++)
                option[k]=cop[k];
            maxv=tv;
        }
        cop[i]=0;
    }
    /* 考虑物品 i 不包含在当前方案中的可能性 */
    if (tv-a[i].value>maxV)
        if (i<n-1)
            find(i+1,tw,tv-a[i].value);
        else
        {
            for (k=0;k<n;k++)
                option[k]=cop[k];
            maxv=tv-a[i].value;
        }
}
void main()
{
    int k;
    double w,v;
    printf("输入物品种数\n");
    scanf("%d",&n);
    printf("输入各物品的重量和价值\n");
```

```
for (totv=0.0,k=0;k<n;k++)
{
    scanf("%1f%1f",&w,&v);
    a[k].weight=w;
    a[k].value=v;
    totV+=V;
}
printf("输入限制重量\n");
scanf("%1f",&limitV);
maxv=0.0;
for (k=0;k<n;k++)
    cop[k]=0;
find(0,0.0,totV);
for (k=0;k<n;k++)
    if (option[k])
        printf("%4d",k+1);
printf("\n总价值为%.2f\n",maxv);
}
```

5. 回溯法

基本思想：回溯法也称试探法，该方法首先暂时放弃关于问题规模大小的限制，并将问题的候选解按某种顺序逐一枚举和检验。当发现当前候选解不可能是解时，就选择下一个候选解；如果当前候选解除了不满足问题规模要求外，满足其他所有要求，则继续扩大当前候选解的规模，并继续试探。如果当前候选解满足包括问题规模在内的所有要求时，该候选解就是问题的一个解。在回溯法中，放弃当前候选解，寻找下一个候选解的过程称为回溯。扩大当前候选解的规模，以继续试探的过程称为向前试探。

可用回溯法求解的问题 P 通常可以表达为：对于已知的由 n 元组 $(x_1,x_2,\cdots,x_n)$ 组成的一个状态空间 $E=\{(x_1,x_2,\cdots,x_n) \mid x_i\in S_i, i=1,2,\cdots,n\}$，给定关于 n 元组中一个分量的一个约束集 D，要求 E 中满足 D 的全部约束条件的所有 n 元组。其中，S_i 是分量 x_i 的定义域，且 $|S_i|$ 有限，这里 $i=1,2,\cdots,n$。称 E 中满足 D 的全部约束条件的任一 n 元组为问题 P 的一个解。

回溯法首先将问题 P 的 n 元组的状态空间 E 表示成一棵高为 n 的带权有序树 T，把在 E 中求问题 P 的所有解转化为在 T 中搜索问题 P 的所有解。树 T 类似于检索树，可以这样构造：设 S_i 中的元素可排成 $x_i(1)$，$x_i(2)$，$\cdots,x_i(m_i-1)$，$|S_i|=m_i,i=1,2,\cdots,n$。从根开始，让 T 的第 1 层的每一个节点都有 m_i 个子节点，这 m_i 个子节点到父节点的边按从左到右的次序分别带权 $x_{i+1}(1)$，$x_{i+1}(2)$，$\cdots,x_{i+1}(m_i),i=0,1,2,\cdots,n-1$。按照这种构造方式，$E$ 中的一个 n 元组 $(x_1,x_2,\cdots,x_n)$ 对应于 T 中的一个叶子节点，T 的根到这个叶子节点的路径上依次的 n 条边的权分别为 $x_1,x_2,\cdots,x_n$，反之亦然。另外，对于任意的 $0\leqslant i\leqslant n-1$，$E$ 中 n 元组 $(x_1,x_2,\cdots,x_n)$ 的一个前缀 i 元组 $(x_1,x_2,\cdots,x_i)$ 对应于 T 中的一个非叶子节点，T 的根到这个非叶子节点的路径上的 i 条边的权分别为 $x_1,x_2,\cdots,x_i$，反之亦然。特别地，E 中的任意一个 n 元组的空前缀() 对应于 T

的根。

因此,在 E 中寻找问题 P 的一个解等价于在 T 中搜索一个叶子节点,要求从 T 的根到该叶子节点的路径上依次的 n 条边相应带的 n 个权 $x_1, x_2, \cdots, x_n$ 满足约束集 D 的全部约束。在 T 中搜索要求的叶子节点,很自然的一种方式是从根出发,按深度优先的策略逐步深入,即依次搜索满足约束条件的前缀 1 元组 (x_1),前缀 2 元组 (x_1, x_2),$\cdots$,前缀 i 元组 $(x_1, x_2, \cdots, x_i)$,直到 $i = n$ 为止。

在回溯法中,上述引入的树被称为问题 P 的状态空间树;树 T 上任意一个节点被称为问题 P 的状态结点;树 T 上的任意一个叶子节点被称为问题 P 的一个解状态节点;树 T 上满足约束集 D 的全部约束的任意一个叶子节点被称为问题 P 的一个回答状态节点,它对应于问题 P 的一个解。

基本步骤:用回溯法求解有关问题的过程中,一般是一边建树,一边遍历该树。利用回溯法解决问题一般采用非递归的方法设计,即在遍历状态空间树的过程中,一般要用到栈的数据结构。这时不仅可以用栈表示正在遍历的树的节点,而且可以很方便地表示建立孩子节点和回溯过程。

【例】 组合问题。找出从自然数 $1, 2, \cdots, n$ 中任取 r 个数的所有组合。

分析:采用回溯法找问题的解,将找到的组合按从小到大的顺序存于 $a[0], a[1]$,$\cdots, a[r-1]$ 中,组合的元素满足两个条件,① $a[i+1] > a[i]$,后一个数字比前一个大;② $a[i] - i <= n - r + 1$。按回溯法的思想,求解过程可以叙述如下,首先放弃组合数个数为 r 的条件,候选组合从只有一个数字 1 开始,因为该候选解满足除问题规模之外的全部条件,所以扩大其规模,并使其满足上述条件①,候选组合改为 1,2。继续这一过程,得到候选组合 1,2,3。该候选解满足包括问题规模在内的全部条件,因此是一个解。在该解的基础上,选择下一个候选解,因为 $a[2]$ 上的 3 调整为 4,以及以后调整为 5 都满足问题的全部要求,所以得到解 1,2,4 和 1,2,5。由于对 5 不能再做调整,就要从 $a[2]$ 回溯到 $a[1]$,这时 $a[1] = 2$,可以调整为 3,并向前试探,得到解 1,3,4。重复上述向前试探和向后回溯,直至要从 $a[0]$ 再回溯时,即表示已经求解完成。

实现代码如下:

```
#define MAXN 100
int a[MAXN];
void comb(int m,int r)
{
    int i,j;
    i=0;
    a[i]=1;
    do
    {
        if (a[i]-i<=m-r+1)
        {
            if (i==r-1)
            for (j=0;j<r;j++)
                printf("%4d",a[j]);
```

```
        {
            printf("\n");
        }
        a[i]++;
        continue;
    }
    else
    {
        if (i==0)
            return;
        a[--i]++;
    }
} while (1)
}
main()
{
    comb(5,3);
}
```

【例】 填字游戏。在 3×3 方格的方阵中要填入数字 $1 \sim N$（$N \geqslant 10$）的某 9 个数字，每个方格填一个整数，使得所有相邻两个方格内的两个整数之和为质数。试求出所有满足这个要求的各种数字填法。

分析：用试探法找到问题的解，即从第一个方格开始，为当前方格寻找一个合理的整数填入，并在当前位置正确填入后，为下一方格寻找可填入的合理整数。如不能为当前方格找到一个合理的可填整数，就要回退到前一方格，调整前一方格的填入数。当第 9 个方格也填入合理的整数后，就找到了一个解，将该解输出，并调整第 9 个方格填入的整数，接着寻找下一个解。

为找到一个满足要求的 9 个数的填法，从还未填一个数开始，按某种顺序（如从小到大的顺序）每次在当前位置填入一个整数，然后检查当前填入的整数是否满足要求。在满足要求的情况下，继续用同样的方法为下一方格填入整数。如果最近填入的整数不满足要求，就改变填入的整数。如果对当前方格试尽所有可能的整数都不能满足要求，就要回退到前一方格，并调整前一方格填入的整数。如此重复执行扩展、检查或调整、检查，直到找到一个满足问题要求的解，将解输出。

回溯法找一个解的算法（伪代码）如下：

```
{
    int m=0,ok=1;
    int n=8;
    do {
        if (ok)  扩展;
        else  调整;
        ok=检查前 m 个整数填放的合理性;
```

```
    } while ((!ok||m!=n) &&(m!=0))
    if (m!=0)  输出解;
    else  输出无解报告;
}
```

如果程序要找全部解,则在将找到的解输出后,应继续调整最后位置上填放的整数,尝试找下一个解。回溯法找全部解的算法(伪代码)如下:

```
{
    int m=0,ok=1;
    int n=8;
    do
    {
        if (ok)
        {
            if (m==n)
            {
                输出解;
                调整;
            }
            else 扩展;
        }
        else 调整;
        ok=检查前 m 个整数填放的合理性;
    } while (m!=0);
}
```

为了确保程序能够终止,调整时必须保证曾被放弃过的填数序列不会再次使用,即要求按某种有序模型生成填数序列。给解的候选者设定一个被检验的顺序,按这个顺序逐一形成候选者并检验。从小到大或从大到小都是可以采用的方法。如扩展时,先在新位置填入整数 1,调整时,找当前候选解中下一个还未被使用过的整数。

实现代码如下:

```
#include<stdio.h>
#define N 12
void write(int a[ ])
{
    int i,j;
    for (i=0;i<3;i++)
    {
        for (j=0;j<3;j++)
            printf("%3d",a[3 * i+j]);
        printf("\n");
    }
```

```
        scanf("%*c");
}
int b[N+1];
int a[10];
int isprime(int m)
{
    int i;
    int primes[]={2,3,5,7,11,17,19,23,29,-1};
    if (m==1||m%2=0)
        return 0;
    for (i=0;primes[i]>0;i++)
        if (m==primes[i])
            return 1;
    for (i=3;i*i<=m;)
    {
        if (m%i==0)
            return 0;
        i+=2;
    }
    return 1;
}
int checkmatrix[][3]={{-1},{0,-1},{1,-1},{0,-1},{1,3,-1}, {2,4,-1},
{3,-1},{4,6,-1},{5,7,-1}};
int selectnum(int start)
{
    int j;
    for (j=start;j<=N;j++)
        if (b[j])
            return j
            return 0;
}
int check(int pos)
{
    int i,j;
    if (pos<0)
        return 0;
    for (i=0;(j=checkmatrix[pos][i])>=0;i++)
    if (!isprime(a[pos]+a[j]))
        return 0;
    return 1;
}
int extend(int pos)
{
    a[++pos]=selectnum(1);
```

```
    b[a[pos]]=0;
    return pos;
}
int change(int pos)
{
    int j;
    while (pos>=0&&(j=selectnum(a[pos]+1))==0)
        b[a[pos--]]=1;
    if (pos<0)
        return -1
    b[a[pos]]=1;
    a[pos]=j;
    b[j]=0;
    return pos;
}
void find()
{
    int ok=0,pos=0;
    a[pos]=1;
    b[a[pos]]=0;
    do
    {
        if (ok)
            if (pos==8)
            {
                write(a);
                pos=change(pos);
            }
            else
                pos=extend(pos);
        else
            pos=change(pos);
        ok=check(pos);
    } while (pos>=0)
}
void main()
{
    int i;
    for (i=1;i<=N;i++)
        b[i]=1;
    find();
}
```

6. 贪婪法

基本思想:贪婪法是一种不追求最优解,只希望得到较为满意解的方法。贪婪法一般可以快速得到满意的解,因为省去了为找最优解要穷尽所有可能而必须耗费的大量时间。贪婪法常以当前情况为基础做最优选择,而不考虑各种可能的整体情况,所以贪婪法不需要回溯。

贪婪法的基本步骤如下。

步骤1:建立数学模型描述问题。

步骤2:把求解的问题分成若干子问题。

步骤3:对每一子问题求解,得到子问题的局部最优解。

步骤4:将子问题的局部最优解合成原来问题的一个解。

【例】 装箱问题。设有编号为 $0,1,\cdots,n-1$ 的 n 种物品,体积分别为 $v_0,v_1,\cdots,$ v_{n-1}。将这 n 种物品装到容量都为 V 的若干箱子里。约定这 n 种物品的体积均不超过 V,即对于 $0\leqslant i<n$,有 $0<v_i\leqslant V$。不同的装箱方案需要的箱子数目可能不同。装箱问题要求使装尽这 n 种物品的箱子数最少。

分析:若考察将 n 种物品的集合分划成 n 个或小于 n 个的所有子集,就可以找到最优解,但可能划分的总数会很大。贪婪法对适当大的 n 求解出合适的解,该算法依次将物品放到第一个能放进去的箱子中,虽不能保证找到最优解,但还是能找到非常好的解。不失一般性,设 n 件物品的体积是按从大到小排好序的,即有 $v_0\geqslant v_1\geqslant\cdots\geqslant v_{n-1}$。如果不满足上述要求,只要先对这 n 件物品按其体积从大到小排序,然后按排序结果对物品重新编号即可。

装箱算法描述如下(伪代码):

```
{
    输入箱子的容积;
    输入物品种数 n;
    按体积从大到小的顺序输入各物品的体积;
    预置已用箱子链为空;
    预置已用箱子计数器 box_count 为 0;
    for (i=0;i<n;i++)
    {
        从已用的第一只箱子开始顺序寻找能放入物品 i 的箱子 j;
        if (已用箱子都不能再放物品 i)
        {
            另用一个箱子,并将物品 i 放入该箱子;
            box_count++;
        }
        else
            将物品 i 放入箱子 j;
    }
}
```

根据以上算法能求出需要的箱子数 box_count,并能求出各箱子所装的物品。该算法也可能找不到最优解,例如,设有 6 种物品,体积分别为 60、45、35、20、20 和 20,箱子的容积为 100。按上述算法计算,需要三只箱子,各箱子所装物品分别为:第一只箱子装物品1、3;第二只箱子装物品2、4、5;第三只箱子装物品6。而最优解为两只箱子,分别装物品1、4、5和2、3、6。若每只箱子所装物品用链表表示,则链表首节点指针存于一个结构中,结构记录剩余的空间量和该箱子所装物品链表的首指针,另外将全部箱子的信息也构成链表。

实现代码如下:

```c
#include<stdio.h>
#include<stdlib.h>
typedef struct ele
{
    int vno;
    struct ele * link;
} ELE;
typedef struct hnode
{
    int remainder;
    ELE * head;
    struct hnode * next;
} HNODE;
void main() {
    int n, i, box_count, box_volume, * a;
    HNODE * box_h, * box_t, * j;
    ELE * p, * q;
    printf("输入箱子容积\n");
    scanf("%d",&box_volume);
    printf("输入物品种数\n");
    scanf("%d",&n);
    a=(int * )malloc(sizeof(int) * n);
    printf("请按体积从大到小顺序输入各物品的体积: ");
    for (i=0;i<n;i++)
        scanf("%d",a+i);
    box_h=box_t=NULL;
    box_count=0;
    for (i=0;i<n;i++)
    {
        p=(ELE * )malloc(sizeof(ELE));
        p->vno=i;
        for (j=box_h;j!=NULL;j=j->next)
            if (j->remainder>=a)
                break;
        if (j==NULL)
        {
            j=(HNODE * )malloc(sizeof(HNODE));
            j->remainder=box_volume-a;
            j->head=NULL;
            if (box_h==NULL)
            box_h=box_t=j;
            else
```

```
        box_t=boix_t->next=j;
    j->next=NULL;
        box_count++;
    }
    else
        j->remainder-=a;
    for (q=j->next;q!=NULL&&q->link!=NULL;q=q->link);
    if (q==NULL)
    {
        p->link=j->head;
        j->head=p;
    }
    else
    {
        p->link=NULL;
        q->link=p;
    }
}
printf("共使用了%d 只箱子",box_count);
printf("各箱子装物品情况如下：");
for (j=box_h,i=1;j!=NULL;j=j->next,i++)
{
    printf("第%2d 只箱子,还剩余容积%4d,所装物品有：\n",I,j->remainder);
    for (p=j->head;p!=NULL;p=p->link)
        printf("%4d",p->vno+1);
    printf("\n");
}
```

7. 分治法

基本思想：任何一个可以用计算机求解的问题，计算所需的时间都与其规模 N 成正比（问题的规模越小，越容易直接求解，解题所需的计算时间越少）。如果原问题可分割成 k 个子问题（$1<k\leqslant n$），且这些子问题都可解，并可利用这些子问题的解求出原问题的解，即可采用分治法解决该问题。由分治法产生的子问题往往是原问题的较小模式，这就为使用递归技术提供了方便。在这种情况下，反复应用分治手段，可以使子问题与原问题类型一致而其规模却不断缩小，最终使子问题缩小到很容易直接求出其解。

分治法的基本步骤如下。

步骤 1：分解，将原问题分解为若干规模较小、相互独立且与原问题形式相同的子问题。

步骤 2：解决，若子问题规模较小且容易被解决，则直接求解，否则用递归法求解各个子问题。

步骤 3：合并，将各个子问题的解合并为原问题的解。

分治法的一般算法结构如下（伪代码）：

```
Divide_and_Conquer(P)
  if |P|≤n0
    then return(ADHOC(P))
    将 P 分解为较小的子问题 P₁,P₂,…,Pₖ
for i=1 to k
  do
    yᵢ←Divide_and_Conquer(Pᵢ)         /* 递归解决 Pᵢ */
    T←MERGE(y₁,y₂,…,yₖ)              /* 合并子问题 */
return(T)
```

其中，$|P|$ 表示问题 P 的规模；n0 为一个阈值，表示当问题 P 的规模不超过 n0 时，问题已容易直接解出，不必再继续分解。ADHOC(P)是该分治法中的基本子算法，用于直接解小规模的问题 P。因此，当 P 的规模不超过 n0 时，直接用算法 ADHOC(P)求解。算法 MERGE$(y_1,y_2,\cdots,y_k)$是该分治法中的合并子算法，用于将 P 的子问题 $P_1,P_2,\cdots,$ P_k 的相应的解 $y_1,y_2,\cdots,y_k$ 合并为 P 的解。

【例】 循环赛日程问题。设有 $n=2^k$ 个运动员要进行网球循环赛。现要设计一个满足以下要求的比赛日程表：①每个选手必须与其他 $n-1$ 个选手各赛一次；②每个选手一天只能参赛一次；③循环赛在 $n-1$ 天内结束。按此要求将比赛日程表设计成有 n 行和 $n-1$ 列的一个表。在表中的第 i 行第 j 列处填入第 i 个选手在第 j 天遇到的选手。其中，$1\leqslant i\leqslant n,1\leqslant j\leqslant n-1$。

分析：按分治法的策略，将所有的选手分为两队，则 n 个选手的比赛日程表可以通过 $n/2$ 个选手的比赛日程表决定。递归地用这种一分为二的策略对选手进行划分，直到只剩下两个选手时，比赛日程表的制定就变得很简单，得到如表 9-2 所示的选手的比赛日程表。其中，左上角与左下角的两小块分别为选手 1～4 和选手 5～8 前 3 天的比赛日程。据此，将左上角区域中的所有数字按其相对位置抄到右下角，又将左下角区域中的所有数字按其相对位置抄到右上角，这样就分别安排好了选手 1～4 和选手 5～8 在后 4 天的比赛日程。同理，可将这个比赛日程表推广到具有任意多个选手的情况。

表 9-2 比赛日程表

选手	每 日 赛 程						
1	2	3	4	5	6	7	8
2	1	4	3	6	5	8	7
3	4	1	2	7	8	5	6
4	3	2	1	8	7	6	5
5	6	7	8	1	2	3	4
6	5	8	7	2	1	4	3
7	8	5	6	3	4	1	2
8	7	6	5	4	3	2	1

用一个 for 循环 for (int s=1;s<=k;s++) N/=2;将问题分成几部分，对于 k=3，n=8，将问题分成 3 部分：①根据已经填充的第一行填写第二行；②根据已经填充好的第一部分填写第三、四行；③根据已经填充好的前四行填写最后四行。用一个 for 循环

for(int t＝1;t＜＝N;t＋＋)对上述的每一部分进行划分。对于第①部分,将其划分为 4 个小的单元,即对第二行进行如下划分:

同理,对于第②部分(第三、四行)划分为两部分,第③部分同理。最后,根据以上 for 循环对整体的划分和分治法的思想进行每一个单元格的填充,填充原则是对角线填充。关键代码如下:

```
for(int i=m+1;i<=2 * m;i++)          //i 控制行
    for(int j=m+1;j<=2 * m;j++)      //j 控制列
    {
        a[i][j+(t-1) * m * 2]=a[i-m][j+(t-1) * m * 2-m];  //右下角的值等于左上角的值
        a[i][j+(t-1) * m * 2-m]=a[i-m][j+(t-1) * m * 2];  //左下角的值等于右上角的值
    }
```

运行过程如下。

步骤 1:由初始化的第一行填充第二行,如图 9-11 所示。

1	2	3	4	5	6	7	8
2	1	4	3	6	5	8	7

图 9-11　第①部分填充示意

步骤 2:由 s 控制的第①部分填完,然后是 s＋＋,进行第②部分的填充,如图 9-12 所示。

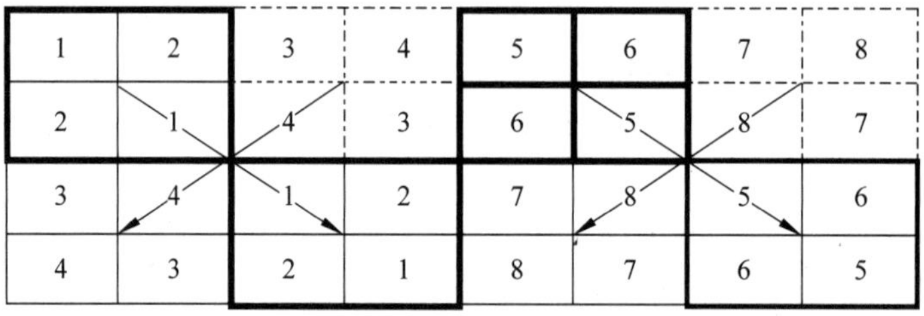

1	2	3	4	5	6	7	8
2	1	4	3	6	5	8	7
3	4	1	2	7	8	5	6
4	3	2	1	8	7	6	5

图 9-12　第②部分填充示意

步骤 3:最后是第③部分的填充,如图 9-13 所示。

实现代码如下:

```
#include<stdio.h>
#define maxn 64
int a[maxn+1][maxn+1]={0};
void gamecal(int k,int n)
{
    int i,j;
```

1	2	3	4	5	6	7	8
2	1	4	3	6	5	8	7
3	4	1	2	7	8	5	6
4	3	2	1	8	7	6	5
5	6	7	8	1	2	3	4
6	5	8	7	2	1	4	3
7	8	5	6	3	4	1	2
8	7	6	5	4	3	2	1

图 9-13 第③部分填充示意

```
    if(n==2)
    {
        a[k][1]=k;
        a[k][2]=k+1;
        a[k+1][1]=k+1;
        a[k+1][2]=k;
    }
    else
    {
        gamecal(k,n/2);
        gamecal(k+n/2,n/2);
        for(i=k;i<k+n/2;i++)
        {
            for(j=n/2+1;j<=n;j++)
            {
                a[i][j]=a[i+n/2][j-n/2];
            }
        }
        for(i=k+n/2;i<k+n;i++)
        {
            for(j=n/2+1;j<=n;j++)
            {
                a[i][j]=a[i-n/2][j-n/2];
            }
        }
    }
}
int main()
{
    int m,i,j;
    printf("输入参赛选手人数:");
```

```
scanf("%d",&m);
j=2;
for(i=2;i<8;i++)
{
    j=j*2;
    if(j==m)
    {
        break;
    }
}
gamecal(1,m);
  printf("\n编号 ");
    for(i=2;i<=m;i++)
{
    printf("%2d天 ",i-1);
}
printf("\n");
for(i=1;i<=m;i++)
{
    for(j=1;j<=m;j++)
    {
        printf("%4d",a[i][j]);
    }
    printf("\n");
}
}
```

8. 动态规划法

基本思想：动态规划过程中的每次决策依赖于当前状态，又随即引起状态的转移，在变化的状态中产生一个决策序列。由于动态规划解决的问题多数有重叠子问题这个特点，因此为减少重复计算，对每一个子问题只解一次，将其不同阶段的不同状态保存在一个二维数组中。动态规划处理的问题是一个多阶段决策问题，一般由初始状态开始，通过对中间阶段决策的选择达到结束状态。这些决策形成了一个决策序列，同时确定了完成整个过程的一条活动路线（通常是求最优的活动路线）。动态规划的设计都有着一定的模式，一般要经历"初始状态→│决策1│→│决策2│→…→│决策 n│→结束状态"几个步骤。

动态规划法的基本步骤如下。

步骤1：分析最优解的性质，并刻画其结构特征。

步骤2：递归地定义最优解。

步骤3：以自底向上或自顶向下的记忆化方式（备忘录法）计算出最优值。

步骤4：根据计算最优值时得到的信息构造问题的最优解。

使用动态规划法求解问题，最重要的就是确定动态规划三要素：一是问题的划分阶段；二是每个阶段的状态；三是从前一个阶段转化到后一个阶段之间的递推关系。递推关系必须是从较小的问题开始到较大的问题之间的转化。从这个角度来说,动态规划往往可以用递归程序实现,不过因为递推可以充分利用前面保存的子问题的解减少重复计算,所以对于大规模问题来说,有递归不可比拟的优势,这也是动态规划算法的核心。

确定了动态规划的三要素,整个求解过程就可以用一个最优决策表描述。最优决策表是一个二维表,其中,行表示决策的阶段,列表示问题状态。表格需要填写的数据一般对应此问题在某个阶段、某个状态下的最优值(如最短路径、最长公共子序列、最大价值等)。填表的过程就是根据递推关系,从第 1 行第 1 列开始,以行或者列优先的顺序依次填写表格,最后根据整个表格的数据通过简单的取舍或者运算求得问题的最优解。

动态规划法的算法(伪代码)如下:

```
for(j=1; j<=m; j=j+1)            //第一个阶段
    xn[j]=初始值;
for(i=n-1; i>=1; i=i-1)          //其他 n-1 个阶段
  for(j=1; j>=f(i); j=j+1)       //f(i)与 i 有关的表达式
    xi[j]=j=max(或 min)
    {
        g(xi-1[j1:j2]), …, g(xi-1[jk:jk+1])
    };
    t=g(x1[j1:j2]);              //由子问题的最优解求解整个问题的最优解的方案
    print(x1[j1]);
    for(i=2; i<=n-1; i=i+1)
    {
        t=t-xi-1[ji];
        for(j=1; j>=f(i); j=j+1)
            if(t=xi[ji])
                break;
    }
```

9.5　游戏开发设计模式

设计模式(design pattern)是一套被反复使用的代码设计的经验总结,可以使程序开发人员更加简单方便地复用成功的设计和体系结构。在大型的游戏项目开发中,更加需要使用设计模式提高程序库的重复利用性。

9.5.1　观察者模式

观察者模式的设计意图和作用是:在对象与对象之间创建一种依赖关系,当其中一个对象发生变化时,将这个变化通知与其有依赖关系的对象,实现自动化的通知更新。

游戏中适用观察者模式的环境如下。

(1) UI 控件管理类。当 GUI 控件都使用观察者模式后,任何界面的相关操作和改变都会通知其关联对象——UI 事件机。

（2）动画管理器。在播放一个动画帧时，设置一个帧监听器对象（FrameLister）对帧（Frame）进行监视，以获得相关事件并进行处理。

观察者模式的伪代码如下：

```
//被观察对象目标类
class Subject
{
    Attach(Observer);                    //对本目标绑定一个观察者
    DeleteAttach(Observer);              //解除一个观察者的绑定
    //本目标发生改变,通知所有观察者,但没有传递改动了什么
    Notity()
    {
        for ( ···遍历整个 ObserverList ···)
        {  pObserver ->Update();  }
    }
    //对观察者暴露的接口,让观察者可获得本类有什么变动
    GetState();
}
//观察者/监听者类
class Observer
{
    //暴露给对象目标类的函数,当监听的对象发生变动时,调用本函数通知观察者
    void Update()
    {
        pSubject ->GetState();          //获取监听对象发生了什么变化
        TODO: DisposeFun();             //根据状态不同,给予不同的处理
    }
}
```

9.5.2 单件模式

单件模式的设计意图和作用是：保证一个类仅有一个实例，并且仅提供一个访问它的全局访问点。

游戏中适用单件模式的环境如下。

（1）所有的管理类。在大部分流行引擎中都有体现，例如声音管理类、特效管理类等。

（2）大部分的工厂基类。如果父类工厂采用唯一实例，则非常方便子类进行扩展。

单件模式的伪代码如下：

```
class Singleton
{
    static MySingleton;                         //单件对象,全局唯一
    static Instance(){return MySingleton;}      //对外暴露接口
}
```

9.5.3 迭代器模式

迭代器模式的设计意图和作用是：提供一个方法，对一个聚合对象内的各个元素进行访问，同时又不暴露该对象类的内部表示。

游戏中适用于迭代器模式的环境是：对任何形式的资源进行统一管理时，都需要一个对其进行访问的工具。

迭代器模式的伪代码如下：

```
//迭代器基类
class Iterator
{
    virtual First();
    virtual Next();
    virtual End();
    virtual CurrentItem();                  //返回当前 Item 信息
}
//聚合体基类
class ItemAggregate
{
    virtual CreateIterator();               //创建访问自身的一个迭代器
}
//实例化的项目聚合体
class InstanceItemAggregate :public ItemAggregate
{
    CreateIterator(){  return new InstanceIterator(this);  }
}
```

9.5.4 访问者模式

访问者模式的设计意图和作用是：当对一个结构对象添加一个功能时，能够在不影响结构的前提下定义一个新的对其元素的操作。

游戏中适用于访问者模式的环境如下。

（1）任何一个比较静态的复杂结构类（元素繁多，种类复杂，对应的操作较多，但类很少变化，将对这个结构类元素的操作独立出来，避免污染这些元素对象）中都适合采用访问者模式。

（2）适合于一个装载不同对象的大容器，但同时又要求这个容器的元素节点不应当有大的变动。

访问者模式的伪代码如下：

```
//访问者基类
class Visitor
{
    virtual VisitElement( A ){ … };        //访问的每个对象都要写这样一个方法
    virtual VisitElement( B ){ … };
}
//访问者实例 A
class VisitorA
{
    VisitElement( A ){ … };                //实际的处理函数
    VisitElement( B ){ … };                //实际的处理函数
}
//访问者实例 B
class VisitorB
{
    VisitElement( A ){ … };                //实际的处理函数
    VisitElement( B ){ … };                //实际的处理函数
}
//被访问者基类
class Element
{
    virtual Accept(Visitor);               //接受访问者
}
//被访问者实例 A
class ElementA
{
    Accecpt(Visitor v){ v->VisitElement(this); };   //调用注册到访问者中的处理函数
}
//被访问者实例 B
class ElementB
{
    Accecpt(Visitor v){ v->VisitElement(this); };   //调用注册到访问者中的处理函数
}
```

9.5.5 外观模式

外观模式的设计意图和作用是：将用户接触的表层和内部子集的实现分离开发。
游戏中适用外观模式的环境如下。

（1）实现平台无关性，跨平台跨库调用函数。

（2）同一个接口读取不同的资源。

（3）硬件自动识别处理系统。

外观模式的伪代码如下：

```
//用户使用的接口类
class Interface
{
    //暴露出来的函数接口有且仅有一个,但内部实现是调用了两个类
    void InterfaceFun()
    {
        //根据某种条件,底层自主选择使用 A 或 B 的方法,用户无须关心底层实现
        if ( … )
        {
            ActualA->Fun();
        }
        else
        {
            ActualB->Fun();
        }
    }
}
//实际的实现,不暴露给用户
class ActualA
{
    void Fun();
}
//实际的实现,不暴露给用户
class ActualB
{
    void Fun();
}
```

9.5.6 抽象工厂模式

抽象工厂模式的设计意图和作用是：封装一个创建一系列互相关联的对象的接口，在使用接口时不需要指定对象所在的具体类。

游戏中使用抽象工厂模式的环境是：基本上任何有批量同类形式子件的地方都会有工厂的存在，例如在游戏音频、场景对象、渲染对象等方面。

抽象工厂模式的伪代码如下：

```
class AbstractProductA {};                    //抽象的产品 A 基类
class AbstractProductB {};                    //抽象的产品 B 基类
//抽象工厂基类
class AbstractFactory {
    public:virtual AbstractProductA * CreateProductA()=0;
                                //创建 ProductA virtual AbstractProductB *
```

```
        CreateProductB()=0;//创建 ProductB
};
class ProductA1: public AbstractProductA {};      //产品 A 的实例 1
class ProductA2: public AbstractProductA {};      //产品 A 的实例 2
class ProductB1: public AbstractProductB {};      //产品 B 的实例 1
class ProductB2: public AbstractProductB {};      //产品 B 的实例 2
//实例工厂 1
class ConcreteFactory1: public AbstractFactory {
    virtual AbstractProductA * CreateProductA() {
        return new ProductA1();
    }
    virtual AbstractProductB * CreateProductB() {
        return new ProductB1();
    }
    static ConcreteFactory1 * Instance() { }       //实例工厂使用单件模式
};
//实例工厂 2
class ConcreteFactory2: public AbstractFactory {
    virtual AbstractProductA * CreateProductA() {
        return new ProductA2();
    }
    virtual AbstractProductB * CreateProductB() {
        return new ProductB2();
    }
    static ConcreteFactory2 * Instance() {}        //实例工厂使用单件模式
};
```

客户端代码如下：

```
void main()
{
    AbstractFactory * pFactory1=ConcreteFactory1::Instance();
    AbstractProductA * pProductA1=pFactory1->CreateProductA();
    AbstractProductB * pProductB1=pFactory1->CreateProductB();
    AbstractFactory * pFactory2=ConcreteFactory2::Instance();
    AbstractProductA * pProductA2=pFactory2->CreateProductA();
    AbstractProductB * pProductB2=pFactory2->CreateProductB();
}
```

9.6 游戏开发版本与里程碑

游戏版本是指游戏开发到一定阶段时构建的可体验的内容集合。与游戏推出到市场上的收费版本相比，这个阶段的版本主要以验证功能点为主，所以很多游戏版本中出现的内容并不是最终的样子,但这又是必需的,因为只有验证了很多功能点,才能保障持续开发的方向。

里程碑是指根据游戏版本内容定制的计划及其对应的时间,包含版本中将有哪些功能点、完成多少资源以及确定分别由哪些人牵头跟进每个功能模块等。里程碑计划和版本内容一般是合并在一起的,在有条不紊的开发过程中,一个大版本的完成时间通常就是这个版本的里程碑时间。

优秀的游戏版本不仅仅是一个内容集合,还可以是一个完整的游戏体验点。好的版本可以使开发团队在过程中就预见产品完成时将呈现的样子,这对于调动团队热情有十分重要的意义。例如,一款网络游戏产品从创意期到推入市场将经历的版本如表 9-3 所示。

表 9-3 网络游戏版本

序 号	时 期	游 戏 版 本	目 标	里 程 碑
1	创意期		创造	
2	预研期	DEMO	立项	
3	开发前期	FP 版本	核心功能验证	需要
4	开发期	GR 版本 1	功能切分	需要
5	开发期	GR 版本 2	功能完善	需要
6	开发期	GR 版本 3	体验丰富	需要
7	开发期	FULL 版本	完善核心功能	需要
8	开发期	BETA 版本	完善其他内容	需要
9	开发期	封测版本	体验优化	需要
10	测试期	内测版本	修正 BUG	需要
11	测试期	公测版本	产品商业化	

表 9-3 中提及的版本都是指针对游戏产品完成度的阶段性大版本,每个版本都有很重要的目标,版本对应的里程碑持续时间需要根据版本内容单独定制。优秀的项目经理会切分好版本的内容并控制好时间,鼓舞团队在有限的时间里高效和卓越地完成这个计划。

在不同的开发团队中,游戏版本不一定要严格按照表 9-3 中的版本进行,有的产品因为核心功能过多,在 FP(First Production,初级产品)版本后会补充这个验证工作并持续到 GR(Gate Review,关键点)版本中。

9.6.1 里程碑计划制定

具体的制定方法是从版本目标出发的,如果目标是立项,那么计划就要在满足立项材料的基础上完成一个初具规模的版本。这段文字是结合一些重要的版本目标说明每个版本大致需要完成的内容,以便更好地制定里程碑计划。

1. 立项

产品立项不仅要看到一个小型的版本，还需要准备充分的立项材料，例如立项报告、技术可行性分析、产品美术风格、策划框架设计（策划总纲）等，此外就是要有一个团队能够支持这些工作。通常拥有了以上内容，在参与制作这些内容的团队中就形成了最初的规划，立项就是验证这些规划是否合理的步骤。当拥有足够的市场调研结论和前瞻性分析后，立项材料通常都是能够满足立项需求的。

2. 核心验证

是产品就有核心，无论核心是什么，在产品研发的过程中，总是需要把这个核心加入产品中。例如，玩法包括副本玩法、日常任务玩法、PK 玩法等；技术包括 3D 技术、2.5D 技术、物理系统、动力学等；内容包括练级、追求更好的装备、学习更强的技能等；表达方式包括画面、操作、手感等；包装方式包括世界观、剧情等。

产品核心通常会在 FP 版本就定义好，并在版本中验证。例如《斗战神》产品的核心内容是 PVE 战斗体验，除了在 FP 版本中实现了基础的交互功能外，还重点把战斗部分的设计，包括技能、打击感、怪物 AI、基础数值都加入了版本，以此作为里程碑计划内容。FP 版本完成后，产品体验模式基本完成，几乎所有的团队成员都参与到了后续的版本中，并热烈地畅谈对游戏战斗部分的构想。

3. 功能完善与体验丰富

当一个产品的核心功能完成后，接下来的时间就是要不断地完善这个核心功能，并根据游戏产品的体验点补充其他内容以丰富产品。这个阶段就是正式的开发期，要在很长的时间里不断地跟进和努力，反复验证，最后得到了一个很小的成果。这期间，里程碑的计划会把完善功能切分成几个阶段，用张弛有度的方法控制开发的节奏，并在必要的时间里投入大量的人力和时间突击难点。

9.6.2 里程碑与版本问题

有时，由于产品立项匆忙或前期规划不当，项目在整体计划方面会存在很多问题，需要及时发现并予以解决，以保证产品的最终质量。

（1）里程碑和版本不能脱节。

目前，里程碑计划只是按照时间平均切分的计划，如果没有在里程碑结束的同时构建一个符合这个里程碑开发工作的版本，就会使得整个里程碑单纯地变成了工作量的计划。例如，每个里程碑都会制定策划人员、美术人员和技术人员分别需要做什么，甚至有些内容会精确到在哪一天的下午几点完成。

（2）制定优秀的版本计划要有更强的意识。

表面上看，构建版本和里程碑计划（合称版本计划）只是项目开发进度上的一个环节。实际上，这不仅仅是一个版本，在长时间开发的过程中，团队最容易消耗的就是耐心。一个能够反映当前开发状况和预见未来产品样子的版本很容易在开发过程中营造兴奋点，结合里程碑计划构建这个版本就会使团队有信心相信所有的事情都在按计划进行。特别是当团队成员了解并信赖里程碑计划后，就会付出很大的努力完成计划而不需要有人监督，因为完成之后就可以轻松一些并有时间体验新版本。

（3）整合版本需要更强的统筹力。

当产品开发时间进入中后期时，就需要整合版本以验证功能。作为开发中的版本，应该结合最终产品的目标，拆分成每个阶段要整合的内容，并在整合的过程中尽量使用正式而非临时的办法。

（4）避免团队开发低效状态。

开发进入产品即将完成的阶段，正是团队最后冲刺的时候，但是士气却没有那么高。产品的完成情况掌握在几个人心里，而不是实际地体现在产品里。游戏开发团队都是为了产品而努力，如果不知道努力的目标和距离，就容易懈怠甚至产生厌倦。

（5）制定合理的版本计划。

这需要从游戏设计出发，防止产品的定位过高，产品包含的内容过多（复杂庞大的世界观剧情、多职业格局、战斗体验和社区体验并存等），要考虑在合适的时间内做出一个完整且符合预期的产品。内容多必然带来大量的人力和物力的投入，在时间计划上也无法做出有效的定义。这时需要重新审视游戏设计，找准并完成一个重点，再去找下一个重点，这些重点就是版本中最需要体现的东西。

（6）持续不断优化。

对于游戏产品来说，功能是必须实现的，但只完成功能是不够的，还需要不断优化。如果将优化工作积累到完成所有功能之后进行，就可能浪费不少工作量（优化过程中会为了突出产品特性砍掉很多关联性小或者有负面影响的内容）。所以在网游开发中经常采用 FP 版本完成游戏核心体验雏形、FULL 版本完善核心功能、BETA 版本完善其他内容等一些方法保证进度和质量同步前进。

（7）坚持构建版本的目的性。

坚持构建版本的目的性就是要回顾 BETA 版本时的内容，并重新定义哪些内容要优先完成，把这些内容切分出重点，逐一加入版本计划。坚持制定和公布版本计划，坚持构建可以体验的版本并反复验收，有计划地尽量使用正式资源和正式内容。版本完成的部分要用产品级的标准要求和看待，让每个版本的完成都更加接近 BETA 版本，这样就可以保持有效、可持续的开发力度。

9.7　游戏中的人工智能

人工智能（Artificial Intelligence，AI）是研究、开发用于模拟、延伸和扩展人的智能的理论、方法、技术及应用系统的一门新的技术科学，是计算机科学的一个分支，它企图了解智能的实质，并生产出一种新的能以人类智能相似的方式做出反应的智能机器，该领域的研究包括机器人、语言识别、图像识别、自然语言处理和专家系统等。

9.7.1　游戏 AI 的基本元素

组成游戏 AI 的三个基本元素是基本逻辑、基本能力和基本属性。

1. 基本逻辑

游戏 AI 的基本逻辑包括感知、行动、反应和学习。

1）感知

感知(Perception)指 AI 在所处环境或世界中侦测周围环境或者事件变化的能力,这种能力是由游戏设计者决定和赋予的。例如,游戏中敌人的视野只有前面 90°角的扇形范围,如果游戏设定这个 AI 只具有视野的感知能力,也就是说,玩家只有进入敌人视野才会被发现,那么玩家不管是在 AI 的周围做什么,AI 都不会感知玩家就近在咫尺。当然,作为游戏设计者需要全面考虑游戏中的 AI 应该具有哪些完美生动的感知能力。

2）行动

行动(Action)指 AI 自己决定做一系列行为,游戏设计者通过一系列的规则和逻辑次序的设定控制这些 AI 的行动。例如,《魔兽世界》中有一个 NPC,白天守着一个熄灭的火堆来回巡逻,夜晚降临时点燃火堆,静静地坐着不动。如果游戏设计者想制作一个热闹的城市,则可以制作很多不同的 AI 角色,有的沿着街道从一个地方跑到另外一个地方,有的站在原地不动,甚至可以让两个 NPC 在走路的过程中相遇并聊天。一个有着丰富 AI 角色的世界会让玩家更容易融入游戏。

3）反应

反应(Reaction)指 AI 在感知到玩家的行为时引发刺激信息,同时触发相应的行为。例如,《生存之旅》里面的猎人在探测到玩家的位置后会伺机从远距离扑倒玩家。如果玩家朝猎人开枪,猎人会尝试各种跳跃技能以躲避玩家的射击。这种反应又称怪物攻击策略,有趣而生动的 AI 反应会让玩家感到挑战的乐趣。

4）学习

比较复杂的游戏 AI 会记录玩家的行为变化,并把这些信息放到一个专门的分析系统中逐一进行学习(Learning),从而得到最有利的反应。例如,策略类游戏的 AI 可能会根据玩家的策略变化不停地分析玩家的行为,从而做出更为复杂的行为;有的 RPG 类游戏中的 NPC 会根据玩家在游戏中的善恶变化对玩家表现出完全不同的态度。例如,射击类游戏中玩家开的是坦克,AI 用的是步枪,当两者遭遇时,AI 一开始会拿着步枪攻击,但发现步枪完全没有用,于是就去寻找反坦克导弹以摧毁坦克。

2. 基本能力

大多数游戏中,AI 的基本能力可以分为以下几种。

- 检测潜在威胁,确认对方身份(敌人还是朋友)。
- 确认威胁级别(专注于威胁最大的目标)。
- 与敌对者交战(战斗技能)。
- 特殊行为(根据游戏需要特意设计的 AI 行为)。

这些基本能力作为可调整的嵌入参数形成了更多的 AI 类型,可以保证基本逻辑流程的一致,即在一套基本的 AI 逻辑中嵌入多样化的能力,从而达到 AI 类型的多样化。

3. 基本属性

通常,游戏中 AI 的基本属性可以分为以下几种。

- 身份(阵营)。
- 战斗参数(生命值、攻击力、防御力等)。

- 交互范围(追击距离、仇恨侦测距离、攻击交互距离等)。
- 侵略性(攻击技能的使用频率)。
- 仇恨(查找主要攻击目标)。

可以通过调整基本属性设计出个性不一的 AI。例如,要想塑造一个凶猛的兽兵,最先想到的属性可能是血厚、攻击力高、防御力低、速度快等;而要想塑造一个坚毅的人类士兵,属性则可能是血中等、攻击力中等、防御力高、速度缓慢等。两者的不同点是外形、动画、HP 和攻击力,但两者的 AI 逻辑是完全一样的。

9.7.2 游戏 AI 的设计目的

在不同的游戏中,玩家对 AI 的期待有所不同。例如街机游戏或《俄罗斯方块》这种类型的游戏用简单的思维就可以为玩家提供足够高的挑战性;而对于《三国》这样的策略类游戏,玩家要求敌方的将领能更聪明一些,以不至于太愚蠢;在角色扮演类游戏中,玩家希望进入和现实世界有些类似的虚拟世界,角色的行动也要模仿真人;而在《模拟人生》这样的游戏中就不再是 NPC 的 AI 了,而是游戏本身的 AI。因此,玩家在不同的游戏中对 AI 会有不同的期待,这些期待只有在游戏的设计目标发生变化的条件下才可能改变。

1. 增加玩家的挑战性

向玩家提供一种合理的挑战是任何游戏 AI 的首要目标,如果游戏没有任何挑战性,那么这款游戏的可玩性就会大幅降低。例如《毁灭战士》系列中的挑战来自敌人在数量和能力上的压倒性优势。玩家只有射中敌人才能消灭他们,获得最终胜利。游戏中自动产生的 NPC 不会躲避子弹,不会设置埋伏,就是说缺乏智力。但是系统可以提供数量较多的 NPC,而且游戏中定义了一些偏向 NPC 的设计,例如玩家可能会弹尽粮绝,游戏中自动产生的 NPC 则不会发生这个问题;黑暗中的玩家可能很难发现敌人的踪迹,而 NPC 则和在白天的时候没有什么区别;能飞行的 NPC 还可以去玩家不能到达的地方等。这样就使得游戏中敌我双方的实力得到了平衡,或者说 NPC 的实力会更强一些,从而给玩家更多的挑战。

即时战略类游戏中的玩家和对手都要指挥数量庞大的军队,并需要开采资源以修造建筑或某种防护。游戏中的 AI 需要执行和玩家一样的事件,并且好像是由真人手动操作一样,这就对 AI 提出了更大的挑战。当然,在这种游戏中,仍然有一种补偿方式可以提高 AI 水平,就是游戏系统能看到玩家不能看到的各个区域,并且可以拥有更多的启动单位,以及可以获得更多的资源库。但计算机不能随便添加资源或提升级别,必须按照和玩家一样的方式进行有组织的工作,例如挖掘资源、建造军队等。

2. 模拟真实世界

电脑游戏的 AI 不能设计得过于简单,如果游戏中的 NPC 遇到小树或者一块岩石这样的小障碍都无法绕过去,或者直接冲向悬崖,那么这种情况只会使玩家觉得无趣。对于玩家来讲,虽然不会指望 NPC 非常聪明,但是 AI 应该能够完成一些简单的任务。

玩家对不同游戏角色具有的 AI 智能的期待也截然不同。如果游戏中的角色是人物,那么玩家就会有比较高的要求;但是如果角色是一种昆虫,那么玩家对其智能的要求

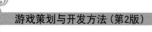

就低得多，即使做出非常笨拙的行为，玩家也不会质疑 AI 设计的合理性。

3. 增加游戏的可玩性

网络对战的 FPS 类游戏比单人模式的 FPS 类游戏玩起来更困难，因为对手是真人操作，真人可以选用电脑绝对不会采用的方式进行战斗。人的行为会根据当前的状态进行判断并改变，具备更大的不可预测性。在从《毁灭战士》《雷神之锤》的新手到高手的某个阶段，玩家通常会阅读以前高手的"游戏攻略"，这些文档将描述当玩家经过某个场景之后会出现什么样的怪物，玩家采取什么样的动作可以迅速消灭对手，这是一个带有训练味道的阶段。一旦玩家的技巧更为熟练，就会对游戏失去兴趣，因为玩家能知晓敌人在哪些时间出现，将施行什么样的动作，这样游戏的趣味性就会迅速减弱。

玩家希望游戏的 AI 能给自己带来惊喜，希望游戏 AI 就像真人一样具备无法确定的动作，并用无法预测的方式击败玩家或被玩家击败。当然，游戏 AI 目前还不可能像真人一样和玩家进行交流，因此还无法代替现在的网络游戏的社会模拟功能和趣味。

当然，即便玩家能预先得知故事情节，游戏也会给玩家带来惊喜。但如果 AI 也能使这些东西都变得不可预知，这个游戏就能获得比其他游戏更高的耐玩性，玩家会重复体验，直到不再有新鲜感为止。游戏的 AI 要始终给玩家各种各样的惊奇，吸引玩家的兴趣。成功的不可预见性在游戏中可以采用多种不同的方式实现。例如在《俄罗斯方块》中可以采用随机的方式决定下一个方块是什么，也可以像《三国志》中那样具备排兵布阵的智能。

有时，电脑游戏的 AI 目标需要偏离一些正常逻辑，即使在真实世界中，有些时候人也会做出不合情理的决定，这些不合理实际上反映了生活的复杂性。当然，游戏 AI 的不可预测性不能与其他 AI 目标相矛盾，如果为了不可预测性，敌手竟然做出一些不可理解的事情，例如远离战场，那么这种情况就会让玩家感到困惑。

模糊逻辑采用一种逻辑系统并在其中添加一些随机性，是保持游戏 AI 主体不可预测性和生动有趣的方式之一。在模糊逻辑中，AI 在给定的条件下会提供几个备选方案，然后用不同的数字表示每种选择的权利，越是重要的选择权重越大，然后通过产生随机数的方法从这些备选方案中进行选择决定。由于存在随机性，这样就会使玩家不可能完全判断出 NPC 的动作，从而使游戏具备不可预测性。使游戏中的 NPC 好像在执行了一个复杂判断之后做出了某个结论，玩家不会意识到 NPC 这只是按照事情的重要程度进行随机选择的结果，这样带有随机性的结果会使 NPC 显得聪明和狡猾。

4. 帮助叙述故事

游戏 AI 可以帮助展开游戏情节，例如 RPG 类游戏中，玩家在浏览城市的时候可能会发现一旦他试图接近居民，这些居民就会转身跑开，逃到安全的角落避免同玩家接触。在《三国志》这样的策略类游戏中，玩家可能有多个性格不同的部下，每个人的特征都可以通过 AI 特征表现出来，例如每个人的武力值、内政能力以及忠诚程度等。因此，玩家必须给他们分派合适的任务，如果赋予他们不愿意接受的任务，他们就可能会背叛玩家。AI 当然要控制这些情况，这样有助于描述故事中的各种角色。

游戏的故事通常是确定的，设计人员努力使行动结果尽量生动且具有不可预测性，但同时又希望故事的发展情节和预先设置的相一致，因此游戏中的普通 NPC 都用同样的方式对待玩家角色，而不管玩家做了什么样的选择。如果游戏的 AI 设计得好，那么

NPC 会给玩家不同的情绪反应。如果玩家在游戏中对 NPC 做出了不太明智的举动,那么 NPC 就可能改变对玩家的态度,这样的设计在游戏中可以通过名声指数进行评估,从而让故事增加更多的趣味,使游戏具备更大的可玩性。

5. 创造一个逼真的世界

在许多游戏中,玩家可能根本不会直接接触 AI 本身。游戏创造了一个虚拟的游戏世界,但是玩家习惯于真实世界。因此,用游戏中的对象创造的枯燥的游戏世界对玩家来说不能算一个真实存在。如果给这个虚拟世界加入一些 AI 因素,例如小鸟飞过蓝天、昆虫在地上爬行以及脚步匆匆的上班族等。将周边环境加入游戏世界,对玩家来讲,游戏世界就会更真实。真实程度越大,玩家身临其境的感觉就越强烈。

9.7.3　游戏 AI 设计与实施

常见的游戏 AI 方案包括有限状态机(Finite State Machine,FSM)、分层有限状态机(Hierarchical Finite State Machine,HFSM)、面向目标的动作规划(GOAP)、分层任务网络(HTN)和行为树(BT)等。下面主要介绍比较有代表性的游戏 AI 方案——状态机。

1. 有限状态机

有限状态机是表示有限多个状态以及在这些状态之间转移(Transition)和动作(Action)的数学模型(图 9-14)。有限状态机的模型状态是离散的(某一时刻只能处于某种状态下,且需要满足某种条件才能从一种状态转移到另一种状态),而且状态总数是有限的。

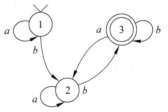

图 9-14　有限状态机模型

简单地说,一个 FSM 就是一个拥有一系列可能状态的实体,其中的几个状态是当前状态。这个实体可以接收外部输入,然后根据输入和当前状态决定下一步该转换到什么目标状态。转换完成后,目标状态就有了新的当前状态,而对象在不同的状态下也有可能会有不同的行为和属性。如此循环往复,实体和外部就这样交互下去,实体的状态也就会不停地改变。

有限状态机的几个重要概念如下。

- 状态(State),表示对象的某种形态,在当前形态下可能会拥有不同的行为和属性。
- 转移(Transition),表示状态变更,并且必须满足促使转移发生的条件。
- 动作(Action),表示在给定时刻要进行的活动。
- 事件(Event),事件通常会引起状态的变迁,促使状态机从一种状态切换到另一种状态。

除了游戏 AI 的实现可以依靠有限状态机之外,游戏逻辑以及动作切换都可以借助 FSM 实现。因此游戏中的每个角色、物品或者逻辑都有可能内嵌一个状态机。FSM 有两点特性:一是可以明确地表达 NPC 的行为系统;二是可以准确地预测 NPC 下一步的行为。因此,通过有限状态机建立的是一种确定的行为系统,没有任何不确定因素。

目前，大多数游戏，特别是 FPS 类游戏的 AI 都基于 FSM 技术，当然，游戏中的 FSM 比上面的例子复杂得多。NPC 可能有几十个状态，状态转换法则也更严谨，使得玩家在和 NPC 对抗时会觉得它们的确不能轻视。在编程时，用 C 语言的分支和循环语句就可以实现上面简单的 FSM。但复杂的 FSM 一般要用 C++ 语言写一个通用的 FSM，然后根据不同的外部数据决定 NPC 的不同行为；也可以将 FSM 以矩阵的方式实现，或将其存储在外部文件中，这样游戏设计师就可以用 FSM 编辑器编辑 NPC 的行为系统，然后将其 FSM 保存在文件里，由程序随机读取、运行、测试，然后进行修改和调整。

综上所述，FSM 的优点是易于理解，易于编程，特别是易于纠错。如果测试游戏时发现 NPC 行动异常，只要在编译纠错时跟踪其状态变化即可。采用 FSM 的游戏，NPC 的决策速度比较快（确定性的行为系统），这使 FSM 在游戏 AI 领域有着广泛应用。

实现有限状态机主要包括集中管理控制和模块化管理两种方式。这两种方式的实现如下。

1）使用 switch 语句

所有状态之间的转移逻辑全都写在一个部分，需要根据不同的分支判断转移条件是否符合。在实现有限状态机时，使用 switch 语句是最简单、最直接的一种方式。这种方式的基本思路是：为状态机中的每种状态都设置一个 case 分支，专门用来对该状态进行控制。一个具体的使用有限状态机实现游戏 AI 的场景如图 9-15 所示，描述的是一个游戏单位的 AI。

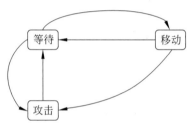

图 9-15　有限状态机（一个游戏单位的 AI）

下面使用 switch 语句实现图中的状态机。

```
switch (state)
{
    //处理状态 Waiting 的分支
    case State.Waiting:
        wait();          //执行等待
        //检查是否可以攻击
        if (canAttack()){
            changeState(State.Attacking);       //当前状态转换为 Attacking
        }
        //若不可攻击,则检查是否可以移动
        else if (canMove()) {
            changeState(State.Moving)            //当前状态转换为 Moving
        }
        break;
        //处理状态 Moving 的分支
    case State.Moving:
```

```
        move();                               //执行移动
        //检查是否可以攻击敌人
    if (canAttack()) {
        changeState(State.Attacking);        //当前状态转换为 Attacking
    }
    //若不可攻击,则检查是否可以等待
    else if (canWait()) {
        changeState(State.Waiting);          //当前状态转换为 Waiting
    }
    break;
    //处理状态 Attacking 的分支
case State.Attacking:
    attack();                                 //执行攻击
    //检查是否可以等待
    if (canWait()) {
        changeState(State.Waiting);          //当前状态转换为 Waiting
    }
    break;
}
```

使用 switch 语句实现的有限状态机可以很好地运行,不过这种方式在实现状态之间的转换时,检查转换条件和进行状态转换的代码都是混杂在当前的状态分支中完成的。即使将检查转换条件和进行状态转换的代码分别封装成两个专门的函数 FuncA(检查转换条件)和 FuncB(进行状态转换),但是随着逻辑复杂度的提高,FuncA 和 FuncB 两个函数本身的复杂度也会随之加大,导致代码的可读性降低,甚至增加维护成本。

2) 使用状态模式(State Pattern)

在状态模式中为每个状态创建与之对应的类,将状态转移的逻辑从 switch 语句分散到各个类,把复杂的逻辑判断简单化。因此,使用状态模式实现状态机虽然不如直接使用 switch 语句直接,但是对于状态更容易维护和扩展。

状态模式中的角色有如下 3 种。

- 上下文环境(Context)。定义客户程序需要的接口并维护一个具体状态的实例,将与状态相关的操作(检查转换条件,进行状态转换)交给当前的具体状态对象处理。
- 抽象状态(State)。定义一个接口以封装使用上下文环境的一个特定状态相关的行为。
- 具体状态(Concrete State)。实现抽象状态定义的接口。

下面按照以上 3 个角色实现状态机。

```
//上下文环境(Context)类
public class Context
{
    private State state;
```

```
    public Context(State state)
    {
        this.state=state;
    }
    public void Do()
    {
        state.CheckAndTran(this);
    }
}
//抽象状态(State)类
public abstract class State
{
    public abstract void CheckAndTran(Context context);
}
//具体状态(Concrete State)类
public class WaitingState: State
{
    public override void CheckAndTran(Context context)
    {
        Wait();                                  //执行等待动作
        //检查是否可以攻击敌人
        if (canAttack()){
            context.State=new AttackingState();   //当前状态转换为 Attacking
        }
        //若不可攻击,则检查是否可以移动
        else if (canMove()) {
            context.State=new MovingState();      //当前状态转换为 Moving
        }
    }
}
```

虽然状态模式可以缓解使用 switch 语句可读性和维护性差的问题,但也会增加类和对象的个数,如果使用不当,则将导致程序结构和代码的混乱。

2. 分层有限状态机

一个有限状态机的逻辑结构是没有层次的,如果和行为树做对比,则可以发现这一点十分明显。在行为树中,节点是有层次(hierarchical)的,子节点由其父节点控制。例如,行为树中有一种节点叫作"序列(sequence)节点",其作用是顺序执行所有子节点(根据某个子节点的执行情况返回失败或成功标识),而将行为树的这个优势应用到有限状态机上,就是分层有限状态机(HFSM)。

分层后,在一定程度上规范了状态机的状态转换,从而有效地减少了状态之间的转换。例如 RTS 类游戏中的士兵,如果逻辑没有层次上的划分,那么要在士兵定义的前进、寻敌、攻击、防御、逃跑等若干状态之间进行转移时,因为它们是平级的,因此需要考虑每组状态的关系,并维护大量的没有侧重点的转移。如果在逻辑上是分层的,就可以将士兵的这些状态进行分类,把几个低级的状态归并到一个高级的状态中,并且状态的转移只发生在同级的状态中。例如,高级状态包括战斗、撤退,而战斗状态中又包括寻敌、攻击等几个小状态,撤退状态中又包括防御、逃跑等几个小状态。因此,分层状态机从某种程度上规范了状态机的状态转移,而且状态内的子状态不需要关心外部状态的跳转,这样也做到了无关状态炎间的隔离。

3. 模糊状态设计

虽然 FSM 有很多优点,但只能处理确定的情况。使用 FSM 建立的 NPC 的行为系统过于规范,很容易被玩家识破。在 FSM 基础上把不确定性引入 NPC 的行为系统中,这就是模糊状态设计(FuSM),使 NPC 的行为具有更多变化。

在 FSM 中,只要知道了外部输入和当前状态,就可以确定目标状态。而在 FuSM 中,即使知道了以上两点,也无法确定目标状态,而是由概率决定转换到可能的目标状态。如果把 NPC 的警觉状态到追逐状态的转换由 FSM 改成 FuSM,则当 NPC 处于警觉状态时,如果敌人迫近到可驱逐范围内,NPC 并不确定是转换到追逐状态还是躲避状态。根据概率,80%的情况下 NPC 会进入追逐状态,有 20%的情况 NPC 会躲避。这样一来,NPC 的行为就复杂多了,游戏性也更丰富了。而 NPC 行为特征的改变只是在不影响 FuSM 基本结构的条件下简单地改变了其概率设定。这是 FuSM 的一大优势,因为这样一来就可以设计几个简单通用的 FuSM,然后通过不同的概率设定(或称阈值)产生各种各样的 NPC。例如《文明》中大量使用 FuSM,游戏中不同文明(种族)之间的差异就是应用 FuSM 实现的。

4. 动作游戏中的 AI 设计

游戏中的 AI 设计主要内容包括两方面:判断条件和对应的行为结果。任何一个NPC 的设计都以此为主要的结构划分,然后根据 NPC 的作用和智能程度的要求依次分类说明。因为游戏中 NPC 的智能表现在多个方面,所以在文档编写时需要具体说明人工智能指 NPC 哪方面的智能行为。

下面以动作游戏中敌人为例给出设计 AI 的步骤。

步骤 1:定义游戏中 AI 的基本挑战。单个 AI 挑战往往需要结合关卡设计的挑战组成一个基本的挑战模式。在游戏设计者拿到怪物详细概念设计之前,首先必须清楚本款游戏中最重要的游戏挑战在哪里,以及设计的游戏 AI 会出现在游戏的哪个部分,扮演着什么样的角色。例如《超级马里奥》中,玩家需要利用跳跃躲避怪物的接触,或者准确地跳到怪物头上以消灭怪物。游戏中最简单的怪物 AI 表现为在两个点之间保持匀速巡逻,这个就可以成为一个基本的挑战模式。越到后面的关卡,怪物的 AI 就越复杂。例如有的怪物会使用技能主动攻击玩家,需要玩家既要躲避怪物的接触,又要躲避怪物不断发出的子弹,这就是难度更高的挑战模式。

步骤 2:设计挑战中的 AI 基本能力、基本属性和挑战模式。以《超级马里奥》为例,怪物的基本能力、基本属性和挑战模式如表 9-4 所示。通过多样化的能力和属性的组合可以得到更多样化的挑战。

表 9-4 《超级马里奥》怪物基本能力、基本属性和挑战模式（部分）

怪 物	逻 辑	能 力	属 性	挑 战
蘑菇	移动/会回头/掉悬崖	伤害玩家	速度慢	踩一次/躲开
绿色乌龟	移动/会回头/掉悬崖	伤害玩家/龟壳	速度中等	踩两次/躲开
红色乌龟	移动/会回头/不掉悬崖	伤害玩家/龟壳	速度中等	踩两次/躲开
红鱼	不规则移动	伤害玩家/穿过珊瑚	速度中等	子弹打死/躲开
蓝鱼	上下规则移动	伤害玩家/无敌	速度快	只能躲开
绿鱼	上下不规则移动	伤害玩家/尸体有毒	速度快	子弹打死/躲开
⋮	⋮	⋮	⋮	⋮

步骤 3：设计 AI 的逻辑图。通常由游戏设计师和游戏程序员共同完成，如果游戏设计师能提供一个结构清晰的游戏 AI 运行流程，那么将帮助程序员更好地理解游戏中怪物的行为。一个简单的 RPG 类游戏中怪物的 AI 运行流程（AI 逻辑转换结构）如图 9-16 所示。

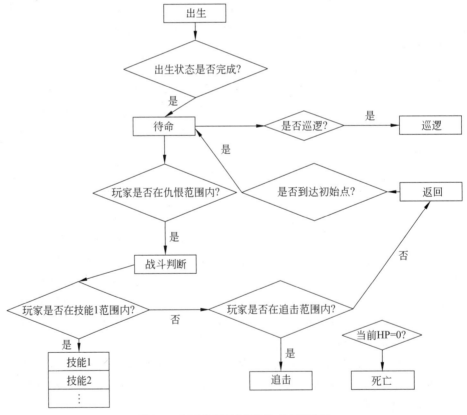

图 9-16　RPG 类游戏中怪物的 AI 运行流程

步骤 4：测试游戏中的 AI。站在玩家的角度不断测试和体验 AI 设计。

9.8 游戏场景开发方法

9.8.1 游戏场景系统

游戏中所有的视觉元素都要借助场景系统展现,例如典型的兵营由兵营系统(CampSystem)、兵营界面(ICamp)和兵营界面(CampInfoUI)组成。ICamp 定义兵营的操作界面和信息提供,并由 SoliderCamp 实现 ICamp,并记录当前等级、武器等级等信息;CampSystem 初始化和管理游戏中玩家的所有兵营,并成为 PBaseDefenseGame 的游戏子系统之一,方便与其他系统进行沟通和获取信息;CampInfoUI 负责显示玩家用鼠标单击选中的兵营相关信息。

兵营负责作战单位的训练,按照游戏需求设置每个兵营只能训练一种玩家角色。各兵营需要的训练时间及费用都不相同,不同的兵营之间的差异设置,可以区别出其中的不同,并利用相关属性调整游戏平衡。兵营系统建立流程判断玩家用鼠标单击兵营对象之后,将信息显示到兵营界面。

9.8.2 游戏场景设置

游戏场景中的每张地图都会集中访问对象文件,所有单位、物品、装饰物、能力和升级都可以在战役中随意使用。制作好地图之后,将地图导入战役编辑器,设置好次序、剧情和属性后保存,即可生成战役。每个游戏场景都有一处代码块用来读取和记录用户的按钮点击、键盘事件、鼠标点击或者其他原始输入,并将之转换为游戏中一个有意义的动作(action)。将用户的输入硬关联到游戏动作(game actions)的实现代码如下:

```
void InputHandler::handleInput()
{
if (isPressed(BUTTON_X)) jump();
else if (isPressed(BUTTON_Y)) fireGun();
```

玩家可以在游戏场景中配置按钮与动作的映射,需要把对 jump() 和 fireGun() 的直接调用转换为可以换出(swap out)的对象,需要用一个对象代表一个游戏动作,实现代码如下:

```
class Command
{
public:virtual Command(){ } virtual void execute() =0;
};
```

再为每个不同的游戏动作创建一个子类,实现代码如下:

```
class JumpCommand : public Command
{
public:virtual void execute() { jump(); }};
class FireCommand : public Command
{public:virtual void execute() { fireGun(); }
};
```

在输入处理中为每个按钮存储一个指针，实现代码如下：

```
class InputHandler
{
public: void handleInput();
private:Command* buttonX_; Command* buttonY_; Command* buttonA_; Command*
buttonB_;};
```

输入处理的实现代码如下：

```
void InputHandler::handleInput()
{
if (isPressed(BUTTON_X)) buttonX_->execute();
else if (isPressed(BUTTON_Y)) buttonY_->execute(); else if (isPressed(BUTTON
_A)) buttonA_->execute(); else if (isPressed(BUTTON_B)) buttonB_->execute();
}
```

以上命令模式假设 jump()、fireGun() 等顶级函数能找到玩家的头像，使得玩家像木偶
一样进行动作处理。这种假设限制了命令的效用，JumpCommand 类唯一能做的是使
player 进行跳跃，为此可以放宽限制，传入一个想要控制的对象，而不是用命令对象自身
调用函数，实现代码如下：

```
class Command
{
public:virtual Command() {}
virtual void execute(GameActor& actor) =0;
};
```

将用来表示游戏世界中的角色的游戏对象类 GameActor 传入 execute()，以便子类化的
命令可以针对选择的角色进行调用，实现代码如下：

```
class JumpCommand : public Command
{
public:virtual void execute(GameActor& actor)
{actor.jump();}
};
```

可以使用这个类让游戏中的任何角色进行来回跳动，在输入处理和记录命令以及调用正

确的对象之间改变 handleInput()，返回一个命令（commands），实现代码如下：

```
Command * InputHandler::handleInput()
{
if (isPressed(BUTTON_X)) return buttonX_; if (isPressed(BUTTON_Y)) return
buttonY_; if (isPressed(BUTTON_A)) return buttonA_; if (isPressed(BUTTON_B))
return buttonB_;
return NULL;
}
```

保存命令并执行对玩家角色的调用方式，实现代码如下：

```
Command * command =inputHandler.handleInput();
if (command)
{command->execute(actor);}
```

在命令和角色之间加入间接层，让玩家控制游戏中的任何角色，只需要通过改变命令执行时传入的角色对象即可。通过将控制角色的命令作为第一类对象，去掉了直接的函数调用这样的紧耦合。在一些策略游戏中经常见到撤销行为，可以回滚一些步骤。使用命令模式抽象输入处理，将每次对角色的移动封装起来，实现代码如下：

```
class MoveUnitCommand : public Command
{
public:MoveUnitCommand(Unit * unit, int x, int y): unit_(unit),x_(x), y_(y){}
virtual void execute()
{unit_->moveTo(x_, y_);}
private:Unit * unit_; int x_, y_;};
```

可以针对不同的角色执行命令，将命令绑定到移动的单位上，适用于很多情境下的操作，在游戏的回合次序中，它是一个特定、具体的移动。每次玩家选择移动、输入处理程序代码都会创建一个命令实例，实现代码如下：

```
Command * handleInput()
{
    unit =getSelectedUnit();
    if (isPressed(BUTTON_UP)) {
    destY =unit->y() -1;
    return new MoveUnitCommand(unit, unit->x(), destY);
    }
    if (isPressed(BUTTON_DOWN)) {
    int destY =unit->y() +1;
    return new MoveUnitCommand(unit, unit->x(), destY);
    }
}
```

9.8.3 游戏场景的转换

当游戏比较复杂时，通常会设计成登录场景、主画面场景、战斗场景等多个场景，让玩家在几个场景之间转换。登录场景负责游戏片头、加载游戏数据、出现游戏主画面、等待玩家登录游戏；主画面场景负责进入游戏画面、玩家在主画面中的操作、在地图上打怪掉宝等；战斗场景负责与玩家组队之后进入副本关卡、挑战王怪等。在游戏场景规划完成后，就可以利用状态图将各个场景的关系连接起来，并且说明它们之间的转换条件以及状态转换的流程。将游戏中不同的功能分类在不同的场景中执行，可以将游戏功能执行时需要的环境明确分类，同时增加场景重复使用率，减少开发时间，降低代码错误率。

使用状态模式实现场景转换的优点是：减少错误发生并降低维护难度；不再使用switch(m_state)判断当前状态，可以减少新增游戏状态时因未能检查到所有 switch(m_state)程序代码而造成的错误；状态执行环境单一化；与每个状态有关的对象及操作都被实现在一个场景状态类。

场景类的接口 ISceneState 定义了场景转换和执行时需要调用的方法；开始场景（StartScene）、主画面场景（MainMenuScene）及战斗场景（BattleScene）执行时的操作类分别为 StartState、MainMenuState、BattleState；场景状态拥有者（Context）SceneStateController用来保持当前游戏场景状态，并作为与 GameLoop 类互动的接口；游戏主循环类GameLoop 用作互动接口，包含初始化游戏和定期调用更新操作。为状态定义一个接口，每个与状态相关的行为，如将 handleInput 和 update 函数定义成虚函数的实现代码如下：

```
class IScenceState
{
public:virtual ~IScenceState() {}
virtual void handleInput(Heroine& heroine, Input input) {} virtual void update
(Heroine& heroine) {}
};
```

9.9 游戏系统集成开发方法

9.9.1 游戏界面设计

玩家通过用户界面与游戏系统产生互动主要指屏幕画面上的信息呈现和玩家操作。Button 按钮组件为玩家提供单击后可执行特定功能的界面；Text 文本组件显示系统提示玩家的信息；Image 显示图像信息、提供文字等各类信息提示。新增一个界面时，系统会在场景内加上 Canvas 画布组件，所有与界面相关的游戏对象放在 Canvas 组件中。复杂界面使用多个组件一起组装，更复杂的界面按照功能关系层次摆放，形成分层式管理架构,让游戏对象之间可以通过被当成子对象或设置为父对象的方式连接两个对象。将每个界面规划成由一个单独的类负责,这些类都继承自用户界面(IUseInterface),并使用组合的方式成为 PBaseDefenseGame 类的成员。建立节点抽象基类的实现代码如下:

```csharp
public abstract class IUserInterface
{
    public List<IUserInterface> componentSonList;
    protected string mName;
    public string Name
    { get {return mName; }
    }
    public IUserInterface(string name)
    { mName =name; }
    public abstract void AddComponent(IUserInterface component);
    public abstract void RemoveComponent(IUserInterface component);
public abstract IUserInterface GetComponent(int index);
}
```

建立叶子节点类的实现代码如下:

```csharp
public class DMLeaf : IUserInterface
{
    public DMLeaf(string name) : base(name) { }
    public override void AddComponent(IUserInterface component) { return; }
    public override IUserInterface GetComponent(int index) { return null; }
     public override void RemoveComponent ( IUserInterface component) {
return; }
}
```

建立分叉节点类的实现代码如下:

```csharp
public class DMComposite : IUserInterface
{
    public DMComposite(string name) : base(name) { }
    public override void AddComponent(IUserInterface component)
    { componentSonList.Add(component); }
    public override IUserInterface GetComponent(int index)
    { return componentSonList[index]; }
    public override void RemoveComponent(IUserInterface component)
    { componentSonList.Remove(component); }
}
```

9.9.2　游戏子系统整合

游戏系统在运行时需要其他系统协同或将信息传递给其他系统。游戏系统切分得越细,系统之间的沟通越复杂。单一系统引入太多其他系统的功能不利于单一系统的转

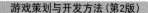

换和维护；单一系统被过多的系统所依赖不利于接口的更改，容易牵一发而动全身；同时，因为需要提供给其他系统操作，所以系统的接口可能会过于庞大，不容易维护。采用中介者模式（Mediator）解决上述问题，建立一个信息集中的中心，当任何子系统要与它的子系统沟通时，都必须先将请求交给中央单位，再由中央单位分派给对应的子系统，由统一的接口进行接收和转发信息，每个游戏系统、玩家界面对外的依赖度缩小到只有一个类，以减少系统维护的难度。

中介者类 PBaseDefenceGame 定义相关的操作界面给所有游戏系统与玩家界面使用，并包含其中的全部对象，同时负责相关的初始化流程，提供游戏系统之间相互沟通的方法。管理 gameSystem 界面的实现代码如下：

```
public abstract class PBaseDefenceGame
{
    public abstract void SendMessage(IgameSystem theGameSystem, string Message);
}
```

DefenceGame 管理的 GameSystem 代码如下：

```
public abstract class IGameSystem
{
    protected Leon_ PBaseDefenceGame m_Mediator =null;
    public GameSystem (PBaseDefenceGame theMediator)
    {
        m_Mediator =theMediator;
    }
        public abstract void Request(string Message);
}
```

实现 IGameSystem 的类别 1 的代码如下：

```
public class ConcreteGameSystem1 : IGameSystem
{
    public ConcreteGameSystem1(PBaseDefenceGame theMediator) : base(theMediator) { }
    public void Action()
    {
      m_Mediator.SendMessage(this, "GameSystem1 发出通知");
    }
      public override void Request(string Message)
    {
        Debug.Log("ConcreteGameSystem1.Request" +Message);
    }
}
```

实现 DefenceGame 并集合管理 GameSystem 的代码如下：

```
public class ConcreteDefenceGame : PBaseDefenceGame
    {
        ConcreteGameSystem1 m_GameSystem1 =null;
        ConcreteGameSystem2 m_GameSystem2 =null;
        public void SetGameSystem1(ConcreteGameSystem1 theGameSystem)
        {
            m_GameSystem1 =theGameSystem;
        }
        public void SetGameSystem2(ConcreteGameSystem2 theGameSystem)
        {
            m_GameSystem2 =theGameSystem;
        }
        public override void SendMessage(GameSystem theGameSystem, string Message)
        {
            if (m_GameSystem1 ==theGameSystem)
                m_GameSystem2.Request(Message);
            if (m_GameSystem2 ==theGameSystem)
                m_GameSystem1.Request(Message);
        }
    }
```

9.9.3 游戏子功能整合

　　游戏要想顺利运行,必须同时由内部数个不同的子系统一起合作。在这些子系统中,有些是在早期游戏分析时规划出来的,有些则是在实现过程中将相同功能重构整合之后才完成的。这些系统在游戏运行时会彼此使用对方的功能,并且通知相关信息或传送玩家的指令。有些子系统必须在游戏开始运行前按照一定的步骤将它们初始化并设置参数,或者在完成一个关卡时也要按照一定的流程替它们释放资源。这些子系统的沟通及初始化过程对于外界或客户端来说,不必了解它们之间的相关运行过程。运用外观模式(Facade)将系统内部的互动细节隐藏起来,并提供一个简单方便的接口供客户端调用即可。在工作的分工配合上,开发者只需要了解对方负责系统的 Facade 接口类,不必深入了解其中的运行方式或增加系统的安全性。外观类 PBaseDefenseGame 的实现代码如下:

```
public class PBaeDefenseGame {
    ...
    private GameEventSystem m_GameEventSystem =null;
    ...
}
```

战斗状态类 BattleState 的实现代码如下:

```
public class BattleState: ISceneState {
    public override void StateBegin() {
        PBaseDefenseGame.Instance.Initinal();
    }

    public override void StateEnd() {
        PBaseDefenseGame.Instance.Release();
    }

    public override void StateUpdate() {
        ...
        PBaseDefenseGame.Instance.Update();
        ...
        if (PBaseDefenseGame.Instance.ThisGameIsOver()) {
            m_Controller.SetState(new MainMenuState(m_Controller), "MainMenuState");
        }
    }
}
```

9.9.4　游戏服务获取对象

　　游戏服务器端的程序只能连接到一个数据库，只能有一个日期产生器，同一时间只能有一个关卡正在进行，只能加载到一台游戏服务器，只能同时操作一个角色等。如何保证只有一个对象实例是要解决的关键问题。单件模式提供了一个解决方法，除了创建一个单独的实例外，还提供一个全局的方法以得到这个实例，这样就能在其他任何地方都可以得到这个实例。PBaseDefenseGame 为游戏主程序类，内部包含类型为PBaseDefenseGame 的静态成员属性_instance，作为该类唯一的对象，并提供静态成员方法 Instance，用它获取唯一的静态成员属性_instance。单件类 PBaseDefenseGame 的实现代码如下：

```
public class PBaseDefenseGame
{
    public string Name { get; set; }
    private static PBaseDefenseGame _instance;
    public static PBaseDefenseGame Instance
    {
        get
        {
            if ( _instance ==null)
            {
                Debug.Log("产生 Singleton");
```

```
            _instance =new PBaseDefenseGame ();
        }
        return _instance;
    }
  }
  private PBaseDefenseGame () { }
}
```

9.9.5 游戏的主循环

游戏主循环是将玩家操作、游戏逻辑更新和画面更新操作整合在一起的执行流程。游戏执行之后产生了一个虚拟世界，玩家扮演其中一个会移动的角色，并通过游戏或键盘与这个游戏世界互动，它不必等待玩家的反应，可能就会从某处出现一只怪物攻击玩家，或是跳出任务，要求玩家完成它。因此，必须提供一个机制让这个游戏世界能不断地更新关卡，让其能自动产生各种情景与玩家互动，这称为"游戏逻辑更新"，由更新状态、处理数据、播放音乐、更换地图和处理动画构成。游戏要不断进行画面更新，当玩家进入动态逼真的游戏世界时，它正在不断更新画面以产生动画效果。用帧率评测游戏性能，表示游戏系统在一秒钟之内能执行多少次画面更新，这个值越高，游戏性能越好。这些行为可以分成以下两类：

```
update_game();      //更新游戏状态(逻辑帧)一般不耗时
display_game();     //更新显示(显示帧)耗时(场景越复杂越耗时)
```

每秒调用 update_game 的次数称为游戏速度，每秒调用 display_game 的次数称为帧率(FPS)。每秒调用 display_game 且显示画面有变化的次数称为可变显示帧率。最简单的游戏循环的实现代码如下：

```
bool game_is_running =true;
while( game_is_running )
{
    update_game();
    display_game();
}
```

帧率依赖恒定的游戏循环的实现代码如下：

```
const int FRAMES_PER_SECOND =25;
const int SKIP_TICKS =1000 / FRAMES_PER_SECOND;
DWORD next_game_tick =GetTickCount();
int sleep_time =0;
bool game_is_running =true;
```

```
while( game_is_running )
{
    update_game();
    display_game();
    next_game_tick += SKIP_TICKS;
    sleep_time = next_game_tick - GetTickCount();
    if( sleep_time >= 0 )
    {
        Sleep( sleep_time );
    }
}
```

　　每帧时间的间隔固定，只需要记录每帧游戏的状态，回放时按照每秒 25 帧的速度播放即可。到达某些复杂的游戏场景时，display_game 绘制会耗费大量时间，影响游戏输入和 AI 响应，游戏会变得很慢；当场景变得简单时，游戏会加速运行，直到 match 到正常的步伐，然后稳定到每秒 25 帧。对于高性能的机器，高速移动的物体对视觉效果会有一些影响，FPS 阈值定义得太高会使配置低的机器不堪重负，定义得太低则会使高端硬件损失太多的视觉效果。可变 FPS 的游戏循环的实现代码如下：

```
DWORD prev_frame_tick;
DWORD curr_frame_tick = GetTickCount();
bool game_is_running = true;
while( game_is_running )
{
    prev_frame_tick = curr_frame_tick;
    curr_frame_tick = GetTickCount();
    update_game( curr_frame_tick - prev_frame_tick );
    display_game();
}
```

　　性能差的机器的表现：到达某些复杂的游戏场景时，display_game 绘制会耗费大量时间，影响游戏输入和 AI 响应，游戏会卡顿；然而在下一帧，就会强制 match 到正常的步伐，这样会看到一些跳变。性能高的机器的表现：由于 update_game 的调用次数存在差异，性能越高，update_game 的调用次数就越多，因此这种差异引起的浮点数误差会导致致命的错误。该方案只能用于单机游戏和状态同步网游，不能用于帧同步网游。最大 FPS 和恒定速度的游戏循环的实现代码如下：

```
const int TICKS_PER_SECOND = 50;
const int SKIP_TICKS = 1000 / TICKS_PER_SECOND;
const int MAX_FRAMESKIP = 10;
DWORD next_game_tick = GetTickCount();
int loops;
bool game_is_running = true;
```

```
while( game_is_running )
{
    loops =0;
    while( GetTickCount() >next_game_tick && loops <MAX_FRAMESKIP)
    {
        update_game();
        next_game_tick +=SKIP_TICKS;
        loops++;
    }
    display_game();
}
```

9.9.6　游戏关卡

　　游戏关卡的核心是关卡控制系统,包含当前玩家阵营被攻击的情况,当前击杀敌方阵营的角色数量及当前进行的关卡等,并提供相关的方法以操作相关成员。关卡控制的依据是关卡更新方法,判断当前是否需要产生新的关卡。如果需要更新,则调用产生关卡方法。通过判断当前敌方阵营的角色数量判断关卡是否结束,如果为 0 则代表关卡结束,可以进入下一关卡;通过判断当前得分判断是否可以进入下一个关卡。将要出场的敌方角色设置、通关条件、下一关记录等关卡信息封装到一个类中,让每关都是一个对象,并加以管理。关卡系统在这群对象中寻找符合条件的关卡,让玩家进入挑战,等到关卡完成后,再进入下一个符合条件的关卡。

　　游戏中的关卡都是一关关的串接,完成了这一关之后,就进入下一关。对每个关卡的通关判断规则应按照各个游戏需求设计。将关卡可能需要的信息,包含要出场的敌方角色设置、通关条件、连接下一关卡对象的引用等封装成一个接收者类,并增加能够判断通关与否的方法,作为是否前进到下一关的判断依据。如果符合通关条件,则将关卡通关与否的判断交由下一个关卡对象判断,直到有一个关卡对象负责接下来的关卡开启工作。如果不符合,则将当前关卡维持在这一个关卡对象上,继续让现在的关卡对象负责关卡开启工作。

　　为了让每个关卡都遍历地判断是否进入此关卡,可以利用责任链模式让每个关卡都是一个类,以方便在游戏后期添加关卡。在初始化关卡系统时,将所有关卡的数据一次性设置完成,包含关卡要出现的敌方角色等级、数量、武器等级、过关分数及连接的下一关。在定期更新方法中,将切换关卡的判断交给一群关卡对象串接起来的链表负责,当需要切换关卡时,询问关卡对象链表,获取当前可以进行的关卡。过关判断和关卡开启接口 IStageHandler 的实现代码如下:

```
public abstract class IStageHandler {
    protected IStageData m_StageData =null;
    protected IStageScore m_StageScore =null;
```

```
    protected IStageHandler m_NextHandler =null;
    public IStageHandler SetNextHandler(IStageHandler NextHandler) {
        m_NextHandler =NextHandler;
        return m_NextHandler;
    }
```

常规关卡的实现代码如下：

```
    public abstract IStageHandler CheckStage();
    public abstract void Update();
    public abstract void Reset();
    public abstract bool IsFinished();
}.
```

关卡分数确认接口 IStageScore 的实现代码如下：

```
NormalStageHandler:
public abstract class IStageScore {
    public abstract bool CheckScore();
}
```

敌人阵亡数分数确认 IStageScore 的实现代码如下：

```
    public class StageScoreEnemyKilledCount: IStageScore {
        private int m_EnemyKilledCount =0;
        private StageSystem m_StageSystem =null;
            public    StageScoreEnemyKilledCount ( int    KilledCount,    StageSystem
theStageSystem) {
            m_EnemyKilledCount =KilledCount;
            m_StageSystem =theStageSystem;
        }
        public override bool CheckScore() {
            return (m_StageSystem.GetEnemyKilledCount() >=m_EnemyKilledCount);
        }
    }
```

关卡内容接口 IStageData 的实现代码如下：

```
    public abstract class IStageData {
        public abstract void Update();
        public abstract bool IsFinished();
        public abstract void Reset();
    }
```

常规关卡内容的实现代码如下：

```
public class NormalStageData: IStageData {
    private List<StageData>m_StageData =new List<StageData>();
    class StageData {
        ...
    }
    public NormalStageData (float CoolDown, Vector3 SpawnPosition, Vector3
AttackPosition) {
    }
    public void AddStageData (ENUM_Enemy emEnemy, ENUM_Weapon emWeapon, int
Count) {
    }
    public override void Reset() {
    }
    public override void Update() {
        ICharacterFactory Factory =PBDFactory.GetCharacterFactory();
        Factory.CreateEnemy (theNewEnemy. emEnemy, theNewEnemy. emWeapon, m_
SpawnPosition, m_AttackPosition);
    }
}
```

实现关卡控制系统 StageSystem 的实现代码如下：

```
public class StageSystem: IGameSystem {
    public override void Update() {
        m_NowStageHandler.Update();
            if (m_PBDGame.GetEnemyCount() ==0) {
                if (m_NowStageHandler.IsFinished() ==false) {
                    return;
                }
                IStageHandler NewStageData =m_NowStageHandler.CheckeStage();
                if (m_NowStageHandler =NewStageData) {
                    m_NowStageHandler.Reset();
                } else {
                    m_NowStageHandler =NewStageData;
                }
                NotifyNewStage();
            }
    }
    private void NotifyNewStage() {
        m_PBDGame.ShowGameMsg("新关卡");
        m_NowStageLv++;
        m_PBDGame.ShowNowStageLv(m_NowStageLv);
        m_PBDGame.UpdateSoldier();
        m_PBDGame.NotifyGameEvent(ENUM_GameEvent.NewStage, null);
    }
```

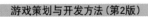

```
    private void InitializeStageData() {
        if (m_RootStageHandler ! =null) {
            return;
        }
        StageData =new NormalIStageData(3f, GetSpawnPosition(), AttackPosition);
        StageData.AddStageData(ENUM_Enemy.Elf, ENUM_Weapon.Gun, 3);
        StageScore =new StageScoreEnemyKilledCount(3, this);
        NewStage =new NormalStageHandler(StageScore, StageData);
        m_RootStageHandler =NewStage;
    }
```

9.10　游戏角色开发方法

9.10.1　游戏角色的架构

游戏中的所有内容都是由主角带动的，商业游戏中都会有英雄角色，这些英雄是受玩家控制的，会随着版本的迭代而扩充。在编写代码时要设计一个能扩充的架构，使每个对象可以挂接属于自己的组件。游戏中的角色类型有不同的技能和属性，有些游戏一个玩家只有一个角色，有些游戏一个玩家可以有多个角色。例如，将玩家账号中多个角色的构造定为一个角色类，包括玩家的疲劳、金币、元宝等。角色类包括多个英雄对象，一个英雄类包括英雄的属性、等级等，英雄对象包括多个属性对象，一个属性类包括属性值和下一级属性值等。对这些类的修改，类的内部只提供接口，逻辑的判断存在于外部的部件中，而不是在类的内部实现，逻辑修改也只需要查找对应的部件。

其中，BaseObject 是所有对象类的根，在它的下面是 BaseActor 类，从 BaseActor 类中延伸出两个子类，即 3D 的模型表示的 BaseCharacter 类和特效 BaseEff 类。针对 BaseCharacter 类，又延伸出两个继承类 BaseHero 和 BaseMonster。BaseHero 类再下面是具体的英雄类，比如武士、刺客、道士等英雄，BaseMonster 类的子类是具体的怪物类。控制类 BaseCtrl 用于控制上述实现的各个类，同时控制英雄和怪物或者特效。在 BaseActor 前面还有一个父类 BaseObject 类，它是所有对象类的根，实现代码如下：

```
public abstract class BaseObject [
}
public abstract class BaseActor: BaseObject{
    public BaseActor() { }
}
public abstract class BaseCtrl: BaseObject{
    public BaseCtrl () { }
}
```

角色化类创建后，游戏的关闭和开启都要和上一次一样，可以采用持久化的方案，一般采用序列化到本地二进制文件或者 XML 文件等流序列化的方式。通过 TieFighter 类从 XML 文件中获取它的一些信息(最大健康、最大速度、加速度),实现代码如下:

```
public class TieFighter : MonoBehaviour
{
    public XMLContainer myXMLSettings;
    void Awake()    { }
    void Update()    { }
}
```

也可以采用 ScriptableObject 方案,将系统需要的数据打包,加载后直接转换为预定的类型,这样做具有更高的效率。建立 ScriptableObject 类的实现代码如下:

```
public class SysData : ScriptableObject
{
  public List<Vector3>content;
}
```

创建一个用于实例化 SysDatar 的编辑器脚本的实现代码如下:

```
public class Export
{
    [MenuItem("Assets/Export")]
    public static void Execute()
    {
        SysData sd =ScriptableObject.CreateInstance<SysData>();
        sd.content =new List<Vector3>();
        sd.content.Add(new Vector3(1,2,3));
        sd.content.Add(new Vector3(4,5,6));
        string p ="Assets/SysData.asset";
        AssetDatabase.CreateAsset(sd, p);
        Object o =AssetDatabase.LoadAssetAtPath(p, typeof(SysData));
        BuildPipeline.BuildAssetBundle(o, null, "SysData.assetbundle");
        AssetDatabase.DeleteAsset(p);
    }
}
```

运行时加载数据资源的实现代码如下:

```
IEnumerator Start ()
{
    WWW www =new WWW("file://" +Application.dataPath +"/../SysData.assetbundle");
    yield return www;
    SysData sd =www.assetBundle.mainAsset as SysData;
    print(sd.content[0]);
}
```

9.10.2　游戏角色与武器关系

假设游戏中有 2 种角色：敌方角色与玩家角色，同时有 3 种武器类型：手枪、霰弹枪及火箭，并以攻击力和攻击距离区分它们的威力，"武器发射""击中目标"时会有不同的音效和视觉效果，双方阵营都可以装备这 3 种武器，敌方角色使用武器攻击时，会有额外的加成效果以增加攻击时的优势，玩家角色没有额外加成效果。为实现上述功能，可以将 2 种角色与 3 种武器交叉组合。

这种实现架构存在以下两个缺点：（1）每个继承自 ICharacter 角色接口的类在重新定义 Attack 方式时，都必须针对每种武器实现（显示特效和播放音效），或者进行额外的公式计算，当新增角色类时，也要在新的子类种重复编写相同的程序代码；（2）当新增武器类型时，所有角色子类中的 Attack 方法都必须修改，针对新的武器类型编写新的程序代码，这样会增加维护的难度，使得武器类型不容易增加。

为解决上述两个类群组交互使用引发的问题，让两个群组在功能上的需求连接合作，又各自发展不受彼此影响，可以采用桥接模式（Bridge）架构实现，"角色类群组"使用"武器类群组"的功能（攻击），并且避免因新增角色或新增武器而影响另一个群组。角色的抽象接口 ICharacter 拥有一个 IWeapon 对象引用，并且在接口中声明了一个武器攻击目标 WeaponAttackTarget（）方法让子类可以调用，同时要求继承的子类必须在 Attack（）中重新实现攻击目标的功能；当双方阵营单位 ISoldier、IEnemy 实现攻击目标 Attack（）时，只需要调用父类的 WeaponAttackTarget（）方法就可以使用当前装备的武器攻击对手；武器接口 IWeapon 定义游戏中武器的操作和使用方法；WeaponGun、WeaponRifle、WeaponRocket 为游戏中可以使用的 3 种武器类型的实现。ICharacter 及其继承类都不必理会 IWeapon 群组的变化，尤其是游戏开发后期可能增加的武器类型；IWeapon 类群组也不必理会角色类群组内的新增或修改，让两个群组之间的耦合度降到最低。武器的抽象接口 IWeapon 的实现代码如下：

```
abstract class IWeapon
    {
        public abstract void UseWeapon();
    }
```

角色的抽象接口 ICharacter 的实现代码如下：

```
abstract class ICharacter
    {
        protected IWeapon weapon;
        public ICharacter (IWeapon weapon)
        {
            this.weapon =weapon;
        }
        public abstract void Use();
    }
```

武器 WeaponGun 的实现代码如下：

```
class WeaponGun:IWeapon
{
    public override void UseWeapon()
    {
        Console.WriteLine("使用了武器 1");
    }
}
```

武器 WeaponRifle 的实现代码如下：

```
class WeaponRifle:IWeapon
{
    public override void UseWeapon()
    {
        Console.WriteLine("使用了武器 1");
    }
}
```

武器 WeaponRocket 的实现代码如下：

```
class WeaponRocket:IWeapon
{
    public override void UseWeapon()
    {
        Console.WriteLine("使用了武器 1");
    }
}
```

角色 ISoldier 的实现代码如下：

```
class ISoldier: ICharacter
    {
        public ISoldier (IWeapon weapon) : base(weapon)
        {
        }
        public override void Use()
        {
            weapon.UseWeapon();
        }
    }
```

角色 IEnemy 的实现代码如下：

```
class IEnemy: ICharacter
  {
    public IEnemy (IWeapon weapon) : base(weapon)
    {
    }
    public override void Use()
    {
    weapon.UseWeapon();
    }
  }
```

9.10.3　游戏角色类型属性计算

游戏双方阵营的角色都有基本属性：生命力和移动速度。角色之间可以利用不同的属性作为能力区分。设玩家阵营的角色有等级属性，角色等级越高，生命力越高，生命力按等级加成；被攻击时，角色等级越高，就可以抵御更多的攻击力。当敌方阵营的角色攻击时，有一定的概率会产生暴击，当暴击发生时，会将暴击值作为武器的额外攻击力，让敌方阵营角色增加攻击优势。当某单位受到攻击时，受攻击的角色需要计算攻击产生的伤害值，然后利用伤害值扣除角色的生命力。针对不同的角色类型进行相应的属性计算，每个方法都针对角色类型进行属性计算。

对于这些因角色不同而有差异的计算公式，可以采用策略模式（Strategy）进行设计，以解决上述问题。运用策略模式的角色类 ICharacter 通过 ICharacterAttr 类对象记录角色属性，并提供各个属性的访问方法，拥有一个 IArrtStrategy 对象，通过该对象调用真正的计算公式，使得在角色构建流程中可以设置该角色对应的属性，并在其中调用 ICharacterAttr 类的 InitAttr 方法以进行第一次的角色属性初始化。当对角色类 ICharacter 使用 ICharacterAttr 的对象引用时，完全不用考虑将使用哪一个子类对象，当有新的阵营类产生时，角色类 ICharacter 不需要做任何改动。属性基类的实现代码如下：

```
public abstract class ICharaterAttr{
    protected int mHp;
    protected int mAttack;
    public IAttrStragy mAttrStragy;
    public int hp { get { return mAttrStragy.getHp(); } }
    public int attack { get { return mAttrStragy.getAttack(); } }
    public ICharaterAttr(IAttrStragy stragy, int hp, int attack){
        mHp =hp;
        mAttack =attack;
        setStrragy(stragy);
    }
```

```
    public void setStragy(IAttrStragy stragy){
        mAttrStragy =stragy;
        mAttrStragy.init(this);
    }
}
```

属性计算策略基类的实现代码如下：

```
public abstract class IAttrStragy {
    protected ICharaterAttr mAttr;
    public void init(ICharaterAttr  attr){
        mAttr =attr;
    }
    public abstract int getHp();
    public abstract int getAttack();
}
```

实现 EnemyAttrStrategy 角色策略的代码如下：

```
public class EnemyAttrStrategy : IAttrStragy  {
    public override int getHp(){
        return this.mAttr.hp * 100;
    }
    public override int getAttack(){
        return this.mAttr.mAttack * 10;
    }
}
```

实现 SoldierAttrStrategy 角色策略的代码如下：

```
public class SoldierAttrStrategy: IAttrStragy  {
    public override int getHp(){
        return this.mAttr.hp * 100;
    }
    public override int getAttack(){
        return this.mAttr.mAttack * 10;
    }
}
```

角色拥有 ICharaterAttr 对象的实现代码如下：

```
public abstract class ICharacter{
    protected ICharaterAttr mAttr;
    public ICharacter(IAttrStragy  stragy){
        mAttr =new ICharaterAttr(stragy,1,2);
    }
    public void setStragy(IAttrStragy  stragy){
```

```
        mAttr.setStrragy(stragy,4,5);
    }
    public int getHp(){
        return mAttr.hp;
    }
    public int getAttack(){
        return mAttr.attack;
    }
}
```

9.10.4 游戏 AI 角色

在玩家不能操作角色的情况下，双方角色的自动攻击与防守判断的依据包括以下内容。

（1）当玩家阵营角色出现在战场时，原地不动，之后：进入闲置状态（Idle），当侦测到敌方阵营角色在侦测视野范围内时，向敌方角色移动；当角色抵达武器可攻击的距离时，进入追击状态（Chase）；当到达武器射程距离内时，进入攻击状态（Attack），使用武器攻击对手；当对手阵亡时，寻找下一个目标；当没有敌方阵营角色可以被找到时，停在原地不动，又回到闲置状态（Idle），再寻找下一个可攻击单位。

（2）当敌方阵营角色出现在战场时，向阵地中央前进，之后：进入闲置状态（Idle），当侦测到玩家阵营角色在侦测视野范围内时，向玩家角色移动；当角色到达武器可攻击的距离时，进入追击状态（Chase）；当到达武器射程距离内时，进入攻击状态（Attack），使用武器攻击对手；当对手阵亡时，寻找下一个目标；当没有敌方阵营角色可以被找到时，向阵地中央目标前进。这些依据都可以改变角色的行为（状态）。

AI 转换有限状态机一般使用 switch case 实现，但与每个状态有关的对象和参数都必须被保存在同一个类中，当这些对象与参数被多个状态共享时，不容易理解是由哪个状态设置的，且父类过于庞大。可以采用状态模式（State）解决这个问题，与每个 AI 状态有关的对象及参数都分别被包含在一个 AI 状态类下，可以清楚地了解每个 AI 状态执行时需要使用的对象及搭配的类。阵营角色 AI 接口 ICharacterAI 的实现代码如下：

```
public class ICharacterAI{
    IAIState m_state =null;
    public void Request(int Value) {
        m_State.Handle(Value);
    }
    public void SetState(IAIState theState) {
        Debug.Log("ICharacterAI.SetState:" +theState);
        m_state =theState;
    }
}
```

阵营角色 AI 操作接口 IAIState 的实现代码如下：

```
public abstract class IAIState{
    protected ICharacterAI m_Context =null;
    public IAIState (ICharacterAI theContext) {
        m_Context =theContext;
    }
    public abstract void Handle(int Value);
}
```

角色 AI 攻击状态 AttackAIState 的实现代码如下：

```
public class AttackAIState: IAIState{
    public AttackAIState (ICharacterAI theContext): base(theContext) {
        }
    public override void Handle(int Value) {
        Debug.Log("AttackAIState.Handle");
        if (Value >10) {
          m_Context.SetState(new ChaseAIState (m_Context));
        }
    }
}
```

角色 AI 追击状态 ChaseAIState 的实现代码如下：

```
public class ChaseAIState: IAIState{
    public ChaseAIState (ICharacterAI theContext): base(theContext) {
        }
    public override void Handle(int Value) {
        Debug.Log("ChaseAIState.Handle");
        if (Value >10) {
            m_Context.SetState(new IdleAIState  (m_Context));
        }
    }
}
```

角色 AI 闲置状态 IdleAIState 的实现代码如下：

```
public class IdleAIState: IAIState{
    public IdleAIState (ICharacterAI theContext): base(theContext) {
        }
    public override void Handle(int Value) {
        Debug.Log("IdleAIState.Handle");
        if (Value >10) {
            m_Context.SetState(new MoveAIState (m_Context));
        }
    }
}
```

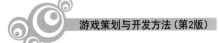

角色 AI 移动状态 MoveAIState 的实现代码如下：

```
public class MoveAIState: IAIState{
    public MoveAIState (ICharacterAI theContext): base(theContext) {
        }
    public override void Handle(int Value) {
        Debug.Log("MoveAIState.Handle");
        if (Value >10) {
            m_Context.SetState(new AttackAIState (m_Context));
        }
    }
}
```

9.10.5　游戏角色管理

将当前游戏产生的角色类对象记录下来，并提供接口让客户端可以新增、删除、获取这些被记录的对象。通过记录和管理这些对象，让游戏系统可以有效地进行角色更新、数据查询、资源释放等操作，让角色 AI 系统可以运行并产生自动化行为，游戏角色管理系统类 CharacterSystem 的实现代码如下：

```
public class CharacterSystem: IGameSystem {
    private List<ICharacter>m_Soliders =new List<ICharacter>();
    private List<ICharacter>m_Enemys =new List<ICharacter>();
    ...
    public override void Update() {
        UpdateCharacter();
        UpdateAI();
    }
    private void UpdateCharacter() {
        foreach (ICharacter Character in m_Soldiers) {
            Character.Update();
        }
        foreach (ICharacter Character in m_Enemys) {
            Character.Update();
        }
    }
    private void UpdateAI() {
        UpdateAI(m_Soldiers, m_Enemys);
        UpdateAI(m_Enemys, m_Soldiers);

        RemoveCharacter();
    }
```

```
    private void UpdateAI(List<ICharacter>Characters, List<ICharacter>Targets) {
        foreach (ICharacter Character in Characters) {
            Character.UpdateAI(Targets);
        }
    }
}
```

在游戏角色管理系统 CharacterSystem 类中，先定义两个 List 容器类，分别记录玩家角色和敌方角色，并提供与这两个容器相关的管理功能，包含新增、删除等方法；游戏角色管理系统的定期更新会先让所有角色进行更新，再进行角色 AI 的功能更新。在更新每个单位角色 AI 时，都会将敌对阵营的全部角色以参数的方式转入，每个角色在 AI 状态更新时就会有全部的敌对角色可以引用，可以从这些敌对角色中找出可攻击或追击的目标，接着完成 AI 状态的转换或维持现状。

9.10.6 游戏角色产生

玩家通过兵营接口决定训练角色后，玩家角色从所属的兵营中产生出来，敌方角色对象由关卡系统（StageSytem）产生。在兵营类中，每种玩家角色类会先产生对应的玩家角色对象，再根据需求产生模型、武器、角色属性、角色 AI 等功能对象，产生后的对象将被逐一设置给角色对象。关卡系统根据企划人员的设置，会在不同进度条件下产生不同的敌方角色对象。

用多个类的多个方法产生不同的角色对象，功能相似性过高的多个方法不方便管理，且每个角色对象的组装流程的重复性太高。将产生相同类群组对象的实现，分散在不同的游戏功能下，不易管理和维护。采用工厂方法模式（FactoryMethod）将这些方法集合在一个类中实现，并且以更灵活的方式决定产生对象的类，让对象的产生与管理更有效率。ICharacterFactory 负责产生角色类 ICharacter 的工厂接口，并提供两个工厂方法以产生不同阵营的角色对象；CharacterSoldier 负责产生玩家阵营的角色对象；CharacterEnemy 负责产生敌方阵营的角色对象；CharacterFactory 继承并实现 ICharacter 工厂接口的类，其中实现的工厂方法是实际产生对象的地方；ISoldier、SoldierCaption 等是由工厂类产生的产品（玩家角色），IEnemy、EnemyElf 等是由工厂类产生的另一项产品（敌方角色）。工厂 CharacterFactory 的实现代码如下：

```
public class CharacterFactory: ICharacterFactory {
    public override ISoldier CreateSoldier (ENUM_Soldier emSoldier, ENUM_
Weapon emWeapon, int Lv, Vector3 SpawnPosition) {
        ISoldier theSoldier =null;
        switch (emSoldier) {
            case ENUM_Soldier.Rookie:
                theSoldier =new SoldierRookie();
                break;
        }
```

```
        theSoldier.SetGameObejct(go);
        theSoldier.SetWeapon(weapn);
        return theSoldier;
    }
}
```

9.10.7 游戏角色组装

　　游戏角色的组装算是游戏实现上较为复杂的功能之一，每款游戏在遇到这个部分时，都要针对程序代码不断进行重构、调整、修正、防呆等。角色建造者系统 CharacterBuilderSystem 负责双方角色构建时的装配流程，并在角色构建完成后通知其他游戏系统；ICharacterBuilder 定义游戏角色功能的组装方法，包含 3D 模型、武器、属性、AI 等功能；SoldierBuilder 负责玩家阵营角色功能的产生并设置给玩家角色；EnemyBuilder 负责地方阵营角色功能的产生并设置给敌方角色。建立参数接口 ICharacterBuildParam 的实现代码如下：

```
public abstract class ICharacterBuildParam {
    public ENUM_Weapon emWeapon =ENUM_Weapon.NULL;
    public ICharacter NewCharacter =null;
    public Vector3 SpawnPosition;
    public int AttrID;
    public string AssetName;
    public string IconSpriteName;
}
```

定义游戏角色功能的组装方法接口 ICharacterBuilder 的实现代码如下：

```
public abstract class ICharacterBuilder {
    public abstract void SetBuildParam(ICharacterBuildParam theParam);
    public abstract void LoadAsset(int GameObjectID);
    public abstract void AddOnClickScript();
    public abstract void AddWeapon();
    public abstract void AddAI();
    public abstract void SetCharacterAttr();
    public abstract void AddCharacterSystem(PBaseDefenseGame PBDGame);
}
```

玩家阵营角色参数 SoldierBuilderParam 的实现代码如下：

```
public class SoldierBuilderParam: ICharacterBuildParam {
    public int Lv =0;
    public SoldierBuildParam() { }
}
```

玩家阵营角色功能 SoldierBuilder 的实现代码如下：

```
public class SoldierBuilder: ICharacterBuilder {
    private SoldierBuildParam m_BuilderParam =null;
    public override void SetBuildParam(ICharacterBuildParam theParam) {
        m_BuildParam =theParam as SoldierBuildParam;
    }
    public override void LoadAsset() { }
    public override void AddOnClickScript() { }
    public override void AddWeapon() { }
    public override void SetCharacterAttr() { }
    public override void AddAI() { }
    public override void AddCharacterSystem() { }
}
```

敌方阵营角色参数 EnemyBuildParam 的实现代码如下：

```
public class EnemyBuildParam: ICharacterBuildParam {
    public Vector3 AttackPosition =Vector3.zero;
    public EnemyBuildParam() { }
}
```

敌方阵营角色功能 EnemyBuilder 的实现代码如下：

```
public class EnemyBuilder: ICharacterBuilder {
    private EnemyBuildParam m_BuildParam =null;
    public override void SetBuildParam(ICharacterBuildParam theParam) {
        m_BuildParam =theParam as EnemyBuildParam;
    }
    public override void LoadAsset() { }
    public override void AddOnClickScript() { }
    public override void AddWeapon() { }
    public override void SetCharacterAttr() { }
    public override void AddAI() { }
    public override void AddCharacterSystem() { }
}
```

角色工厂类 CharacterFactory 的实现代码如下：

```
public class CharacterFactory: ICharacterFactory {
    private CharacterBuilderSystem m_BuilderDirector =new CharacterBuilder-
System(PBaseDefenseGame.Instance);
    public override ISoldier CreateSoldier() {
        SoldierBuildParam SoldierParam =new SoldierBuildParam();
        SoldierParam.NewCharacter =new SoldierRookie();
```

```
        SoldierParam.emWeapon =emWeapon;
        SoldierParam.SpanPosition =SpawnPosition;
        SoldierParam.Lv =Lv;
        SoldierBuider theSoldierBuilder =new SoldierBuilder();
        theSoldierBuider.SetBuilderParam(SoldierParam);
        m_BuilderDirector.Construct(theSoldierBuilder);
        return SoldierParam.NewCharacter as ISoldier;
    }
    public override IEnemy CreateEnemy() {
    }
}
```

重构后的角色工厂只负责角色的产生,复杂的功能组装工作交由新增加的角色建造者系统 CharacterBuilderSystem 完成。角色建造者系统将角色功能的组装流程独立出来,并以明确的方法调用实现,有助于程序代码的阅读和维护。各个角色的功能装备任务也交由不同的类实现,并使用接口方法操作,将系统之间的耦合度(依赖度)降低,当实现系统有任何变化时,也可以使用替换实现类的方式应对,在不需要更新实现者的情况下,调整产生流程的顺序就能完成装备线的更改。

9.10.8　游戏角色属性管理

游戏中的角色属性数据、网格模型和纹理是非常庞大的,通常采用享元模式(Flyweight)解决这个问题。例如,虽然森林里有成千上万棵树,但其实它们看起来都差不多,它们可能使用了相同的网格模型和纹理,这意味着这些树对象中的大部分属性在它们的实例中都是相同的,森林类 FlyweightFactory 对象以聚合的方式从外部获取,森林类中的 Flyweight 对象都是同一个对象。

在设计上,对象中那些只能读取而不能写入的共享部分称为内在状态(Intrinsic),包括用来规定树的主干、分支和树叶的形状的多边形网格模型,树皮和树叶的纹理,树在树林中的位置和朝向等,也包括最大生命力(MaxHP)、移动速度(MoveSpeed)、攻击力(Atk)、攻击距离(Range)等,将不会改动的属性提取出来作为一个类 ConcreteFlyweight。对象中不能共享部分包括用来调整尺寸和色调的参数等,使得每棵树看起来都不一样,包括当前的生命力(NowHP)、等级(LV)、暴击率(CritRate)等,这些属性会随着游戏运行的过程而变化,称为外在状态(Extrinsic)。抽象享元 Flyweight 的实现代码如下:

```
public abstract class Flyweight {
    protected string m_Count;
    public Flyweight() { }
    public Flyweight(string Content)
    {
        m_Count =Content;
```

```
    }
    public string GetContent() {
        return m_Count;
    }
    public abstract void Opreator();
}
```

内在状态享元 ConcreteFlyweight 的实现代码如下：

```
public class ConcreteFlyweight : Flyweight {
    public ConcreteFlyweight(string Content) : base(Content) { }
    public override void Opreator()
    {
        Debug.Log("ConcreteFlyweight.Content["+m_Count+"]");
    }
}
```

外在状态享元 UnsharedConcreteFlyweight 的实现代码如下：

```
public class UnsharedConcreteFlyweight {
    Flyweight m_Flyweight =null;
    string m_UnsharedContent;
    public UnsharedConcreteFlyweight(string Content) {
        m_UnsharedContent =Content;
    }
    public void SetFlyweight(Flyweight theFlyweight) {
        m_Flyweight =theFlyweight;
    }
    public void Operator() {
        string Msg =string.Format("UnsharedConcreteFlyweight.Content[{0}]",
m_UnsharedContent);

        if (m_Flyweight ! =null)
            Msg +="包含了:" +m_Flyweight.GetContent();
        Debug.Log(Msg);
    }
}
```

享元工厂 FlyweightFactory 的实现代码如下：

```
public class FlyweightFactory {
    Dictionary<string, Flyweight>m_Flyweights =new Dictionary<string, Flyweight>();
    public Flyweight GetFlyweight(string Key, string Content) {
        if (m_Flyweights.ContainsKey(Key)) {
```

```
                return m_Flyweights[Key];
            }
        ConcreteFlyweight theFlyweight =new ConcreteFlyweight(Content);
        m_Flyweights[Key] =theFlyweight;
        Debug.Log("New ConcreteFlyweight Key["+Key+"] Content["+Content +"]");
        return theFlyweight;
    }
    public UnsharedConcreteFlyweight GetUnsharedFlyweight(string Content) {
        return new UnsharedConcreteFlyweight(Content);
    }

      public UnsharedConcreteFlyweight  GetUnsharedFlyweight ( string  Key,
string SharedContent, string UnsharedContent) {
        Flyweight SharedFlyweight =GetFlyweight(Key,SharedContent);
         UnsharedConcreteFlyweight theFlyweight = new UnsharedConcreteFlyweight
(UnsharedContent);
        theFlyweight.SetFlyweight(SharedFlyweight);
        return theFlyweight;
    }
}
```

　　每款游戏无论规模大小，都需要属性系统协助调整游戏的平衡，如角色等级属性、装备属性、武器属性、宠物属性、道具属性等，每种属性设置的数据又可能多达上百或上千之多，当这些属性设置都成为对象并存在游戏中时，符合了享元模式定义中说的"一大群小规模对象"，每项属性可能只包含三四个字段，也可能包含多达数十个字段，采用享元模式的属性工厂 AttrFactory 将属性设置集以更简短的格式呈现，方便企划人员阅读和设置；共享属性的每个编号对应的属性对象在整个游戏执行中只会产生一份，不像旧方法那样会因产生重复的对象而增加内存的负担，提升了游戏的性能。

9.10.9　角色信息查询

　　游戏中的角色有不同的造型和特色，再加上角色属性的设计，每种角色在战场中的能力都不一样，游戏要提供一个用户界面，让玩家可以了解每个角色的状态。当双方进入交战状态时，角色会交错站位、重叠显示，不容易看出当前双方角色的数量，玩家通过观察战场上各个角色的数量决定接下来要训练什么单位上场。如果能提供双方角色的信息作为引用，就能让玩家下达更正确的训练指令以防守玩家的阵地。

　　可以通过在角色系统中增加操作方法显示双方阵营角色的数量和当前还有多少角色存活在战场上，在完成这两项需求时，每加入一个与角色相关的功能需求，就必须增加角色系统的方法，也必须一并修改相应的接口。随着系统功能的增加，除了必须更改原本类的接口设计以外，还增加了类接口的复杂度，使得后续维护变得困难。针对系统中管理双方的角色对象，采用访问者模式（Visitor）解决方案，针对每个角色进行遍历或判断的功能一致化，都能运用同一接口方法完成，使其不随不同需求的增加而修改接口，过程中只会新增该功能本身的实现文件，对原有接口不会产生任何更改。

IVisitor 基类为英雄和武器提供计数功能,统计所有英雄和所有武器的战力。增加一个 RunVisitor 方法接收 IVisitor 对象实现操作的扩展,为各种基类定义一个同一的操作入口,实现 IHero 和 IWeapon 的容器类。为英雄和武器提供计数功能基类 IVisitor 的实现代码如下:

```
public abstract class IVisitor{
    public virtual void VisitHero(IHero hero) {      }
    public virtual void VisitWeapon(IWeapon weapon) {      }
}
```

实现计数 CountVisitor 的实现代码如下:

```
public class CountVisitor : IVisitor{
    public int   mCount = 0;
    public override void VisitHero(IHero hero){
        mCount++;
    }
    public override void VisitWeapon(IWeapon weapon){
        mCount++;
    }
}
```

统计所有英雄和所有武器的战力 GSVisitor 的实现代码如下:

```
public class GSVisitor : IVisitor {
    public int mGS = 0 ;
    public override void VisitHero(IHero hero){
        mGS +=hero.gs;
    }
    public override void VisitWeapon(IWeapon weapon){
        mCount +=weapon.gs;
    }
}
```

英雄角色基类 IHero 的实现代码如下:

```
public abstract class IHero{
    public int gs ;
    public virtual void RunVisitor(IVisitor visitor){
        visitor.VisitHero(this);
    }
}
```

武器角色基类 IWeapon 的实现代码如下:

```
public abstract class IWeapon{
    public int gs ;
    public virtual void RunVisitor(IVisitor visitor){
        visitor.VisitHero(this);
    }
}
```

各种基类操作入口容器 IContainer 的实现代码如下：

```
public  abstract class IContainer{
    public abstract void RunVisitor(IVisitor visitor);
}
```

Hero 容器 HeroContainer：

```
public class HeroContainer : IContainer{
    public List<IHero>mHeroList =new List<IHero>();
    public override void RunVisitor(IVisitor visitor){
        foreach(IHero hero in mHeroList)
            hero.RunVisitor(visitor);
    }
}
```

Weapon 容器 WeaponContainer 的实现代码如下：

```
public class WeaponContainer : IContainer{
    public List<IWeapon>mWeaponList =new List<IWeapon>();
    public override void RunVisitor(IVisitor visitor){
        foreach(IWeapon weapon in mWeaponList)
            weapon.RunVisitor(visitor);
    }
}
```

9.11 游戏引擎技术介绍

一款游戏作品可以分为游戏资源和游戏引擎两大部分。游戏资源包括图像、声音、动画等；游戏引擎是一个为运行某一类游戏的机器设计的能够被机器识别的代码（指令）集合，并按游戏设计的要求顺序地调用这些资源。

9.11.1 游戏引擎功能

游戏引擎技术已成为当前计算机游戏开发的关键技术和核心平台，对游戏产业的发展起到了巨大的推动作用。如果把游戏引擎作一个"游戏操作系统",那么最终的游戏产品则可以比作一个个具体运行在"游戏操作系统"上的应用程序。游戏引擎还有一个重要的职责,就是负责玩家与电脑之间的沟通,处理来自键盘、鼠标、游戏手柄和其他外设的信号。如果游戏支持联网特性,那么网络代码也会被集成在引擎中,用于管理客户端与服务器之间的通信。

经过不断完善,如今游戏引擎已发展为一套由多个子系统共同构成的复杂系统,主要包含渲染引擎(渲染器、含二维图像引擎和三维图像引擎)、物理引擎、碰撞检测系统、音效、脚本引擎、电脑动画、人工智能、网络引擎以及场景管理等,几乎涵盖了游戏程序设计过程的所有重要环节。

1. 光影系统

光影系统是指场景中的光源对处于其中的人和物的影响方式。游戏的光影效果完全是由引擎控制的,折射、反射等基本的光学原理以及动态光源、彩色光源等高级效果都是通过引擎的不同编程技术实现的。

2. 动画系统

游戏采用的动画系统可以分为骨骼动画系统和模型动画系统两种,前者用内置的骨骼带动物体产生运动,后者则是在模型的基础上直接进行变形。引擎把这两种动画系统预先植入游戏,方便动画师为角色设计丰富的动作造型。

3. 物理系统

物理系统可以使物体的运动遵循固定的规律。例如,当角色跳起的时候,系统内定的重力值将决定其能跳多高以及下落的速度有多快;子弹的飞行轨迹、车辆的颠簸方式也都是由物理系统决定的。

碰撞探测是物理系统的核心部分,可以探测游戏中各物体的物理边缘。当两个 3D物体撞在一起的时候,这种技术可以防止它们相互穿过,这就确保了当角色撞在墙上的时候不会穿墙而过,也不会把墙撞倒,因为碰撞探测会根据角色和墙之间的特性确定两者的位置和相互的作用关系。

4. 渲染系统

当 3D 模型制作完毕之后,美工会按照不同的面把材质贴图赋予模型,这相当于为骨骼蒙上皮肤,最后通过渲染引擎把模型、动画、光影、特效等所有效果实时计算出来并展示在屏幕上。渲染引擎在引擎的所有部件中是最复杂的,它的强大与否直接决定着最终的输出质量。

另外,游戏引擎具备强大的编辑器,包括场景编辑、模型编辑、动画编辑等。而插件的存在使得第三方软件可以与引擎无缝对接。把复杂的图像算法封装在模块内部,对外提供的则是简洁有效的 SDK 接口。提供网络、数据库、脚本等功能,网游还要考虑服务器端的状况,从而在保证优异画质的同时降低服务器端的压力。

9.11.2　著名游戏引擎

一款成功的游戏引擎能够让游戏开发事半功倍,对游戏作品的整体质量有着不可估量的影响。对于玩家来说,游戏引擎能够带来的最直观的感受就是游戏的画面和细节表现。例如，从光影声效到场景细节，从画面感触到各种细腻体验，再到人物表情的捕捉以及花草树木的美感等。

1. Cry ENGINE2 引擎

Cry ENGINE2 引擎是由德国 Crytek 公司研发，旗下工作室 Crytek-Kiev 优化、深度研究的游戏引擎，在某种方面，也可以说是它 CEinline 的进化体系，在游戏引擎开发上属于新生代，几乎能够支持当今最新的所有图形视觉特效，是全能的超高端引擎。代表作有《孤岛危机3》（图 9-17）、《混沌试炼》（图 9-18）等。

图 9-17 《孤岛危机3》　　　　　　　　　　图 9-18 《混沌试炼》

2. Gamebryo 引擎

Gamebryo 引擎属于高端级别的引擎，是 NetImmerse 引擎的后继版本，是由 Numerical Design Limited 公司最初开发的游戏中间层，在与 Emergent Game Technologies 公司合并后，引擎改名为 Gamebryo Element。Gamebryo 引擎提供了一套完整的游戏框架，其强大的设计性和高度的灵活性使其获得了很多游戏公司的青睐。代表作有《上古卷轴5》（图 9-19）、《战锤 Online》（图 9-20）、《辐射3》《星辰变 OL》《魔界2》等。

图 9-19 《上古卷轴5》　　　　　　　　　　图 9-20 《战锤 Online》

3. BigWorld 引擎

BigWorld 引擎是由澳大利亚 BigWorld Pty.Ltd 公司开发的游戏引擎，由服务器软件、内容创建工具、3D 客户端引擎、服务器端实时管理工具组成，为致力于构建富有创造力的一流的新一代网络游戏的开发商降低了开发周期和成本。代表作有《北斗神拳 OL》（图 9-21）、《天下2》（图 9-22）等。

4. Unreal Engine 3 引擎

Unreal Engine 3（虚幻引擎3）是一个面向下一代游戏机和 DirectX 9 个人电脑的完

整的游戏开发平台,为游戏开发者提供了大量的核心技术、数据生成工具和基础支持,是当前使用(主机、单机、网游)较为广泛的引擎之一。代表作有《战争机器》(图 9-23)、

图 9-21　《北斗神拳 OL》

图 9-22　《天下 2》

《生化奇兵》(图 9-24)、《使命召唤 3》《彩虹 6 号》《流星蝴蝶剑 OL》《七剑》《一舞成名》等。

图 9-23　《战争机器》

图 9-24　《生化奇兵》

5. Source 引擎

Source 引擎由 Vavlve 公司研发,包括 3D 图像渲染、材质系统、AI 人工智能计算、Havok 物理引擎、游戏界面、游戏声效等各个组件。它创造性地使用了模块化理念,是当今主流引擎之一。代表作有《半条命 2》(图 9-25)、《反恐精英》(图 9-26)等。

图 9-25　《半条命 2》

图 9-26　《反恐精英》

6. id Tech 3 引擎

id Tech 3 引擎从雷神之锤引擎和 id Tech 2 引擎发展而来,是由 id Software 公司开发的用于多种游戏的游戏引擎。它和虚幻引擎、Source 引擎都是世界上用户最广泛的游

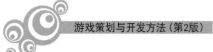

戏引擎。代表作有《雷神之锤 3》（图 9-27）、《星球大战绝地武士：绝地学院》（图 9-28）、
《佣兵战场 2》等。

7. X-Ray 引擎

X-Ray 引擎的开发周期长达 8 年，是世界上第一款支持 DirectX9 的引擎。另外，它支持最新的 3D 技术，可以创建高几何细节的室内和室外场景，可以根据系统硬件配置自动调节游戏效能到最佳模式。代表作有《潜行者》（图 9-29）、《地铁 2033》（图 9-30）等。

图 9-27 《雷神之锤 3》

图 9-28 《星球大战绝地武士：绝地学院》

图 9-29 《潜行者》

图 9-30 《地铁 2033》

8. EGO 引擎

EGO 引擎是由 Codemasters 和 SCE 公司使用 Sony 公司的 PhyreEngine 跨平台图像引擎共同开发而成的，主要应用在赛车类游戏中。代表作有《超级房车赛：GRID》（图 9-31）、《科林迈克拉林：DIRT2》（图 9-32）等。

图 9-31 《超级房车赛：GRID》

图 9-32 《科林迈克拉林：DIRT2》

9. MT Framework 引擎

MT Framework 引擎是由日本著名游戏厂商 CAPCOM 公司自主研发的，其优越的

技能效果使其成为日本众多3D游戏引擎中的佼佼者。代表作有《生化危机5》(图9-33)、《失落的星球》(图9-34)、《鬼泣4》等。

图9-33　《生化危机5》

图9-34　《失落的星球》

10. Unity3D 引擎

Unity3D 由 Unity Technologies 公司开发,是一个能够轻松创建三维视频游戏、建筑可视化、实时三维动画等类型互动内容的多平台的综合型游戏开发工具,是一个全面整合的专业游戏引擎。其编辑器运行在 Windows 和 mac OS X 下,可发布游戏至 Windows、mac、Wii、iPhone、WebGL(需要 HTML5)、Windows Phone 8 和 Android 多种平台,也可以利用 Unity Web Player 插件发布网页游戏,支持 mac 和 Windows 的网页浏览,网页播放器被 mac widgets 支持。代表作有《涂鸦保龄球》(图9-35)、《城堡勇士》(图9-36)、《理查德》等。

11. Cocos2d-x 引擎

Cocos2d-x 是一个开源的移动 2D 游戏框架,其游戏开发快速、简易,功能强大。允许开发人员利用 C++、Lua 及 JavaScript 语言进行跨平台部署,覆盖平台包括 iOS、Android、Windows Phone 等移动操作系统和 Windows、mac、Linux 等桌面操作系统。代表作有《捕鱼达人》(图9-37)、《胡莱三国》(图9-38)、《三国塔防-蜀传》《口袋站界：魔界勇士》《三国群殴传》等。

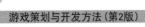

图 9-35 《涂鸦保龄球》

图 9-36 《城堡勇士》

图 9-37 《捕鱼达人》

图 9-38 《胡莱三国》

9.12 本章小结

在游戏开发阶段,游戏编辑工具、编程算法与设计模式的合理选择以及人工智能、游戏引擎的应用可以大幅提高游戏的开发效率、可玩性、可维护性和扩展性。本章围绕游戏项目开发的 4 个主要阶段讲解了常用的排序、搜索、分类、动态规划等方法的实现步骤以及迭代法、穷举搜索法、递推法、递归法、回溯法、贪婪法、分治法、动态规划法等算法的设计过程,讲解了常用设计模式的设计意图、作用和在游戏中的适用环境,最后对游戏中的里程碑与版本制定、人工智能和游戏引擎技术进行了介绍。

9.13 思考与练习

(1) 简述游戏运行的基本过程。

(2) 简述游戏项目开发的阶段划分。

(3) 谈一谈你对游戏开发常用算法的理解。

(4) 设计模式在游戏开发中的作用是什么?

(5) 什么是里程碑? 它在游戏项目开发过程中的作用是什么?

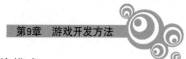

（6）列出你熟悉的一款游戏中的 AI 基本能力、基本属性和挑战模式。

（7）简要说明什么是有限状态机和分层有限状态机。

（8）分析一款网络游戏中怪物的行为，阐述其 AI 设计的思路。

（9）游戏引擎的作用是什么？简述你知道的游戏引擎的优缺点。

（10）描述解决问题的算法流程：有 12 个一样的球，其中一个球的重量与其他球不同。用一个天平称 3 次，找出重量不同的球，并说明它比其他球重还是轻。

（11）八皇后问题的解决：求出在一个 8×8 的棋盘上放置 8 个不能互相捕捉的国际象棋棋子"皇后"的所有布局（皇后可以沿着纵横和两条斜线这 4 个方向相互捕捉）。

第 10 章　游戏测试

学习目标

1. 素质目标：培养团队协作能力、推理判断能力、艺术鉴赏能力和良好的职业素养，树立科学严谨的工作态度和求真进取的创新精神。

2. 能力目标：能根据测试用例完成游戏测试并形成测试文档。

3. 知识目标：了解游戏测试的目的和作用；掌握游戏测试的特性、流程、种类和作用。

本章导读

游戏测试是指对游戏设计阶段存在的问题进行修正，并找出游戏设计本身存在的缺陷的过程。从测试工程的角度来讲，游戏测试与软件测试的本质是完全相同的。两者的不同更多的是在表象层面，可以把游戏测试看作软件测试的子类，它继承了软件测试这个父类的特性，又有自己的一些新特性。本章重点讲解游戏测试的特性、流程、种类与内容。

10.1　游戏测试概述

游戏中的测试工作可以分为有监督测试和无监督测试两种。有监督测试一般在游戏开发的早期进行，目的是让设计人员清楚地了解游戏有哪些部分不完整，需要从哪些方面获得反馈信息。在项目开发的后期，如果某个部分刚刚修改或者返工过，设计人员只需要这一部分的反馈信息，以判断所做的修改是否解决了现有的问题，或者是否会在某个重要方面对游戏造成影响。无监督测试告诉玩家开始玩游戏，观察玩家做了些什么并倾听反馈意见，为设计人员提供关于游戏的全面的反馈意见。

游戏进入全面测试阶段就可以进行游戏参数的调整了，具体如下。

（1）修改游戏中的某个设置，然后在游戏中判断修改是否达到所要求的效果。

（2）在进行参数调整时，必须密切注意不同值之间是如何相互作用和影响的。

（3）在决定如何对游戏进行参数调整时，没有绝对的规则可以遵循。必须全面地观察游戏，以理解游戏经验少得多的玩家如何玩这款游戏，还要了解哪些地方可以对玩家提出挑战，而又不会失去公平或难度过大。

（4）对一个行为参数或效果参数进行调整，可以将其加倍或减半，这样在调试时才能清晰地感受到调整前后的变化，有利于快速确定合适的参数值。

10.1.1 游戏测试的特性

游戏测试作为软件测试的一部分,具备软件测试的一切特性。

(1)测试的目的是发现软件中存在的缺陷。

(2)测试需要测试人员按照产品行为描述实施。产品行为描述可以是书面的规格说明书、需求文档、产品文件或用户手册、源代码和可执行程序。

(3)每种测试都需要产品运行于真实或模拟环境之下。

(4)每种测试都要求以系统方法展示产品功能,以证明测试结果是否有效或发现出错的原因。

由于游戏的特殊性,游戏测试主要由两部分组成:一是传统的软件测试,二是游戏本身的测试。特别是网络游戏,相当于网上的虚拟世界,是人类社会的另一种体现方式,所以也包含了人类社会的一部分特性。同时还涉及娱乐性、可玩性等独有特性,所以测试的面很广,称为游戏世界测试,常由真实玩家参与完成,多以封测、内测等形式出现,主要有以下几种形式。

(1)游戏情节测试。主要指游戏世界中的任务系统的组成测试,也称游戏世界的事件驱动测试或游戏情感世界测试。

(2)游戏世界平衡测试。主要表现在经济平衡、能力平衡(包含技能、属性等),以保证游戏世界竞争的公平性。

(3)游戏文化测试。主要指整个游戏世界的风格(中国文化主导或日韩风格等),以确保游戏世界的文化元素符合时代特征。

10.1.2 游戏测试的流程

1. 测试执行过程的 3 个阶段

(1)初测期。测试主要功能和关键的执行路径,排除主要障碍。

(2)细测期。依据测试计划和测试大纲、测试用例逐一测试大大小小的功能、方方面面的特性、性能、用户界面、兼容性、可用性等;预期可发现大量不同性质、不同严重程度的错误和问题。

(3)回归测试期。系统已达到稳定,在一轮测试中发现的错误已十分有限;复查已知错误的纠正情况,确认未引发任何新的错误时终结回归测试。

2. 集成测试过程中的两个重要里程碑

集成测试过程中的两个重要的里程碑是功能冻结和代码冻结的确定,这两个里程碑界定出了回归测试期的起止界限。

(1)功能冻结。经过测试,符合设计要求,确认系统功能和其他特性均不再做任何改变。

(2)代码冻结。理论上应在无错误时冻结程序代码。但实际上,代码冻结只标志系统的当前版本的质量已达到预期要求,冻结程序的源代码,不再对其做任何修改。这个里程碑设置在软件通过最终回归测试之后。

10.2 游戏测试种类与内容

10.2.1 游戏测试的种类

游戏测试的形式尽管不完全相同，但都有共有的元素。每种测试适用于项目的不同阶段，有不同的目标。

1. 漏洞测试

漏洞测试也称"质量保证"，这个过程无须考虑"趣味性"，目标是找到设计方面的游戏行为错误。如果设计师表示游戏应当有某种表现，但事实上游戏的表现与之不同（即便游戏目前的做法更好），这也是需要识别到的漏洞。通常情况下，漏洞测试专属于电子游戏。其实，桌游也存在相应类型的测试，其目标在于找到规则中的漏洞和游戏玩法中的迷失之地，也就是游戏中设计师未曾考虑到的缺陷。

2. 集中测试

在集中测试中，可以聚集目标玩家群体中的部分玩家，看游戏在满足玩家需求方面的表现如何。通常情况下是出于营销目的而采用这种测试，但是此类测试若能将游戏设计师容纳其中，那么也可以让游戏更受目标群体欢迎。

3. 易用性测试

在易用性测试中，玩家需要完成具体的任务，目标在于查看他们是否能够理解如何控制游戏。软件行业经常使用这种测试，以确保软件易于学习和使用。电子游戏也可以利用这种测试，易用性测试的结果可以用来改变控制，或者修改早期关卡以更有效地教授游戏的控制方式。对桌游而言，易用性更为重要，因为没有电脑对玩家的输入做出回应。

4. 平衡测试

该类型测试的目标是找到游戏中的不平衡之处。如果存在某种类型的玩法，导致玩家忽略游戏中多数的有趣选择，那么有趣的游戏便会迅速变得枯燥乏味。如果胜利的战略只有一种，而胜利的关键是哪个玩家能够更好地使用这种战略，那么其趣味性就不如那些有多种胜利途径的游戏。例如，如果某个玩家存在明显的优势，那么让其他玩家感受到游戏并非不公平就会变得很重要。

5. 趣味性测试

可用、平衡和功能丰富的游戏仍然有可能趣味性不足。这种难以捉摸的"趣味性因素"可能难以进行刻意的设计，但是当处于游戏环境时，是否有趣就显而易见。游戏的某些层面可能比其他层面更为有趣，因此弄清楚游戏的哪些部分需要保持不变是很重要的。

6. 可玩性测试

可玩性测试主要包括游戏世界的搭建（聊天功能、交易系统、组队等），玩家在游戏世界交互的平台，游戏世界事件的驱动（主要指任务），游戏世界的竞争与平衡，游戏世界文化蕴涵（游戏的风格与体现）。

这种测试主要体现在可玩性方面,虽然策划时对可玩性做了一定的评估,但这是总体上的。一些具体的涉及某个数据的分析,例如对战参数的调整、技能的增加等一些增强可玩性的测试则需要职业玩家进行分析,主要通过以下4种方式进行。

(1) 内部测试人员:都是精选的职业玩家分析人员,对游戏有很深刻的认识。

(2) 外部游戏媒体专业人员对游戏做分析与介绍,既可以达到宣传的效果,又可以达到测试的目的,通常这种方式是比较好的。

(3) 一定数量的外部玩家对外围系统的测试,虽然是普通玩家,但却是最主要的目标,重点测试游戏的可玩性与易用性。

(4) 游戏进入最后阶段时还要做内测、公测,测试游戏在大量玩家参与下的运行情况。

7. 策划测试

测试过程不可能在真空中进行。如果测试人员不了解游戏是由哪几个部分组成的,执行测试将非常困难。同时,测试计划可以明确测试的目标、需要的资源、进度的安排。通过测试计划,既可以让测试人员了解此次游戏测试中哪些是测试重点,又可以与产品开发小组进行交流。在企业开发中,测试计划来源于需求说明文档;在游戏开发中,测试计划的来源则是策划书。

策划书包含游戏定位、风格、故事情节、配制需求等,涉及游戏的组成、可玩性、平衡(经济与能力)、形式(单机版还是网络游戏)。而测试在这一阶段通过策划书制定详细的测试计划,主要分为3方面:一是游戏程序本身的测试计划,例如任务系统、聊天、组队、地图等由程序实现的功能测试计划;二是游戏可玩性的测试计划,例如经济平衡标准是否达到要求、各个门派技能的平衡测试、参数与方法和游戏风格的测试;三是关于性能测试的计划,例如客户端的要求以及网络版对服务器的性能要求。

测试计划中还应写明基本的测试方法和要设计的自动化工具的需求,为后期的测试打下良好的基础。同时,由于测试人员参与策划评审,对游戏也有深入的了解,会对策划提出自己的看法,包含可玩性、用户群、性能要求等,并形成对产品的风险评估分析报告。但这份报告不同于策划部门的风险分析报告,主要从旁观者的角度对游戏本身的品质做论证,从而更有效地对策划起到控制作用。

8. 压力测试

压力测试是通过机器数据或者借助公会资源对游戏的各项数据和服务器承受压力的一种测试,一般为有偿性测试。最初,游戏压力测试一般都在游戏公司内部进行,后来由于游戏的内容增多,需要开始寻找商业化测试伙伴,一般都由游戏测试公会操作,也有的委托给游戏压力测试网站,如威客网等。

9. 系统构架测试

在设计评审时,测试人员的介入可以对当前的系统构架发表意见,由于测试人员的眼光是最苛刻的,并且有多年的测试经验,因此可以比较早地发现设计上的问题。例如,游戏程序本身的测试设计中,在玩家转换服务器时是否做了事务的支持与数据的校验,在过去的设计中,由于没有事务支持与数据校验,因此会导致玩家数据丢失等风险,而这些风险可以在早期就规避掉。

对于游戏情节的测试案例,则可以从策划人员那里获得。前期的策划阶段只是对游戏情节在大方向上的描述，并没有针对某一个具体的游戏情节进行设计。进入设计阶段时，某个游戏情节逻辑已经完整形成，策划人员可以给出情节的详细设计说明书（任务说明书），由此可以设计出任务测试案例，从而保证测试最大化地覆盖所有的任务逻辑。如果是简单任务，则还可以提出自动化测试需求。

10. 集成测试

集成测试是对整个系统的测试。由于前期测试与开发并行，集成测试时已经基本完成，这时只需要运行前期在设计阶段中设计的系统测试案例即可。集成测试的重心是兼容性测试，由于游戏测试的特殊性对兼容性的要求特别高，所以采用外部与内部同步进行的方式。内部有自己的平台试验室，用来搭建主流的软硬件测试环境，同时通过一些专业的兼容性测试机构对游戏软件做兼容性分析，让游戏可以在更多的设备上运行。

11. 性能测试与优化

在单机版的时代，性能的要求并不是很高。在网络版时代，性能测试主要包含应用在客户端性能的测试、应用在网络性能的测试和应用在服务器端性能的测试。通常情况下，这3方面的合理有效结合可以达到对系统性能的全面分析和瓶颈预测。但在测试过程中，由于性能测试是在集成测试完成或接近完成时进行的，因此要求测试的功能点能够走通。首先要优化的是数据库或网络本身的配制，以规避改动程序的风险。同时，性能测试与优化是一个逐步完善的过程，需要很多的前期工作，例如性能需求、测试工具等。

10.2.2 游戏测试的内容

1. 交互界面

交互界面是玩家和测试人员最直观地感受到的部分，最受"非专业人士"关注。在游戏的过程中，愉悦感和趣味性是至关重要的，如果缺失了这些要素，玩家就可能会大量或全部流失，这就意味着游戏的失败。

2. 数值

数值对游戏而言是至关重要的，无论是单机游戏还是网络游戏，玩家都非常重视自己角色的数值增长，任何差错都可能导致用户的抱怨甚至流失。另外，游戏各个功能之间的耦合度非常高，数值之间有着千丝万缕的关联。所以在测试的过程中需要关注每个数值的变化带来的各种影响。例如，一个角色的战斗力是1000，下次登录却变成了999。仅仅是1的差距就会引起玩家的不满，甚至会愤怒地打客服电话质问。

3. 活动

在游戏中，活动是频度更高的一种玩法，所以在测试过程中可能受到的关注度更高，尤其是网络游戏。游戏活动的测试更关注时间与资源的产出，例如开启时间、关闭时间、资源产出概率等。因为一个活动的开启和关闭及产出都已经提前公告给玩家，所以出现任何差错都会导致玩家不满，而且一个活动完毕后可能紧接着另一个活动，任何差错都可能导致更大的损失。

4. 进度

由于游戏的娱乐倾向，因此其产业链涉及很多前期的市场推广，各种广告和推广活

动都需要投入大量的资金,任何延期都可能会导致前期的推广功亏一篑及商业上的信誉受损,这些损失都是不可接受的。所以游戏测试作为产品发布前的最后一环,必须严格控制版本进度,确保能够按期交付。

5. 工具

游戏测试依赖更多的测试工具,因为用户的数值和角色状态千差万别,为了尽量模拟用户状态,测试过程需要汇总形成各式各样的测试数据,而制造这些数据则需要各种测试工具。另一个层面是游戏测试还需要对测试工具本身的正确性进行测试,确保工具本身是正确的。

6. 性能

无论在台式机还是移动设备上,游戏的任何卡顿都会让玩家产生厌恶感。游戏测试过程中比较重视的是客户端的内存和 CPU 的使用率,以确保游戏能够流畅运行。对网络游戏而言,服务器端的性能也十分重要,一款良好的网游需要服务器能够稳定持久地运行。另外,由于玩家的设备差异很大,尤其是移动设备,因此必须确保客户端的性能符合预期标准。

7. 数据安全

数据安全对游戏而言十分重要,关乎游戏产品的生存。特别是网络游戏,客户端与服务器端的交互非常频繁,数据安全问题会更加凸显,测试时应更加关注安全方面的测试。

8. 合服

合并服务器是游戏的独有特色,有时服务器中玩家过少,为了带给玩家更好的游戏体验,需要合并几组服务器。在合服的过程中需要保证原有服务器和目标服务器中所有用户的数据信息不发生错乱。由于涉及用户各方面的数据信息,复杂度比较高,因此需要测试人员认真对待,确保测试无误后才能正式开始合服操作。

9. 交互

交互主要是针对网络游戏的,网游乐趣很大程度上来源于玩家之间的交互。玩家之间的交互越频繁,则意味着数据之间交互的程度越高,数据之间的复杂变换及相互影响需要测试人员时刻关注。

10. 网络

网络对于网络游戏是必不可少的,游戏的实时交互性比较高,游戏过程中突然断网是让玩家难以忍受的。但由于不同玩家使用的网络运营商可能不同,不同地区的网络信号也不同,甚至移动过程中会出现不同网络之间的切换,因此这些都需要测试人员反复测试,尽量保证在不同网络条件下使玩家的游戏体验达到最佳。

10.3 本章小结

游戏测试作为游戏开发中质量保证的最重要的环节,在游戏设计与开发的过程中发挥着越来越重要的作用。本章分析了软件测试与游戏测试的异同,讲解了游戏测试的特性与测试过程中的三个流程、两个里程碑以及漏洞测试、集中测试、易用性测试等 11 个

测试种类与交互界面、数值、活动等 10 项测试内容。

10.4　思考与练习

（1）游戏测试工作需要哪些方面的能力？

（2）针对一款你熟悉的游戏的某一个场景或设定，设计测试用例。

（3）列举自己玩游戏过程中遇到的 Bug。

（4）简述游戏测试和软件测试的联系与区别。

第 11 章　游戏运营与推广

学习目标

1. 素质目标：培养市场调研能力、团队协作能力、语言表达能力、组织沟通能力和良好的社会责任感，树立勤奋诚信的工作态度和开拓精神。

2. 能力目标：能够根据游戏特色组织团队，并完成该游戏产品的运营推广方案。

3. 知识目标：掌握游戏运营的工作内容；掌握游戏项目常用的营销模式、推广步骤和策略。

本章导读

在游戏领域，广义的运营概念就指在网络游戏产品的整个生命过程中不断用管理的手段维持和辅助游戏从研发到商业运行等环节，并辅助各环节工作目的实现的管理工作。狭义的运营概念特指在网络游戏的商业运行准备阶段和正式运行阶段，依靠管理的手段维持和辅助游戏的技术运行，不断吸引用户并创造盈利的工作。本章主要讲解游戏运营的工作内容以及 4 种游戏的营销推广模式。

11.1　游戏运营工作内容

在游戏领域，广义的运营概念是指在网络游戏产品的整个生命过程中不断用管理的手段维持和辅助游戏从研发到商业运行等环节，并辅助各环节工作目的实现的管理工作。狭义的运营概念特指在网络游戏的商业运行准备阶段和正式运行阶段，依靠管理的手段维持和辅助游戏的技术运行，不断吸引用户并创造盈利的工作。游戏运营盈利公式如下。

$$盈利＝付费人数×ARPU（人均消费）－运营成本$$

运营的核心工作包含三大块：产品包装、盈利设计和日常运营。

(1) 产品包装直接影响进入游戏的用户数量。

(2) 盈利设计直接影响付费比例和人均消费。

(3) 日常运营在很大程度上影响到多少玩家留在游戏和运营所需的成本，同时也影响到新进玩家人数、付费玩家人数等。游戏是提供给玩家的一种服务，是所谓"体验经济"的一种形式。日常运营可能无法像盈利设计那样直接影响收益，但日常运营为盈利提供了一个好的平台。

下面以网络游戏为例，介绍运营工作包含的游戏接入、新游首服、日常开服、运营事故、合服管理和沟通管理 6 个部分。

11.1.1　游戏接入

游戏接入部分主要完成以下工作内容。

（1）游戏市场分析，竞争对手分析。

（2）完善游戏的需求（官网等）、计划（开服计划等）、报告（调研等）、策划（活动）等文档。

（3）完成新游戏接入文档工作，主要有编写、汇报、存档。

（4）熟悉游戏的运营资料；确定主要的联运对接人。

（5）建立运营对接群，给予联运方负责人群管理员身份，并邀请相关人员加入（运营与联运方技术人员、商务人员等）。

（6）制作游戏官网，熟悉联运方后台等。

（7）分析游戏玩家的市场渠道来源，如游戏的玩家群体。

（8）寻找和发掘游戏的推广渠道和推广资源，并提交至市场部分析。

（9）进行广告创意，搜集广告素材，确定广告主题和游戏关键字，提交市场部制作广告页面及关键字 SEO 优化。

（10）策划平台活动方案，体现出平台特色，加强市场竞争力。

（11）建立玩家交流群。

（12）确定首服开启时间。

（13）开启游戏测试服（测试周期为 1～3 天）。

11.1.2　新游首服

新游首服（首台游戏服务器开户）部分主要完成以下工作内容。

（1）开服申请邮件。

（2）发布开服公告、活动公告、指导员招募公告等（开服前一天发布）。

（3）配置服务器，测试服务器。

（4）宣传平台活动。

（5）新手指导员招募。

（6）检查广告链接。

（7）内部资源申请发放，首服额外资源申请（开服后申请，可提前确定内号）。

（8）开服后，以活动的名称命名游戏角色，放在新手村或者 NPC 的位置，同时在可以看见其他玩家形象或者场景可显示玩家角色名的情况下，可将建立的新账号放在新手村，提升新手村的气氛。

（9）游戏活动的宣传、组织、执行（主要方式是在游戏内喊话或组织新手指导员宣传，尽量不要使用游戏内的公告方式，防止投诉，奖励发放要及时）。

（10）开服后的数据观察和数据整理。

（11）控制游戏的留存率以及流失情况，针对实际情况做出合理的解释并记录到运营日志。

（12）调整服务器运营过程中出现的非预期情况。

（13）活动信息反馈总结，确定是否调整或取消活动。

11.1.3 日常开服

日常开服（开启游戏服务器）部分主要完成以下工作内容。

（1）安排每周的开服计划，通知各部门协调安排游戏的市场资源。

（2）确定该游戏的合服计划。

（3）各个服务器开启与其他部门之间的沟通协作。

（4）观察广告效果数据，决定是否做广告调整。

（5）指导员工作审核，申请指导员奖励等。

（6）出现突发状况时及时和各部门及联运方沟通。

11.1.4 运营事故

运营事故主要包括以下情况。

（1）平台自身事故和联运方事故。

（2）开服时间沟通不顺畅，资源未安排，联运方未安排。

（3）活动公告内容出错。

（4）玩家制造反面言论或者不和谐言论。

（5）违反运营规则，限制资源。

（6）无条件限制平台开服申请。

（7）联运方系统异常。

11.1.5 合服管理

合服管理部分主要完成以下工作内容。

（1）游戏所开服务器满足合服条件，则游戏进入合服工作，针对各个服务器的数据情况安排合服计划。

（2）熟悉游戏的合服规则、合服数量条款和合服流程。

（3）在合服后进行测试，及时反馈。

11.1.6 沟通管理

沟通管理部分主要完成以下工作内容。

（1）开服前通过邮件通知联运方、市场部、媒体部、客服部和运营负责人。

（2）确保开服前的测试，开服前各个部门，针对此次开服工作进行确认和反馈。

（3）与联运方的主要执行人员确定工作，保持沟通；及时关注联运方的工作安排，安排游戏更新、公告、通知。

（4）对日常工作中违反运营规则的事件，根据实际情况做好回复。

（5）制定针对游戏玩家的运营活动，严格遵守活动的管理规范，针对活动的执行搜集需求，进行可行性分析、活动描述等整体跟进工作，其流程如图 11-1 所示。

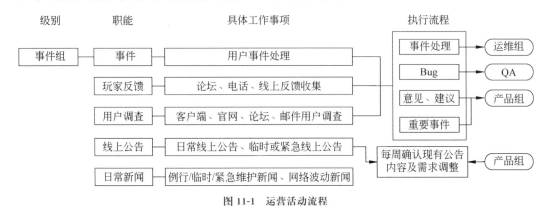

图 11-1　运营活动流程

11.2　游戏营销推广

通用的游戏营销方法简称 OIT，即"目标-信息-工具"。用 OIT 编写游戏推广方案时，首先将游戏分成常规游戏产品、市场导向产品、游戏大作、特定游戏 4 种类型。

11.2.1　常规游戏产品推广

对于常规游戏，首先要提炼卖点（用户群感兴趣之处、游戏产品的亮点、相比其他竞争产品的优势）。提炼卖点的步骤如下。

步骤 1：分析目标用户群特征。

步骤 2：分析自己的产品特点、优点以及对玩家的好处。

步骤 3：分析竞争产品的卖点。

用户特征分析如图 11-2 所示。

对产品的特征编号进行用户认知的描述，并进行自我评价。例如，编号特征 1，用户关注的游戏特征是"打击感好"，特征表现明显，标注为"亮点"。重复这个评价过程，写出至少 10 种用户感兴趣的特征并进行筛选，按权重排序，提炼出卖点。游戏特征如表 11-1 所示。

表 11-1　游戏特征评价

编　　号	玩家关注的游戏特征	游戏中的表现
特征 1	打击感好	亮点
特征 2	打击感好	一般
特征 3	打击感好	一般
特征 4	打击感好	亮点

续表

编 号	玩家关注的游戏特征	游戏中的表现
特征 5	打击感好	较差
特征 6	打击感好	一般
⋮	⋮	⋮

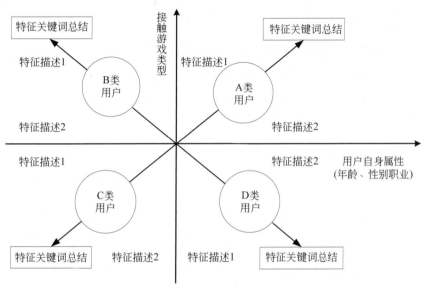

图 11-2 用户特征分析

不同类型文案的撰写是为了方便产出相应的营销内容,要解决如何让玩家知晓要推广的游戏产品并且使用的问题。操作方式是,先列出目标玩家的各类群体(竞技、动作、MMO 等),接着对玩家群体的喜好进行分类,并给出具有吸引力的活动方案。吸引玩家策略的实例如图 11-3 所示。

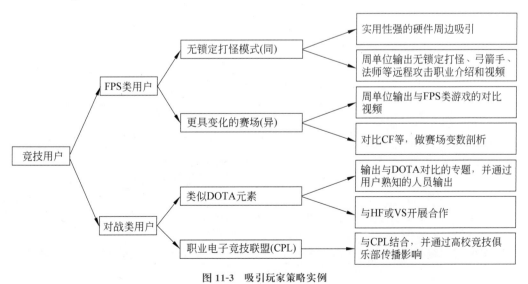

图 11-3 吸引玩家策略实例

宣传线是将活动方案的执行部分按照推广类别进行分类，以便于各个部门的任务分配，保证方案的可执行性。六大宣传线如图 11-4 所示。

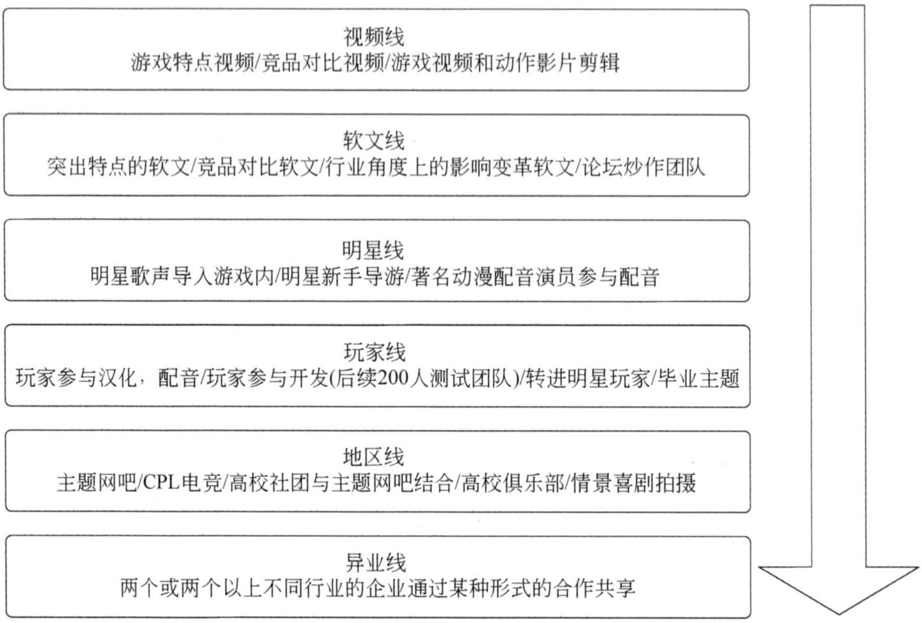

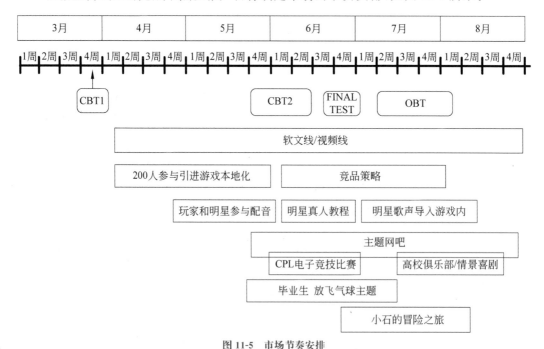

视频线
游戏特点视频/竞品对比视频/游戏视频和动作影片剪辑
软文线
突出特点的软文/竞品对比软文/行业角度上的影响变革软文/论坛炒作团队
明星线
明星歌声导入游戏内/明星新手导游/著名动漫配音演员参与配音
玩家线
玩家参与汉化，配音/玩家参与开发(后续200人测试团队)/转进明星玩家/毕业主题
地区线
主题网吧/CPL电竞/高校社团与主题网吧结合/高校俱乐部/情景喜剧拍摄
异业线
两个或两个以上不同行业的企业通过某种形式的合作共享

图 11-4　六大宣传线

根据宣传线上的完成节点及推广目标确定市场的节奏安排，如图 11-5 所示。

3月
4月
5月
6月
7月
8月
1周 2周 3周 4周 1周 2周 3周 4周 1周 2周 3周 4周 1周 2周 3周 4周 1周 2周 3周 4周 1周 2周 3周 4周
CBT1
CBT2
FINAL TEST
OBT
软文线/视频线
200人参与引进游戏本地化
竞品策略
玩家和明星参与配音
明星真人教程
明星歌声导入游戏内
主题网吧
CPL电子竞技比赛
高校俱乐部/情景喜剧
毕业生 放飞气球主题
小石的冒险之旅

图 11-5　市场节奏安排

按照时间线排出对应的产出内容负责人及要达成的目标。在最终确定活动能否进

行推广时,需要考虑以下 5 项必备条件。

(1)游戏产品是否足够好。

(2)当前玩家口碑是否足够好。

(3)营销内容是否准备好。

(4)是否能够获得优质的市场资源。

(5)当前营销环境是否合适。

11.2.2　市场导向产品推广

市场导向产品指由市场推动的产品,主要依据当前市场玩家对于游戏产品类型的喜好。例如某产品是端游和页游的结合产品,页游的前端导量效率明显高于端游,但端游的生命周期长于页游,因此就要做一款前端导量效率高且生命周期长的游戏需求。这类游戏由于是市场推动,因此在前期就要根据玩家的需求点进行设计,做好玩家筛选。

11.2.3　游戏大作推广

典型的游戏大作的推广形式是网易系列,核心推广是刷玩家的期待度(品牌管理)。这样做能在前期积累超高的期待度,培养量级庞大的种子玩家,只要质量过硬,很容易形成现象级的游戏产品。但要想在前期形成超高的期待度,宣传视频、各种营销内容的质量以及想要传递的信息都需要达到当前的顶级标准。一旦游戏质量不够高或达不到玩家的心理期待,就会成为失败的产品。

游戏大作的营销形式是“高端 CG＋顶级代言人”,但是在游戏公测时及之后的开服依然要遵循常规的推广方式。

11.2.4　特定游戏推广

特定游戏一般指页游(媒体流量变现的产物)。以往,媒体拥有庞大的互联网用户群体,但是盈利模式单一,并且受制于广告投放厂商,之后才出现了页游。由于页游不需要下载客户端,并且有极高的用户平均收入值,因此媒体将自己的流量导给页游厂商与游戏厂商,联运获得的利润远超过单纯的售卖广告。页游的投放方式强势,整体思路就是购买流量,关注的是短期获利。

11.3　本章小结

游戏产品的最终目的是获取尽可能多的玩家关注与认可,这就需要高质量的运营策略与推广方案。另外,在游戏的实际运营过程中,可以通过数据表现找出问题,对游戏进行逐步完善。本章介绍了游戏接入、新游首服、日常开服、运营事故、合服管理和沟通管理 6 个游戏运营内容,以及常规游戏产品、市场导向产品、游戏大作、特定游戏 4 种类型

游戏的用户特征和市场推广策略。

11.4 思考与练习

（1）简述游戏运营与研发之间的关系。

（2）针对某款运营中的游戏，撰写优缺点分析及改进意见。

（3）从盈利性和可玩性的角度谈谈中型网络游戏新的盈利方式（不包括点卡和售卖游戏物品）。

（4）为你喜欢的游戏写几条广告语，用于游戏宣传。

参 考 文 献

[1] 黄石,李志远,陈洪.游戏架构设计与策划基础[M].北京:清华大学出版社,2010.

[2] Phil Co.游戏关卡设计[M].姚晓光,孙泱,译.北京:机械工业出版社,2007.

[3] 傅纳,刘视湘.传统游戏的心理学探索[M].北京:首都师范大学出版社,2015.

[4] 黄石,付志勇.游戏策划与管理[M].北京:高等教育出版社,2012.

[5] 软件开发技术联盟.游戏开发实战[M].北京:清华大学出版社,2013.

[6] 吴亚峰,于复兴.游戏开发大全[M].2版.北京:人民邮电出版社,2013.

[7] 李华明.游戏编程之从零开始[M].北京:清华大学出版社,2011.

[8] 蒂马尔奇奥.游戏实战编程[M].张龙,译.北京:清华大学出版社,2013.

[9] 蔡升达.设计模式与游戏完美开发[M].北京:清华大学出版社,2016.

[10] 彭放.多人在线游戏架构实战:基于 C++ 的分布式游戏编程[M].北京:机械工业出版社,2020.